GEO-INSIGHT

하노이

GEO-INSIGHT | 하노이

초판 1쇄 발행 2020년 1월 6일

엮은이 구양미·박소현·양재석

펴낸이 김선기

펴낸곳 (주)푸른길

출판등록 1996년 4월 12일 제16-1292호

주소 (08377) 서울특별시 구로구 디지털로 33길 48 대룡포스트타워 7차 1008호

전화 02-523-2907, 6942-9570~2

팩스 02-523-2951

이메일 purungilbook@naver.com

홈페이지 www.purungil.co.kr

ISBN 978-89-6291-850-2 93980

• 이 도서의 국립중앙도서관 출판예정도서목록(CIP)은 서지정보유통지원시스템 홈페이지(http://seoji.nl.go.kr)와 국가자료공동목록시스템(http://www.nl.go.kr/kolisnet)에서 이용하실 수 있습니다.(CIP제어번호: CIP2019052970)

서울대학교 지리학과 해외답사 보고

GEO-INSIGHT

하노이

GEO-INSIGHT on **HANOI**

머리말

가까운 나라 베트남, 더 가까워질 도시 하노이

구양미 • 서울대학교 지리학과 부교수

한국인에게 베트남은 어떤 나라일까? 베트남 하면 떠오르는 이미지는 무엇일까? 보통의 사람들에게 가장 먼저 연상되는 단어는 베트남+'전쟁'일 것이지만 이내 다른 이미지들을 떠올릴 것이다. 베트남+'여행', 비교적 가깝고 저렴하면서 한국의 많은 여행업체가 진출해 있어 첫 단체 해외여행지로 각광받는 곳이다. 또한 많은 TV 프로그램에서 한국으로 시집온 베트남+'며느리'를 만날 수 있고, 베트남+'한류'를 통해 한국의 연예계 및 문화 교류가 활발한 곳, 최근에는 베트남+'축구'에서의 박항서 감독이 연상될 것이다. 물론 많은 한국의 기업들이 베트남에 진출하면서 제조, 건설, 유통 등 다양한 경제 교류가 이루어지고 있는 베트남+'투자'나 '경제협력'을 떠올리는 것도 어렵지 않다.

글로벌화로 인해 세계 여러 국가와의 교류가 자연스러워졌지만, 베트남은 특히 우리의 일상생활에서도 많이 회자되는 국가가 되었다. 그러나 실제 베트남은 위에서 거론한 몇몇 단어 그 이상의 의미를 지닌다. 1960~1970년대 베트남전쟁 파병은 양국과의 관계에 치명적인 상흔을 남겼고 지금까지도 아물지 않은 부분이 있지만, 결과적으로 6.25전쟁 이후 한국의 경제 회복과 성장에 큰 기여를 했다. 베트남과의 교류와 여행이 활발해지면서 기존의 노선들은 편수가 증가하고 항공기가 커졌으며, 새롭게 취항하는 항공사가 많아졌다. 이뿐만 아니라 그동안 직항 노선이 없었던 새로운 관광지들이 개발되어 베트남 내 취항 도시가 많아졌고 이는 다시 베트남 여행 붐을 조성하게 되었다. 베트남 결혼이주여성들은 단순히 한 가정의 며느리로서의 객체가 아니라 이주여성 공동체를 형성하였고 더 나아가 한국 농촌 지역의 공동체를 이끌어 가는 주체가 되었다. 최근에는 베트남의 친정 부모님과 가족들을 한국으로 초청해 바쁜 농번기에 계절적 노동력을 제공하기도 하고 아예 한국에 정착하는 것을 지원하기도 한다. 베트남 한류는 단순히 영화, 드라마, 음악을 수출하는 것을 넘어서서 공동기획과 제작으로 이어졌고 이러한 좋은 이미지는 기업 진출과 상품 판매에도 긍정적 영향을 미치고 있다. 특히 최근의 베트남 축구 발전에 있어서 박항서 감독의 활약은 엄청난 부가적 효과를 가져오고 있다. 많은 기업들이 베트남에 진출하여 투자와 경제협력이 증진된 것은 한국의 경제와 산업에도 엄청난 영향을 미치고 있다. 베트남은 2016년 말까지 누적 투자금액 기준으로 미국, 중국, 홍콩에 이어 한국의 해외투자 대상국 4위를 차지하고 있고, 제조업 부문으로 한정했을 경우에는 중국에 이어 2위를 차지하고 있다. 베트남을 기준으로 베트남에 투자하는 외국인투자 모국에 있어서는 2014년 이후 한국이 일본을 제치고 1위에 올라서게 되었다. 한국이 다른 국가에서 투자 모국 1위를 차지한 것은 최초이고 현재까지 유일하다.

이러한 베트남을 더 자세히 알고 공부하기 위해 서울대학교 지리학과의 2016년 추계답사가 기획되었다. 그리고 이 책의 제목이 'GEO-INSIGHT 하노이'인 만큼 지리학의 관점과 지리학자의 시각으로 베트남, 특히 수도인 하노이를 바라보기 위해 여러 가지 과정이 진행되었다. 특히 이번 답사에서는 6개월 전부터 '글로벌지역연구방법론' 수업을 통해 지역연구방법 이론에 더해 베트남 전문가들의 현장감 있는 강연이 이루어졌다. 베트남의 산업, 베트남의 언어와 문화, 베트남 개발협력 사례, 베트남 도시계획 사례, 베트남 커피 상품사슬 등 현지의 생생한 경험을 들을 수 있었다. 이러한 과정을 통해 학생들은 베트남 역사와 하노이 경관, 베트남전쟁과 관광 활용, 베트남 커피와 식문화, 베트남 이주 한국인, 삼성전자와 베트남 경제, 하노이 교통수단과 교통체계, 베트남 유통산업, 하노이 신도시, 하롱베이의 지속가능성, 짱안의 지형학 등 10개의 조별 자율연구 주제를 선정하였다. 그동안 지리학과의 여러 해외답사 과정에서 현지 대학 교수 및 학생들과 꾸준히 교류를 이어 왔지만, 이번 답사에서는 특히 조별 자율연구 준비 과정에서부터 하노이 베트남국립대학교 학생들과 사전 교류가 이루어졌다. 답사 둘째 날 조별 자율연구 주제에 맞는 답사 장소와 일정을 베트남 현지 학생들과 공유하고 함께 준비하였으며 당일 실제 조사를 함께 하였다. 이를 위해 하노이 베트남국립대학교 경제·경영학부의 Phan Chi Anh 교수님 외 여러 선생님들의 적극적인 지원을 받았다. 또한 조별 자율연구 과정에서 여러 기업과 기관을 방문하고 인터뷰하였다. 이러한 활동을 지원하고 협조해 준 하노이 베트남국립대학교, 본문에 소개된 여러 기업 및 기관의 관계자들, 더불어 직접 집으로 초대해 주신 현지 주민들께도 감사의 인사를 전한다. 그리고 학생들의 견학을 허락해 주신 삼성전자 베트남법인 박닌공장의 여러 관계자분들께도 진심으로 감사드린다. Tiến sĩ Phan Chí Anh và các sinh viên trường Đại học Kinh tế, Đại học Quốc gia Hà Nội đã giúp chúng tôi viết cuốn sách này. Tôi muốn bày tỏ lòng biết ơn chân thành đến các bạn. Cảm ơn các bạn.

이 책의 구성과 각 장은 곧 조별 자율연구의 결과물과 연결된다. 학생들은 조별로 정한 주제를 가지고 사전 조사와 현지 답사, 체험, 인터뷰 등을 통해 글을 완성하였다. 먼저 특별기고에서는 주베트남 한국대사를 지내고 현재 베트남 삼성전자 고문으로 있는 하찬호 고문님의 베트남 소개가 있는데 실제 답사 일정 중에 우리 팀을 위해 강연도 해 주셨다. 또한 지리학과 출신이면서 KOICA 베트남 부소장을 역임하고 현재 엘살바도르 사무소장으로 있는 이종수 소장님의 베트남 경험담이 담겨 있다. 1장에서는 지리학에서의 답사의 의미를 생각해 보고 하노이 답사 준비와 계획을 설명하였다. 또한 베트남과 하노이에 대한 현황을 소개하였다. 2장은 인문지리 관련 내용으로, 하노이의 역사를 보여 주는 건축물을 견학하고 실제 가정집을 방문한 느낌을 기술했다. 또한 베트남전쟁 유적지와 이를 활용한 다크투어리즘에 대해 고찰하는 한편 베트남의 식문화를 커피 문화를 중심으로 체험해 보기도 하였다. 베트남 이주 한국인의 이주 역사와 정착 과정을 알아보기 위해 현지에서 인터뷰를 진행하고 이를 분석하기도 하였다. 3장은 경제활동과 관련된 내용으로, 한국과 베트남 교류의 핵심으로 부상한 베트남 북부의 경제를 분석하고 삼성전자 공장을 견학한 내용을 소개하였다. 베트남의 교통상황을 알아보기 위해 택시, 기차, 버스, 오토바이를 체험한 내용과 하노이에 도시철도를 건설 중인 한국기업, 세계은행World Bank 교통 분야 관계자와의 인터뷰 내용도 담겨 있다. 또한 베트남 유통업의 성장을 고찰하기 위해 베트남 전통시장, 외국계 유통업체를 견학하고 인터뷰한 느낌이 서술되어 있다. 한편 하노이 도시계획에 관심을 가지고 하노이 주변 신도시 스플랜도라, 빈홈스 리버사이드 방문기도 실려 있다. 4장은 자연지리 관련 내용으로 베트남의 유명 관광지인 하롱베이와 짱안에 대한 설명과 답사 내용이다. 유네스코 자연유산과 관광지로서의 지속가능성이라는 주제로 하롱베이를 조망하였고, 우리에게 조금 덜 알려져 있지만 카르스트 지형의 매력을 담고 있는 짱안에 대한 소개가 이루어졌다.

이 책이 나오기까지 여러 가지 지원을 해 주신 사회과학대학 학장단과 지리학과 BK21플러스 사업단, 국토문제연구소에 감사드린다. 아울러 답사를 위한 조언과 격려를 아끼지 않으신 지리학과의 여러 교수님들, 특히 이번 답사를 함께 인솔해 주신 유근배 교수님, 손정렬 교수님께 감사의 인사를 전한다. 또한 편집과 출판에 도움을 주신 푸른길 김선기 사장님과 유자영 님께도 감사드리고 싶다. 이 책이 나오기까지 집필과 편집에 힘써 주고 함께 답사를 다녀온 지리학과 학부생과 대학원생들의 노력과 열정, 특히 각 조 조장들에게 감사 인사를 전하고 싶다. 마지막까지 최선을 다해 준 지리학과 대학원의 박소현 조교와 양재석 학생에게 모든 공을 돌리고 싶다.

베트남과 한국은 지금까지보다 앞으로 더 깊은 상호관계를 맺을 것이다. 경제 발전에 있어서 한국을 롤모델로 삼으려는 베트남과 북한 경제개방과 개혁 모델로서의 베트남이 공존한다. 한국의 산업 쇠퇴와 해외공장 이전에 있어서 베트남의 중요성은 이미 현실화되었고, 경제 외에도 사회, 문화, 과학기술, 교육, 의료 등 여러 분야에서의 교류가 활발히 이루어지고 있어 이는 앞으로 더욱 중요해질 것이다. 본 글의 처음을 '한국인에게 베트남은 어떤 나라일까?'로 시작하였는데, 마찬가지로 '베트남인에게 한국은 어떤 나라일까?'가 궁금하다. 이를 알기 위해서는 앞으로 지속적인 관심과 교류, 연구가 이루어져야 할 것이다.

차 례

특별기고 ❶

동남아의 역동적인 나라 베트남

하찬호 • 베트남 주재 삼성전자 고문, 前 주베트남 한국대사

최근 한국의 투자가 봇물 터지듯 이루어지고 있는 곳이 베트남이다. 한국 관광객도 매년 급속히 증가하여 2016년 154만 명의 한국인들이 베트남을 다녀갔다. 양국 간 직항편이 주 250회를 넘어서서 인천과 부산, 또 대구에서 베트남의 하노이, 호찌민, 다낭, 냐짱 그리고 하이퐁을 직접 연결하고 있다. 베트남은 이제 우리에겐 매우 친숙한 이름이 되었지만 베트남에 대해서 의외로 단편적으로 이해하고 있는 사람들도 적지 않다. 이런 의미에서 이번 서울대학교 지리학과에서 베트남에 대한 이해를 높이기 위해 하노이와 인근 지역에 대한 학술답사를 한 것은 매우 시의적절하다고 보여진다.

베트남의 정치시스템

베트남은 공산당 일당체제를 유지하고 있는 몇 안 되는 국가 중의 하나이다(중국, 쿠바, 라오스 정도). 정치시스템은 중국과 거의 비슷하다고 할 수 있다. 공산당은 정부보다 상위에 있으면서 통치 이념, 국가의 발전 방향 등을 제시하고 정부가 이를 수행하는 방식이다. 국가 최고위직 4명의 서열순위는 공산당 서기장, 국가주석, 총리, 국회의장순이다. 중국은 공산당 서기장과 국가주석을 한 사람이 겸임하고 있는 데 비해 베트남은 분리되어 있다. 당 서기장은 서열 1위이긴 하지만 당에 관련된 사항만 관장하고 국가주석이 의전상 대외적으로 국가를 대표하며 총리가 내각을 이끈다.

베트남은 5년마다 공산당 전당대회를 열어 당 및 국가 최고위직(당서기장, 국가주석, 총

리, 국회의장) 외에 정치국원 및 중앙집행위원 등 당지도부를 선출한다. 전당대회에는 450만 공산당원을 대표하여 전국에서 1,500여 명의 전당대회 대의원들이 참석하며, 200명의 중앙집행위원(정위원 180명, 교체위원 20명)을 먼저 선출하고 중앙집행위원은 투표로 19명의 정치국원을 선출한다. 4명의 최고위직 선출은 공산당 전당대회가 시작되기 6개월에서 1년여 이전부터 막후에서 각 파벌 간 치열한 협상과 타협을 거쳐 결정되며 전당대회에서 최종 승인을 받는다. 선출 과정은 철저히 비공개로 진행되고 최종 결과만 알 수 있을 뿐이다.

당서기장, 국가주석, 총리, 국회의장 등 최고위직과 국방장관, 공안장관, 공산당 조직위원장, 선전위원장, 하노이 당서기, 호찌민 당서기 등의 요직은 당연직으로 정치국원을 겸하게 된다. 정치국원은 최고의 지위를 가지며 정치국원 회의에서 국가의 중요 사항들을 결정한다. 막강한 권한을 가진 자리이기 때문에 선출 과정에서 치열한 경쟁이 벌어진다. 당연 직을 포함, 대부분의 정치국원은 사전에 미리 내정이 되지만 일부 그렇지 않은 정치국원 후보자들은 중앙집행위원들의 투표로 선출된다. 따라서 이들을 대상으로 활발한 로비가 펼쳐지며 간혹 의외의 결과가 나오기도 한다. 정치국원 선출에는 연령 제한이 적용되며 처음으로 정치국원에 선출되는 사람은 60세 이하, 두 번째 선출은 65세 이하여야 한다. 중앙집행위원들도 연령 제한이 있는데 첫 선출은 55세 이하, 두 번째 선출은 60세 이하이다.

행정부 각료는 당 조직위에서 준비한 후보명단을 중앙집행위원들이 일차 심사를 하고 정치국원 회의에서 확정한다. 당서기장을 제외한 국가주석, 총리 그리고 행정부 각료들은 정부를 구성하는 인사들이므로 요식적으로 국회에서 인준을 받는다.

국회는 500명의 국회의원으로 구성되며 실제 선거를 통해서 선출된다. 이는 한 선거구에서 3~5명의 국회의원을 선출하는 방식인 중선거구제도를 따른다. 입후보자는 대개 선출 정원의 2배수 정도이며 공산당 일당체제이긴 하지만 당원이 아닌 사람도 입후보할 수 있다. 입후보자의 자격심사는 공산당 전위조직인 조국전선이라는 기관에서 담당한다. 입후보자의 반 정도가 낙선되므로 당사자들은 상당히 긴장을 한다. 특히 정부 고위직을 맡기로 예정된 인사가 국회의원 선거에서 뜻밖에 낙선할 경우 예정된 직책에 나아갈 수가 없게 되므로 각별히 신경을 써야 한다. 과거 이런 사례가 간혹 발생한 적이 있었다. 우리나라에서처럼 요란한 선거운동은 하지 않고 선거 당일 투표소에 게시된 후보자의 이력사항 등을 검토한 후 투표를 진행한다. 국회의원 투표일에 지방의회 의원들에 대한 투표도 함께 실시한다.

가장 최근의 공산당 전당대회(제12차)는 2016년 1월에 개최되었고 국회의원 선거는 5월에 실시되었다. 국회의원 선출 후 첫 국회는 6월에 소집되었으며 여기에서 요식적으로 정부 고위직들의 인준이 이루어져 현재의 정부는 7월에 출범하였다. 국회의원 및 정부 각료의 임기는 5년으로 공산당 전당대회와 시기를 맞추어 임기가 시작된다. 정기 국회는 매년 5월과 10월 두 번 열리며 회기는 한 달 정도이다. 국회 회기 중 총리를 포함한 행정부 각료들에 대한 질의응답 세션이 TV로 생중계되는데 질문 내용도 꽤 까다로운 것들이 많아 서구 민주주의 국가에서 이루어지는 청문회 못지않게 일반 국민들의 관심이 높다.

베트남의 지방행정구역은 58개 성과 5개의 특별시로 나누어지며 각각 행정조직인 인민위원회가 있고 수장은 인민위원장(성장 또는 시장)이다. 이와는 별도로 각 성 및 특별시에는 당 조직이 있어 당서기가 그 수장을 맡는다. 당서기는 당연히 성장(시장)보다 서열이 높다. 각 성의 하부조직인 현에도 마찬가지로 현 인민위원회 및 당 조직이 있다.

당 고위직, 국회의원, 각료들의 임기가 5년이다 보니 정책 수행의 일관성과 효율성은 높으나 한자리에 오래 있음으로 인해 비리의 가능성도 높은 편이다. 또한 당서기장, 국가주석, 총리, 국회의장 등 4명의 최고위직은 각 파벌 간 협상과 타협의 산물로 선출되기 때문에 집단지도체제를 형성하여 정책 추진이 효율적이지 못할 때가 많다.

베트남의 경제

베트남은 1986년 도이머이Doi Moi 정책으로 본격적인 대외개방 정책을 추진하여 30여 년 간 연평균 6% 내지 7%의 견실한 성장을 했다. 2016년 성장률은 6.21%이고 1인당 GDP

는 2,215달러이다. 인근 동남아 국가들 중 미얀마(1,400달러), 캄보디아(1,100달러), 라오스(1,700달러) 등만 베트남보다 국민소득이 낮고 필리핀(3,500달러), 인도네시아(3,500달러), 태국(5,600달러) 등 대부분의 국가는 베트남보다 훨씬 높다. 베트남의 향후 발전 전망에 대해서는 긍정적인 시각들이 많다. 얼마 전 세계은행이 발표한 베트남의 향후 발전가능성에 대한 보고서Vietnam 2035에 따르면 베트남이 2035년까지 지속적으로 발전할 경우 1인당 GDP가 최대 18,000달러까지도 가능하다고 전망하였다. 물론 이렇게 발전하기 위해서는 여러 조건들이 필요하다. 예를 들면, 정부의 행정효율화, 국영기업의 신속한 구조조정, 민간기업의 주도적 역할 등이다. 이러한 조건들이 붙어 있긴 하지만 베트남의 발전 잠재력을 인정한 것은 주목할 만하다.

GDP 규모에 비하면 베트남의 수출입 규모는 매우 큰 편이다. 2016년도 통계에 따르면 수출 1,759억 달러, 수입 1,733억 달러로 수출입만 합쳐 3,492억 달러이며 매년 10% 내외의 성장을 하고 있다. 이것은 수많은 외국기업이 베트남에 투자해서 수출을 하고 있기 때문으로 외국투자기업의 수출기여도는 약 70%에 이른다. 베트남이 안고 있는 과제는 외국인 투자가 국내 현지기업으로의 기술 이전, 부품산업 발전 등과 같은 실질적인 혜택으로 연결되도록 하는 것이다.

베트남은 활발한 무역자유화를 추진 중인 국가이다. 현재 환태평양경제동반자협정TPP은 미국의 트럼프 행정부 출범 이후 좌초되었지만 베트남은 유럽연합EU, 동남아시아국가연합ASEAN 등과 같은 지역연합 또는 개별 국가와 다수의 자유무역협정FTA을 맺거나 발효를 기다리고 있으며 국가 수로는 44개국에 이른다. 한국과도 FTA를 맺었다.

베트남 경제의 또 한 가지 특징은 다수의 국영기업이 경제를 주도하고 있다는 것이다. Petro-Vietnam(원유채굴/생산), Viettel(통신), Petrolimex(정유), VNPT(우편/통신) 외에 EVN(전력공사), Vinacomin(광물자원공사) 등이 있고, 금융, 항공, 조선 분야도 국영기업이 주도하고 있다. Vinamilk(낙농제품), Vingroup(레저/부동산), FLC(건설/부동산), FPT(소프트웨어) 등의 민간기업이 있긴 하지만 아직도 미미한 수준이다. 국영기업의 민영화 및 구조조정은 베트남이 앞으로 지속적으로 발전하기 위해 반드시 거쳐야 하는 과정이나 몇 년째 별다른 성과를 보지 못하고 있다. 베트남 정부는 지금까지 30여 년간 성장해 온 동력이 재추진력을 얻기 위해서는 새로운 모멘텀이 필요하다고 보고 정부, 국영기업 및 금융기관의 구조조정에 박차를 가하고 있다.

한국과의 관계

북베트남(월맹)이 1975년 4월 30일 남베트남을 흡수 통일한 후, 17년이 지난 1992년 12월 22일 한국과 베트남은 외교관계를 수립하였다. 그리고 지난 2017년은 한국과 베트남이 수교한 지 25년째가 되는 해였다. 지난 25년 동안 양국관계는 비약적인 발전을 하여 한국은 이제 베트남과 가장 긴밀한 관계를 유지하고 있는 국가 중의 하나가 되었다. 특히 경제 분야에서의 관계 발전이 괄목할 만하다. 한국은 베트남 내 최대 투자국으로서 5천 개가 넘는 회사 또는 개인이 투자를 하여 총 100만 명이 넘는 베트남 인원을 고용하고 있다. 베트남에 체류하는 한국인도 14만 명이 넘어 외국인 중 가장 많은 인원이 체류 중이다.

한국의 베트남 투자 진출은 1992년 수교 직후에는 그다지 많지 않았다. 그 당시에는 한국의 해외 투자가 주로 중국에 집중되고 있었다. 조금씩 이루어지던 베트남 투자는 1998년 외환위기 여파로 대폭 위축되었다가 2000년대 들어서 본격적인 투자가 이루어졌다. 초기 투자는 주로 남부 호찌민시, 동나이Dong Nai성, 빈즈엉Binh Duong성 등에서 신발, 봉제 분야에 집중되었다. 하노이 인근 베트남 북부 지역에 대한 한국의 투자는 2008년 삼성전자의 박닌Bac Ninh성에 대한 대규모 투자를 시작으로 본격적으로 진행되었다.

2015년 12월 발효한 한국-베트남 FTA로 인해 양국 간 무역도 고속 성장하고 있다. 양국은 2020년까지 무역 규모 700억 달러를 목표로 세웠지만 1,000억 달러 달성도 가능할 것으로 전망하고 있다. 2015년부터 2년 연속으로 베트남은 한국의 3번째로 큰 수출 국가로 부상하였고 2016년에는 수출 320억 달러, 수입 114억 달러, 무역흑자 206억 달러를 기록하였다. 베트남 정부는 한국에 대해 지속적으로 대규모 무역흑자 구조를 개선해 줄 것을 요구 중이다. 특히 베트남산 과일 수입을 확대해 주기를 바라고 있다. 과도한 무역흑자를 개선하기 위해서는 베트남으로부터 좀 더 많은 물품을 수입해야 하는 상황이다.

한국 및 외국 투자

한국은 2016년 말 현재 베트남 내에서 총투자 누계 507억 달러(투자건수 5,747건)로 압도적인 1위를 유지하고 있다. 일본(421억 달러, 투자건수 3,280건), 싱가포르(379억 달러, 투자건수 1,786건), 대만(316억 달러, 투자건수 2,509건)이 한국과 함께 투자 상위그룹을 이룬다. 삼성전자 및 삼성그룹 관계사들의 대규모 투자가 주목할 만한데 모두 170억 달러 이상을 투자하고 있다. 삼성은 주로 하노이 북부에 위치한 박닌Bac Ninh성, 타이응우옌Thai Nguyen성에 투자하고 있으며, 이 지역은 삼성의 이러한 투자와 다수의 협력업체 진출로 대규모 전자제품 생산기지를 형성하고 있다. 삼성전자 제1공장이 위치한 박닌성에는 한국기업의 수가 604개에 이른다. 삼성전자는 주로 휴대폰을 생산하여 해외로 수출하는데, 이는 베트남 전체 수출의 약 20%를 차지하고 있을 정도이다.

삼성 외에도 LG, 롯데, CJ, 포스코, 두산, 효성, 금호아시아나 등 대기업과 신한, KB국민, KEB하나, 우리, NH농협 등 금융기관, 또 건설·봉제·신발·알루미늄 제조 분야에서의 대표기업이 다수 진출해 있다. 이미 엄청난 수의 한국기업이 진출하여 있지만 신규 진출하는 업체가 꾸준히 이어지고 있어 베트남 내 한국의 투자는 상당기간 지속될 전망이다.

그러면 왜 이렇게 베트남에 한국의 투자가 집중되는 것일까? 우선 양질의 풍부한 노동력을 들 수 있다. 베트남에는 1억에 가까운 인구 중 30세 이하가 인구의 60%를 차지하고 있으며 근로자들이 매우 성실하고 근면하다. 정치적 안정을 유지하고 있는 것도 투자에 매우 중요하게 작용하며 도로, 항만, 전기 등 인프라시설도 비교적 양호한 편이다. 베트남의 내수를 염두에 둔 투자도 많은데 베트남은 젊은 인구가 많고 소비 성향이 강해 내수시장으로서의 매력이 무척 높기 때문이다. 베트남이 맺고 있는 다수의 FTA를 고려한 투자도 많다. 베트남 내에서 생산되는 제품은 FTA 혜택을 받아 무관세 또는 낮은 관세로 수출을 할 수 있다.

주관적인 요소이긴 하지만 베트남의 문화가 한국과 비슷한 것도 장점이다. 한국의 어느 중소기업 대표는 투자환경 검토차 베트남에 와서 호텔에 투숙하고 다음 날 아침, 베트남의 공기를 들이켜니 한국과 비슷하게 느껴져서 투자를 결정하게 되었다고 한다. 짐작하건대 문화가 비슷하여 편안한 마음이 들었을 것이다. 비행기로 4시간 정도의 거리에 시차가 2시간밖에 나지 않는 것도 중소기업들이 한국과 베트남을 오가며 비즈니스를 하는 데 매우 중요하다. 한국에서 저녁 비행기를 타면 베트남 현지 시간으로 밤 10~11시경에 도착한다. 그리고 다음 날 하루 종일 베트남에서 일을 보고 밤 11시 비행기를 타면 한국에 새벽 5~6시에는 도착할 수 있다. 몸은 고되지만 시간 낭비는 줄일 수 있는 셈이다.

일본기업들의 진출도 대폭 늘어나고 있는데 그 이유 중 하나는 유사시를 대비한 생산기지 다변화이다. 일본기업들은 동남아 국가 중 투자여건이나 경제수준이 비교적 양호한 태국에 주로 진출해서 생산공장(부품 및 완제품)을 운영하여 왔다. 그러나 2011년 태국에서 발생한 대홍수로 수많은 공장이 침수되어 생산에 큰 차질을 빚고 난 후로는 반드시 제2의 생산기지를 확보하도록 했고 베트남이 그 대상지가 되었다.

반면, 유럽이나 북미 지역으로부터의 투자는 아직 저조한 수준에 머무르고 있다. 이들 지역의 기업들은 베트남이 행정 제도가 낙후되고 투명성이 결여된 데다 법 제도가 미비하여 투자 대상지로서 아직 미흡하다고 보고 있다. 베트남 정부는 지속적인 외국투자 유치를 위해 국내의 투자환경 개선을 최우선 순위로 추진하고 있다.

한류 보급 및 인적 교류

한국의 투자진출이 대규모로 이루어짐에 따라 베트남 인력 채용이 늘어나고 한국어 통역 수요도 늘어나고 있다. 이에 따라 한국어를 잘하는 베트남인들의 인건비는 매우 높은 편이다. 베트남 내 4년제 정규대학에 한국어과가 정식 개설되어 있는 곳이 10곳이 넘는다. 게다가 매년 600명 전후의 한국어과 졸업생이 배출되지만 전원 채용될 뿐만 아니라 초봉도 영어나 중국어 또는 일본어를 전공한 학생보다 30% 정도 더 높은 편이다. 한국어 학원도 성업 중이다.

문화가 비슷하다 보니 한국의 드라마, 영화 등도 인기가 매우 높다. 베트남 내 TV 채널에 한국 드라마가 인기리에 방영되고 있으며 베트남 시청자들은 한국 드라마 내용이 마치 자신들 생활 주변에서 일어나는 일들을 묘사하고 있는 것처럼 느낀다고 한다. 베트남에서는 결혼을 하게 되면 대부분의 경우 시부모님을 모시고 함께 생활을 한다. 그래서인지 고부간의 갈등을 다룬 한국 드라마도 인기가 있다. 베트남의 어느 소수민족 가정에서는 한국 드라마를 너무 좋아한 나머지 아이들 이름을 한국식으로 지어 언론에 보도된 적이 있었다. 한국의 드라마 제작회사들 중 일부는 한국의 인기 드라마를 리메이크해서 베트남에 방영할 계획도 추진하고 있다.

한국의 케이팝은 다른 동남아 국가에서처럼 인기가 높아 좋아하는 가수별로 팬클럽이 조직되고 있으며 거의 실시간으로 동정이 파악되고 있다. 베트남인들이 참여하는 케이팝 경연대회도 인기가 아주 많다. 한국 문화에 대한 우호적인 인식은 한국제품에 대한 인기로 연결되어 현재 베트남시장에는 다양한 종류의 한국산 물품들이 인기리에 판매되고 있다.

베트남을 방문하는 한국인들이 매년 큰 폭으로 증가하고 있지만(2014년 85만 명, 2015년 111만 명, 2016년 154만 명) 한국을 방문하는 베트남인들도 매년 증가하는 추세이다. 2014년 연 14만 명이었던 방문자가 2016년에는 20만 명 수준으로 늘었다. 한국인들이 베트남을 방문할 때는 입국비자 없이 15일간 체류할 수 있지만 베트남인들은 한국 방문을 위해 까다로운 입국비자 취득 수속을 밟아야 한다. 현재 한국에는 13만 명의 베트남인이 장기 체류하고 있다. 주로 국제결혼, 근로자 및 유학생이다. 생활에 여유가 있는 베트남인들은 휴가를 한국으로 가기도 하는데 온라인으로 모든 정보를 얻어 마치 국내 여행 다녀오듯이 한국을 다녀오고 있다.

맺음말

베트남은 1억에 가까운 인구를 가진 국가로 견실하고 꾸준한 성장을 하고 있다. 컨설팅기관 PwCPricewaterhouse Coopers의 최근 조사연구에 따르면 베트남의 총 국민소득이 2030년 세계 29위, 2050년 세계 20위가 될 것으로 전망되고 있다. 이렇게 되면 2050년경에는 총 국민소득이 한국을 앞지르게 된다. 베트남의 지정학적 위치, 역동적인 젊은 인구 분포, 풍부한 자연자원, 높은 교육열 등을 감안하면 충분히 가능한 시나리오이다.

국가 간에도 대등하고 상호 보완적인 관계가 형성될 때 그 관계가 오래 지속되는 법이다. 베트남이 지금처럼 지속 발전하게 되면 국제무대에서의 위상도 한층 높아질 전망이다. 한국-베트남 관계는 모든 분야에서 다양하게 발전하고 있지만 앞으로는 양국이 좀 더 대등한 위치에서 호혜적이고 상호 보완적인 관계로 발전해 나갈 것으로 믿는다. 우리에게 갈수록 중요해지는 미래의 굳건한 파트너인 베트남에 대한 이해를 높여 건전한 관계 발전에 도움이 되었으면 하는 바람이다.

특별기고 ❷

지리학, 베트남을 이해하는 새로운 창

이종수 • KOICA 엘살바도르 사무소장, 前 KOICA 베트남 부소장

한국인에게 베트남이라는 국가는 매우 친숙한 국가이다. 지리적으로 가까울 뿐만 아니라 문화적으로도 같은 유교 문화를 근간으로 하고 있어 유사한 점이 매우 많다. 특히 최근 들어 양국 간 물적, 인적 교류가 매우 활발해져서 이제 우리 주변에서 '베트남'을 어렵지 않게 발견할 수 있다. 필자는 우리 정부의 무상원조사업을 집행하는 KOICA에 근무하면서 베트남과 특별한 인연을 맺게 되었는데 운 좋게 베트남 하노이에서 3년간 근무할 기회가 있었다. 한국으로 돌아온 뒤에도 베트남 데스크로 3년여를 일하면서 베트남과의 인연을 이어 갈 수 있었다. 주로 베트남의 경제사회 발전을 지원하기 위한 프로젝트사업을 담당하였는데, 필자가 몸담고 있는 국제개발협력 분야에서도 베트남은 매우 흥미롭고 매력 있는 국가이다.

베트남은 2017년 기준으로 1인당 국민소득이 약 2,300달러로 원조를 받는 국가 중에서 중위권인 중저소득국에 속한다. 그렇다 보니 영국을 비롯한 일부 유럽 국가들은 베트남에서 무상원조를 중단했거나 중단할 계획을 가지고 있다. 그럼에도 불구하고 베트남은 여전히 전 세계에서 원조를 가장 많이 받는 국가 중의 하나이며, 전 세계 원조기구의 각축장이라 할 만큼 다양한 국제기구와 공여국들이 활발히 활동하고 있다. 그 이유로 언급되는 것이 베트남의 우수한 원조사업 수행체계와 안정적인 거버넌스이다. 개발협력사업의 어려움 중의 하나가 바로 개발도상국의 불안정한 거버넌스로 인한 높은 불확실성인데, 이러한 측면에서 베트남은 예외라고 할 수 있다. 정부시스템이 잘 구축되어 있고, 수원총괄기관인 기획투자부를 중심으로 해외로부터의 원조를 체계적으로 관리하고 있으며, 공여국과의 협

력도 매우 원활한 편이다. 이러한 이유로 KOICA 본부에서 베트남 데스크로 일하는 동안 동료들의 부러움을 사기도 했다. 물론 높은 부패지수와 투명하지 않은 행정 처리 등 개선할 부분도 여전히 많이 남아 있다. 한편으로 베트남 정부 관료들과 일하면서 참 만만치 않다는 생각도 많이 했다. 원조를 받는 입장에서 공여국이 기획한 사업 요소들을 수동적으로 받아들이는 경우가 대부분인데, 베트남 관료들은 항상 주도적인 자세로 사업을 검토하고 요구할 것은 명확히 요구한다. 그래서 사업에 참여하는 전문가들로부터 힘들다는 불만 아닌 불만을 들어야 하는 경우가 많았다. 과거 프랑스, 미국, 중국 등 강대국과의 전쟁에서 매번 승리한 역사를 가진 베트남 국민의 자신감 같은 것이 어렴풋이 느껴지기도 했다.

베트남은 우리 정부의 중점협력국이며, 한국이 지원하는 국가 중에서 지원 규모가 가장 크다. 1991년 이후 2016년까지 KOICA를 통해 약 3억 1,350만 달러의 무상원조를 지원하였으며, 최근에는 매년 약 3,500만 달러 규모의 무상원조를 지원하고 있다. 우리 정부의 대(對)베트남 지원은 베트남 정부의 국가개발목표인 '사회경제개발전략 2011~2020'에 기반해 있으며, 베트남의 시장경제체제로의 전환 및 산업화 국가의 기반구축 지원에 중점을 두고 있다. 한편 우리 정부의 개발협력사업은 과거 베트남전 파병이라는 양국 간의 특수한 역사적 관계도 고려하여, 베트남전쟁 당시 한국군이 주로 활동했던 베트남 중부 지역에 대한 사업을 중점 추진하고 있다.

베트남은 대표적인 체제전환국가로, 1975년 공산주의 정권에 의해 통일된 이후 사회주의 정치체제를 유지하면서, 한편으로는 1986년 '도이머이(쇄신)' 이후 본격적으로 시장경제체제를 도입하였다. 시장경제체제로의 성공적인 전환은 베트남 정부의 가장 중요한 과제 중의 하나로, 우리 정부는 베트남 증권거래소 설립 지원, 산업인력 양성을 위한 직업훈련교육시스템 구축 지원 등을 통해 이를 지원하였다. 사회주의 국가체제의 영향인지 교육이나 보건서비스 등 기본적인 국가서비스 체제가 형식적으로는 매우 잘 갖추어져 있다는 점은 매우 흥미로웠다. 일례로 전국에 걸쳐 농촌의 작은 마을까지 보건소가 대부분 설치되어 있고, 또 이러한 의료시설 구축이 국가 차원의 목표지표로 설정되어 관리되고 있었다.

다만 교육이나 보건서비스의 실질적 수준을 어떻게 개선하느냐가 앞으로의 과제이며, 이 부분에서 개발협력사업이 기여할 부분이 많다. 이뿐만 아니라 베트남과 같은 체제전환국가에서 한국의 전문가들이 참여하여 정부 및 공공부분의 제도 구축을 지원했던 이러한 경험은 향후 남북통일 이후 북한의 사회경제 개발을 추진하는 데 매우 소중한 경험이 될 것이라고 생각한다.

베트남 정부는 베트남이 향후 성장 동력의 부족으로 발전이 둔화되어 중진국에 머무르게 되는 '중진국의 덫'에 빠지지 않고 지속적인 성장을 도모하기 위해서 공공부문 개혁의 중요성을 강조하고 있다. 베트남 정부는 공공부문 개혁부분에서 한국의 경험을 높이 평가하고 우리 정부와 긴밀하게 협력하기를 원해 왔다. 대표적인 예가 베트남 법원연수원 설립지원사업으로, 베트남 정부는 세계무역기구WTO 가입 및 자국 내 해외직접투자 증가를 계기로 합리적인 사법시스템 구축의 필요성을 인식하고 우리 정부에 지원을 요청하였다. KOICA는 합리적 사업시스템 구축의 기반인 법조인력 양성체제 구축을 위해 한국 대법원과 협력하여 물적 인프라를 지원하는 한편, 정책자문을 실시하였다.

과거 한국의 베트남전 파병과 한국군에 의한 민간인 학살사건은 베트남 국민들에게 아픈 기억으로 남아 있다. 과거 한국과 베트남 양국 간 과거사 문제가 언급될 때마다 베트남 정부 인사들이 "과거를 덮고 미래를 위해 협력하자"라는 입장을 일관되게 표명하고, 김대중, 노무현 前 대통령이 베트남을 방문하였을 때 한국군 파병에 대해 사과하기도 했다. 하지만 베트남전 당시 직접 피해를 입은 베트남인들의 상처가 쉽게 치유되기는 어려울 것이다. KOICA는 베트남전 당시 한국군 파병 지역이었던 베트남 중부 지역을 중심으로 병원과 초등학교를 건립하고, 지역개발 등의 분야에서 인도적 차원의 개발협력사업을 중점 추진하여 왔다. 이러한 사업들이 고통받은 베트남인들의 상처를 단번에 치유할 것이라고 기대하지도 않고, 또 이를 통해 우리의 잘못에 대해 면죄부가 주어지는 것은 더더욱 아니다. 다만 지속적인 협력과 교류를 통해 한국 정부 그리고 한국 국민들의 마음이 베트남 국민들에게 전해지고, 또 그 과정에서 베트남 국민들의 마음이 조금이라도 치유될 수 있기를 기대한다.

서울대학교 지리학과 학생들이 직접 베트남을 답사한 결과를 지리학도의 시각에서 정리한 이번 답사 보고서는 그동안 필자가 베트남을 바라봤던 시각과는 다르게 다양한 시각에서 베트남과 그곳의 사람들을 바라봤다는 점이 매우 흥미로웠다. 실제 답사 이전에 거의 반년간 사전 준비를 하였다고 들었는데 준비 과정의 노력이 내용상의 충실함으로 나타나 있음도 느낄 수 있었다. 아울러 '지리학'의 접근법이나 방법론을 국제개발협력의 분야에서 잘 활용할 수 있다면 국제개발협력이 보다 의미 있는 성과를 낼 수 있지 않을까 생각했다. 필자가 이해하기로 지리학은 지표상의 현상을 분석하고 이해함에 있어, 공간이 가지는 지역적 특성을 중시하고, 사회·정치·경제·문화·기후·지질·환경 등 학문 간의 통합적인 접근을 중시하는데, 이는 개발협력사업의 접근방법과 유사하다. 기본적으로 전 세계의 수많은 개발도상국을 대상으로 사업을 추진하게 되므로 각 지역별 특성에 대한 포괄적 이해와 고려는 개발협력사업의 발굴, 기획 및 실행에 있어 필수적인 요소이다. 아울러 학문 간의 통합적인 접근법을 근간으로 하는 지리학의 사고방식은 개발협력사업을 추진함에 있어서도 매우 중요하다. 흔히 개발협력사업 수행에 분야 전문성과 지역 전문성이 필요하다고들 한다. 예를 들어 베트남 북부 산간지역 주민을 대상으로 보건 분야의 사업을 기획할 때 일반적인 보건 분야의 사업 모델에 기반하되, 특정 지역의 사회, 제도, 문화, 관습, 기후, 인종 등의 특성을 고려하여 해당 지역에 적합한 사업 모델을 발전시켜야 한다. 분야별 접근법을 기본으로 지역적 특성을 반영하는 통합적 접근이 필요한 것이다. 특히 지역적 특성에 맞는 사업의 개발이 중요한데 지역에 대한 이해와 분석에 지리학의 방법론을 적용할 수 있을 것이다.

한편 지리학은 지리학 고유의 분야 전문성 활용 측면에서도 개발협력사업에 큰 기여를 할 수 있다. 개발도상국의 지속가능한 발전을 위해서는 국토공간의 효율적 이용을 위한 중장기 개발계획 수립, 지리정보시스템GIS을 활용한 체계적인 국토정보 관리, 기후 변화에 대응한 자연자원의 효과적 관리 등이 중요한데, 이러한 부분들은 모두 지리학의 주요 연구

영역이다. 실례로 베트남의 경우에도 도시 마스터플랜 수립지원사업, 도시계획 의사결정 시스템 구축사업, 해안보존사업 등에 지리학이 활용되고 있다고 생각한다.

이러한 맥락에서 우리의 개발협력사업이 전 지구적 문제의 본질에 더 가까이 다가가 그 해결에 기여할 수 있도록 지리학과 국제개발협력 분야 간의 교류와 협력이 늘어나기를 기대한다. 세계 시민으로서의 덕목이나 인류 공동체의 일원으로서의 사명감 등을 굳이 언급하지 않더라도 우리 세대는 단일 국가의 테두리에서 머무를 수 없고, 전 세계적 문제를 함께 고민하고 이를 해결하기 위해 협력해야 하는 시대에 살고 있다. 국제개발협력은 이를 가능하게 하는 우리의 공동활동이며, 지리학이 가진 통합적 접근 방식과 지리학 고유의 학문적 성과들은 이러한 전 지구적 공동활동의 성과를 높이는 데 중요한 기여를 할 수 있다고 본다. 개인적으로 이번 베트남 답사기를 통해 지리학의 관점에서 베트남을 새롭게 이해하고, 향후 국제개발협력과 지리학이 상호 긴밀하게 협력하면서 의미 있는 성과를 만들어 낼 수 있기를 기대한다.

Chapter 01

INTRODUCTION

1 하노이를 지리학의 눈으로 바라보기 위해: 답사 준비와 계획

2 베트남과 하노이는 어떤 곳인가?

1

하노이를 지리학의 눈으로 바라보기 위해: 답사 준비와 계획

양재석 · 박소현 · 홍명한

지리학?[1)]

지리학과 학생으로서 다른 학과 학생들과 대화를 하다 보면, 이런 질문을 많이 받곤 한다. "지리학에서는 무엇을 배우나요? 지리학이 뭔가요?" 부끄러운 일이지만 대학교에서 지리학과로 4년을 있었고 여러 지리학 수업을 들었음에도 불구하고, 이 질문에 쉽게 답하지 못하는 경우가 많다. 왜냐하면 실제 지리학과에서 배우는 내용과 일반 대중들의 지리학에 대한 인식이 매우 동떨어져 있는 경우가 많기 때문이다. 사람들은 지리학이라고 하면, "세계에서 에베레스트 다음으로 가장 높은 산은 어디일까?", "세계에서 가장 넓은 호수는 어디일까?" 등과 같이 지리적인 사실을, 정보를 외우는 학문이라고만 생각한다. 고등학교 시절 주입식 지리학 교육을 받아 온 세대는 지리학이 내용을 외우기만 하는 지겨운 학문이라고 생각하는 경우가 많은 것 같다. 그렇기에 지리학은 대학에서 배울 만한, 과학적인 학문이 아니라는 인식을 떨쳐 내기가 어렵다. 하지만 실제 지리학은 과학적이기도 하고 때론 수학적인 모습을 갖춘, 무궁무진한 가능성을 갖고 있는 학문이다.

---

1) 이 절은 Harm de Blij(2012) 1장, 전종한 외(2005), 한국지리정보연구회(2000) 1장, 서울대학교 지리학과 및 지리학 내 다양한 학회 홈페이지의 내용을 바탕으로 작성됨.

그렇다면 지리학은 어떤 학문일까? 사실 지리학자 사이에서도 지리학이 무엇이냐는 질문은 아주 오랫동안 논쟁거리였다. 지리학이 다루고 있는 학문적 범위는 너무나도 넓기 때문에, 어느 하나의 단어로 지리학이 무엇인지 지칭하는 것은 매우 어려운 일이다. 전통적으로 지리학은 탐험과 관련된 학문이었다. 지리학은 새로운 세계로의 여행, 탐험, 새로운 발견을 바탕으로 정보를 집대성하며 기술하는 학문 분야에 집중되었다. 하지만 최근에는 정보를 집대성하는 것을 벗어나 컴퓨터로 지도를 만들고 분석하며 의사결정에 활용되는 것까지로 영역을 확장했다.

무엇이 지리학이라고 쉽게 말할 수는 없지만, 지리학의 범위에 속하는 넓은 학문적 영역들을 지리학이라고 묶을 수 있는 특징이 있다. 그것은 지리학이 인간 세계와 자연 세계를 함께 연구한다는 점이다. 이 점에서 엄연히 지리학은 다른 사회과학과 자연과학과 구별된다. 지리학은 경제, 사회, 정치뿐 아니라 지형, 생물, 빙하 등을 다룬다. 또한 도시, 슬럼, 농촌, 국가, 사막, 북극, 하천 등 수많은 단위에서 이루어지는 인간 세계와 자연 세계 그리고 그 둘의 상호 작용을 다룬다. 다른 사회과학과 자연과학에서는 다루지 못하는 넓은 영역을 연구한다는 점에서 지리학은 특수하다.

또 다른 특징은 지리학이 연구 대상을 공간적으로 바라본다는 점이다. 『왜 지금 지리학인가』라는 책에서 지리학의 중요성을 강조하는 하름 데 블레이Harm de Blij가 "역사학자들은 세상을 시간적 혹은 연대기적으로 바라보고, 경제학자와 정치학자들은 구조적으로 바라보지만, 우리 지리학자들은 공간적으로 바라본다"라고 말한 것처럼 말이다. 공간적으로 생각한다는 것은, 현상이 '어디에서' 발생했는가, 그리고 그와 같은 현상이 '왜 그곳에서' 발생했는지를 생각하는 것과 관련된다. 왜 쇼핑몰은 저기에 있지 않고 여기에 위치할까? 왜 우리의 행동은 야구장에서와 교회에서 다를까? 왜 미국의 슬럼은 도심 주위에 있는 것일까? 어떻게 내륙에서 멀리 떨어져 있는 섬에도 내륙에 있는 꽃이 전파되었을까? 등과 같은 질문들은 공간과 관련된 지리학적 질문들이다.

위의 두 가지 특징을 생각하면, 지리학의 영역이 넓을 수밖에 없다는 것은 당연한 일이다. 지리학의 공간적인 관점은 어떤 특정한 주제와도 결부시킬 수 있기 때문에, 지리학자는 대단히 다양한 연구를 할 수 있다. 어느 학자는 도시와 결부시켜 도시지리를 연구하기도 하고, 다른 학자는 생물과 결부시켜 생물지리를 연구하기도 한다. 사회지리, 정치지리, 슬럼지리, 경제지리, 지형학, 지정학, 도시지역개발, 관광지리, GIS, 보건지리 등과 같이 지리학에는 수많은 세부 분야들이 존재한다. 또 세부 분야 안에서도 학자들에 따라 연구할 수 있는 대상이 다양하기 때문에, 지리학은 다양한 관점과 연구를 포함하고 공유할 수 있다는 점에서 매우 매력적이다.

지표공간은 자연환경과 인문환경에 따라 다양한 형태의 지역으로 나뉜다. 이러한 지역은 저마다 고유한 특성을 지니는 동시에 공간 구조와 보편적인 법칙에 의해 작동한다. 우선 계통지리란 각 지역에서 발견되는 공간 구조, 보편적인 법칙에 대해서 체계적이고 구체적으로 연구하는 분야를 뜻한다. 계통지리는 어떤 지표공간 대상에 대해 연구하느냐에 따라 자연지리Physical Geography와 인문지리Human Geography로 나뉜다. 자연지리는 또 어떤 자연환경을 연구하느냐에 따라 지형학, 기후학, 생물지리학, 토양지리학, 환경지리학 등으로 나뉜다. 인문지리에도 경제지리학, 도시지리학, 역사지리학, 문화지리학, 정치지리학, 인구지리학, 교통지리학, 사회지리학, 관광지리학, 종교지리학 등 많은 세부 분야가 있다. 다음으로 지역지리는 계통지리와는 달리 특정 지역에서 나타나는 고유한 특성에 집중하여 연구하는 분야를 말한다. 이때 지역지리는 자연지리 및 인문지리의 연구 분야를 종합하여 포괄적으로 연구를 진행한다. 보통 지역지리는 연구 대상 지역에 따라 나뉜다. 대륙별로는 동남아지리학, 유럽지리학, 아프리카지리학, 아메리카지리학으로, 국가별로는 한국지리학, 일본지리학, 중국지리학 등이 가능하다. 마지막으로 지리학적 연구 방법론에는 지도에 관한 학문인 지도학과, GIS를 활용한 방법론 등이 있다. 최근 지리정보 획득을 위한 장비와 기술이 더욱 정밀해지면서 GIS를 활용한 연구 방법이 크게 활성화되고 각광받고 있다.

지리학과 답사

지리학이 다른 학문과 차별되는 이유 중 하나는, 지리학이 연구방법으로 야외조사, 답사 fieldwork를 중요하게 생각한다는 점이다. 지리학은 지표현상을 기초로 연구를 진행하는 학문이기 때문에, 공간space과 장소place의 현장을 찾아 조사하는 것을 중요시한다. 그렇기에 답사는 지리학이 오랫동안 사용한 연구방법이고, 답사가 지리학에서 차지하는 비중은 매우 크다.

지리학의 답사에 대하여 Dando and Wiedel은 크게 현장수업field teaching, 견학여행field trips, 현장연구field research, 야외캠프field camp 4가지로 구분하였다. 현장수업은 비교적 작은 지역을 깊이 관찰하고 분석하는 것이고, 견학여행은 넓은 지역의 현상, 프로세스, 지역을 관찰하는 것이다. 현장연구는 특정 지역의 지리학적 연구를 통해 지리적 지식을 확장하

〈표 1.1.1〉 지리답사를 통해 기대할 수 있는 이익

구분	내용
과목특수적 측면	– 전문적인 현장조사기술 및 연구방법의 습득 – 이론과 실천(현장)을 통합하는 기회 – 다른 장소와 문화의 이해 – 학문(지리학)에 대한 다양한 접근방법 이해 – 실제적 데이터의 활용 및 실제적 연구 경험 – 독립적 연구 수행을 위한 기초 제공 – 관찰하고, 측정하고, 기록하는 연습 – 경관과 자료의 분석 및 해석 능력 향상
전이가능한 기술	– 문제를 인식하고 질문을 던질 수 있는 능력의 향상 – 독립적으로 사고하고, 자율적으로 학습할 수 있는 기회 제공 – 의사소통 및 발표 능력의 향상 – 팀워크, 리더십 능력의 개발 – 시간, 인적자원 관리 등 조직 능력의 향상
개인의 성장 및 사회화	– 학문(학습)에 대한 열의의 자극 – (자연)환경에 대한 존중 – 학생들 간의 사회적 결속력 및 통합 – 교수자와 학생 간의 관계 향상

출처: Kent et al., 1997, p.320; 오선민 · 이종원, 2014, p.113 재인용

는 것을 말한다. 야외캠프는 앞서 말한 유형들이 혼합된 답사를 말한다.[2)]

답사는 살고 있는 곳으로부터 항상 멀리 떨어진 곳을 대상으로만 진행되는 것은 아니며, 익숙한 곳이나 일상적인 지역을 대상으로도 가능하다. 답사는 짧게는 하루 동안, 길게는 며칠 동안 이루어지며 그 횟수도 필요에 따라 수시로 정하는 경우가 많다.

답사를 통해 지리학자와 지리학과 학생들이 얻을 수 있는 효과는 다양하다(〈표 1.1.1〉). 전문적인 지리학적 정보를 획득할 수 있음은 물론, 학생들은 수업에서 배운 내용을 현장에서 확인하는 과정에서 지리학적 관점을 배울 수 있고, 답사를 계획하는 과정에서 조직 능력, 발표력 등을 포괄적으로 배울 수 있다. 또 교실에서 벗어나 교수와 학생들이 숙식을 같이함으로써 집중적인 교육 효과를 얻을 수 있을 뿐만 아니라 자칫 현실감이 결여되기 쉬운 지식편향을 바로잡을 수 있는 기회가 된다.

답사를 간다는 것은?

다른 사람들과 만나서 답사 경험들을 이야기하면 다들 부러워한다. 학기 중에 여행도 다닐 수 있고 선후배들이나 동기들이랑 친해질 수 있는 기회가 좋겠다고 말한다. 그러나 사실 답사는 마냥 즐거운 '여행'과는 다르다. 실제 야외답사 전후로는 수많은 사전 준비 절차가 필요하다. 조사계획을 수립하고, 관련한 문헌 자료를 조사해야 하고, 답사를 다녀온 다음에는 답사를 통해 얻은 성과들을 정리하여 실제 조사·연구 결과를 작성해야 한다. 서울대학교 지리학과의 학술답사도 이 과정을 따르고 있다. 답사를 가기 전 미리 조를 짜고 조별로 어떤 조사·연구를 수행할지 그 주제를 정한다. 그리고 그 주제와 관련된 문헌이나 웹 자료들을 찾아 이를 바탕으로 답사지에서 활용할 자료집을 만든다. 실제 답사에 가서는 문헌으로 찾았던 것과 실제가 어떻게 다른지 확인하면서 해당 지역을 이해하게 된다. 현지

2) 오선민·이종원, 2014, "중등학교 지리답사 연구: 목적, 유형, 계획과 제약요소", 한국지리환경교육학회지 22(1), p.113

사람들과 인터뷰도 해 보고 여러 사진을 남겨 온 다음 조사·연구 결과를 발표하거나 답사 보고서를 작성한다.

사실 이런 일련의 과정은 다소 귀찮고 힘든 일이다. 그럼에도 불구하고 많은 지리학과 학생들은 왜 답사를 갈까? 무엇보다도 답사는 재미있다. 가 볼 기회가 없던 장소에 가서 동문수학하는 사람들과 함께 탐험하는 것도, 답사계획을 짜기 위해 조별로 모여서 이야기하는 것도 재밌다. 답사가 끝나 가는 날 밤, 교수님부터 새내기까지 모두 한자리에 모이는 경험도 할 수 있다. 이런 재미는 어쩌면 학기 중에 수업을 빠지고 간다는 점에서 더 커지는 것 같기도 하다. 또 다른 이유는 답사지에 대해 더 깊게 배우게 된다는 점이다. 너무나 당연해 보이는 말이지만, 지리학과의 학술답사는 지리학에 대한 이해를 돕기 위해 가는 것이기 때문이다. 그 장소나 지역의 지리적 지식들을 체감한 후 지리학의 이론과 개념들을 적용해 보면서 답사 지역에 대해 다면적으로 이해할 수 있고, 반대로 책 속의 이론들도 더욱 생생하게 느낄 수 있다. 지리공간에 대한 일반 원리, 그리고 각 지역에 대한 인문·자연적 특성을 모두 배우는 기회가 바로 답사다. 답사야말로 지리학을 가장 재밌게 배우는 방법일 것이다.

답사 기획 – 글로벌지역연구방법론

2016년 2학기 학술답사는 연초부터 준비했다. 단순 관광에 그치지 않는 알찬 답사를 만들기 위해 2016년 봄학기 개설된 글로벌지역연구방법론 수업을 통해 가을 하노이 답사를 체계적으로 공부하고 준비했다. 글로벌지역연구방법론은 최근 급격한 국제화에 따라 해외 지역에 대한 학생들의 체계적인 이해와 연구 능력을 향상시키기 위해 개설된 수업이다. 강의는 크게 1) 지역조사의 이론적 토대, 2) 자연환경조사법, 3) 인문환경조사법, 4) 조사자료의 활용의 네 개 분야로 나누어 진행되었다. 강의는 담당교수인 구양미 교수님뿐만 아니라 베트남 및 하노이를 연구하거나 실무 경험이 많은 여러 기관의 전문가, 연구자들을 초청해 서적이나 논문만으로는 부족했던 베트남, 하노이에 대한 지식을 쌓고자 했다(〈표 1.1.2〉). 수업에는 지리학과와 다른 학과의 학부생 총 40명이 참여했으며, 활발한 토의와 개별 활동이 이루어졌다. 그 결과물로서 베트남을 사례지로 하는 지역연구방법 계획 및 기초연구 수행 보고서를 제출했다.

제출된 기말 보고서들을 기반으로 총 10개의 주제로 팀을 나누어 자율연구 주제를 세부화시켰다. 이후 각 조마다 관심사가 비슷한 5~6명의 학생들을 배정해 방학 동안 주제를 심화해 나갔다. 구성된 팀은 다음과 같다. ①관광지리: 베트남전쟁 관광 ②인구지리: 한국-베트남 이주 ③문화지리: 베트남 커피의 식문화지리 ④교통지리: 하노이 교통수단과 교통체계 ⑤도시지리/도시계획1: 베트남의 정치와 하노이 경관 변화 ⑥도시지리/도시계획2: 하노이 신도시 ⑦경제지리1: 삼성전자와 베트남 북부 지역 ⑧경제지리2: 베트남 유통산업 ⑨자연지리1: 하롱베이의 지속가능성 ⑩자연지리2 : 짱안Tràng An의 지형학

7월 말부터 본격적으로 세부적인 주제를 정하고 좀 더 상세한 연구계획서를 작성했다. 이 계획서는 세부 주제와 관련된 연구 질문을 세우고 그것을 위해 어디를 갈지, 어떤 사람

〈표 1.1.2〉 2016년 글로벌지역연구방법론 수업 특강

	특강 주제	특강자
1	자연환경조사법	김대현(미국 켄터키대학교 교수)
2	KOICA와 개발협력의 이해 - 베트남 사례를 중심으로	이종수(KOICA 팀장)
3	Past, Present and Future of Vietnamese Industry	Phan Chi Anh(하노이 베트남국립대학교 교수)
4	베트남 문화와 지역연구	Hoang Thi Trang(서울대학교 국어교육과 박사과정)
5	공간데이터와 빅데이터의 활용	황명화(국토연구원 책임연구원)
6	베트남 지역 연구와 경제지리학	박소현(국토문제연구소 연구원)
7	최신 위성영상정보기술과 활동 - 드론 원격탐사기술 동향	이강원(한국에스지티 이사)
8	베트남 도시계획 현황 및 사례	홍나미(한아도시연구소 실장)
9	베트남 커피 상품 사슬	지호철(동국대학교 박사수료)
10	이민자 연구와 지역연구방법론	박위준(4-zero지향 BK사업단 조교)

을 만날지 등에 대한 내용으로 이루어졌다. 그러나 하노이를 가 본 사람이나 잘 아는 사람이 적은 상황에서 쉬운 일은 아니었다. 특히 조별 답사는 하루 만에 마쳐야 하기 때문에 잘 계획해야 하는 상황이었다. 학생들은 우선 구글 지도를 켜고 하노이가 어떻게 생긴 도시인가부터 알아 갔다. 인터넷을 이용한 정보는 대부분 일반 관광을 위한 것이었기 때문에 하노이를 더 구체적으로 알기에는 부족함이 많았다. 이 문제는 다행히도 하노이 베트남국립대학교 경제·경영학부 학생들로부터 도움을 받아 해결할 수 있었다. 글로벌지역연구방법론 수업에서 베트남 내 산업에 대해 강의를 해 주셨던 Phan Chi Anh 교수님께서 베트남 학생들과 우리 답사팀을 연결해 주신 덕분이다. 학생들과 메일을 주고받으면서 각 조의 연구 주제에 알맞은 방문 장소를 선정해 나갔고, 그에 맞게 구체적인 동선을 계획했다. 필요한 경우 하노이 내 한국 기업, 국제기구 종사자분 등에게 미리 인터뷰를 요청해 약속을 잡았다.

답사 일정

하노이에서의 답사 기간은 2016년 9월 28일부터 10월 1일까지로, 밤 비행기로 10월 2일 아침에 귀국해 3박 5일간의 일정이었다. 전체 답사 일정은 다음과 같다.

〈표 1.1.3〉 전체 답사 일정

일자	지역	여행일정
9월 28일	인천 하노이	인천공항 출발 하노이 노이바이 국제공항 도착 가이드미팅 하노이 베트남국립대학교 방문: 개별 답사 주제 논의 석식 후 호텔 휴식
		호텔 하노이 올드 쿼터 주변
9월 29일	하노이	조별 자율연구 ①관광지리: 베트남전쟁 관광 ②인구지리: 한국-베트남 이주 ③문화지리: 베트남 커피의 식문화지리

9월 29일	하노이	④교통지리: 하노이 교통수단과 교통체계 ⑤도시지리/도시계획1: 베트남의 정치와 하노이 경관 변화 ⑥도시지리/도시계획2: 하노이 신도시 ⑦경제지리1: 삼성전자와 베트남 북부 지역 ⑧경제지리2: 베트남 유통산업 ⑨자연지리1: 하롱베이의 지속가능성 ⑩자연지리2 : 짱안의 지형학
		숙소 휴식
9월 30일	하노이	삼성전자 공장 견학 하노이 시내: 문묘, 바딘 광장, 호찌민 박물관 및 생가, 하노이 구시가지(36거리) 등 호안끼엠 따히엔 맥주거리 석식 후 호텔 휴식
		숙소 휴식
10월 1일	하롱베이	하노이 출발 하롱베이 이동 하롱베이 관광 하롱베이 출발 하노이 공항 이동 하노이 출발 인천행
		기내 숙박
10월 2일	인천	인천 도착

그림 1.1.1 | 하노이 베트남국립대학교와 서울대학교가 만난 자리

첫째 날

하노이에 도착하자마자 하노이 베트남국립대학교로 향했다. 둘째 날 답사를 함께 다닐 친구들과 만나기 위함이었다. 서울대학교 지리학과와 하노이 베트남국립대학교 경제·경영학부 간 교류 행사를 했고, 각 조별로 답사계획을 발표했다. 가기 전까지 인터넷으로만 연락을 주고받던 베트남 학생들과 직접 만나 다음 날 답사에 대해 논의하는 시간을 가졌다.

둘째 날

둘째 날에는 각 조별로 계획했던 자율연구를 진행했다. 인문지리 여덟 개 조는 주로 하노이 시내에서 택시 등을 타고 이동해 자율연구를 했고, 자연지리 두 개조는 둘째 날 유근배 교수님의 인솔하에 '내륙의 하롱베이'라 불리는 짱안에 다녀왔다. 영어가 거의 통하지 않았지만 베트남은 치안이 양호할 뿐만 아니라 베트남 친구들이 도와줘 무사히 답사를 마칠 수 있었다. 답사 후에는 같이 놀 수 있는 장소로 가서 함께 사진도 남기면서 즐거운 시간을 보냈다. 조마다 구시가지, 쇼핑몰 등에 가기도 하고 카페에서 베트남 커피를 마시면서 자유롭게 하노이를 즐길 수 있었다.

셋째 날

셋째 날에는 삼성전자 공장을 견학했다. 삼성전자 공장은 하노이 교외의 박닌성에 위치해 있어 이동하며 베트남의 넓은 부분을 차지하는 농촌의 모습도 관찰할 수 있었다. 삼성전자 공장에서는 방현우 이사님으로부터 삼성의 베트남 진출에 대한 강의를 들었다. 오후에는 다시 하노이 시내로 돌아와, 호찌민 묘소를 비롯한 관광지들을 돌아보았다.

넷째 날

넷째 날에는 배를 타고 하롱베이의 절경을 감상했다. 하롱베이는 하노이에서 자동차로 세 시간 반 정도 걸렸지만 유네스코 자연유산이라는 명성에 걸맞게 아름다웠다. 하롱베이의 여러 섬 중 티톱섬 전망대에 올라 인상 깊은 자연경관에 빠지기도 했다. 노이바이 국제공항으로 돌아가는 길은 다시 학교의 일상으로 돌아가는 것에 대한 아쉬움과 반가움이 교차하는 길이었다.

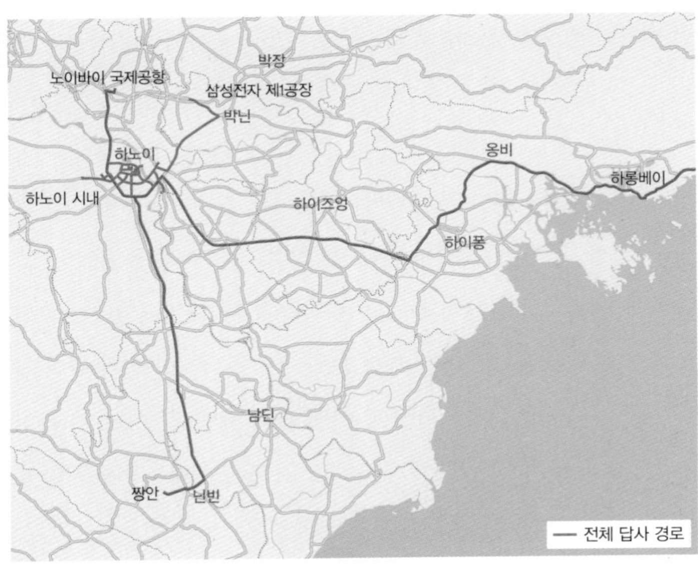

그림 1.1.2 | 3박 5일간의 전체 이동 경로

그림 1.1.3 | 답사 준비팀과 각 조 조장들

References

▷ 논문(학위논문, 학술지)

- 오선민 · 이종원, 2014, "중등학교 지리답사 연구: 목적, 유형, 계획과 제약요소", 한국지리환경교육학회지, 22(1), 111-130.
- 최병두 · 신혜란, 2011, "초국적 이주와 다문화사회의 지리학: 연구 동향과 주요 주제", 현대사회와 다문화, 1(1), 65-97.

▷ 단행본

- 전종한 · 서민철 · 장의선 · 박승규, 2005, 인문지리학의 시선, 논형.
- 한국지리정보연구회, 2000, 지리학 강의, 한울아카데미.
- Harm de Blij, 2012, Why Geography Matters: More Than Ever, 2nd Edition, Oxford University Press, UK.

▷ 언론 보도 및 인터넷 자료

- 대한지리학회 홈페이지, http://www.kgeography.or.kr
- 서울대학교 지리학과 홈페이지, http://geog.snu.ac.kr
- 한국경제지리학회 홈페이지, http://www.egsk.or.kr
- 한국도시지리학회 홈페이지, http://www.urbangeo.org
- 한국문화역사지리학회 홈페이지, http://www.hisculgeo.or.kr
- 한국지형학회 홈페이지, http://geomorphology.or.kr

2

베트남과 하노이는 어떤 곳인가?

박준범 · 채상원 · 김예진 · 송정우 · 이민재 · 진예린

누구보다 가까운 나라, 대한민국과 베트남

베트남에 큰 관심이 있는 사람이 아니라면 한국과 베트남이 얼마나 가까운 사이인가를 알고 크게 놀랄 것이다. 한국과 베트남은 지리적인 거리는 꽤 멀지만 놀라울 정도로 서로 닮은 나라이고, 경제적으로 서로 크게 의지하고 있는 나라이기도 하다.

현재 한국과 베트남은 유례가 없는 경제 파트너이다. 베트남은 한국 기업들의 생산기지 역할을 하고, 한국의 기업들은 베트남에서 양질의 일자리를 창출하였으며, 한국 정부의 국제 원조 규모도 크다. 한국은 베트남에 투자를 가장 많이 한 국가이며, 삼성과 LG 그리고 그 하청업체들의 생산액의 합은 베트남 전체 GDP의 20%가 넘는 비중을 차지할 정도이다. 과장을 조금 보태면 한국 기업들에 베트남 경제가 달려 있다고 할 수 있을 정도이다. 한국과 베트남의 교역은 해마다 빠른 속도로 늘어 2016년도 기준 한국의 베트남 수출은 227억 달러에 이르며, 베트남에서 수입하는 규모는 98억 달러이다. 대한민국은 베트남의 4대 수출국이자 2대 수입국이고, 베트남은 대한민국의 3대 수출국이자 8대 수입국이다.[1] 또한

1) KOTRA, 2016.09.29., "베트남 경제 · 투자동향 및 진출환경".

교역뿐만 아니라 많은 한국 기업들이 베트남 정부가 시행하는 도로, 철도 등의 인프라사업, 건축사업 등을 맡아 진행하고 있다.

한국인과 베트남인은 생각보다 많은 문화적 특성을 공유하고 있다. 양쪽 다 뿌리 깊은 유교의 영향으로 인해 '효'로 대표되는 유교적 가족관이 보편적이며, 매우 높은 수준의 교육열을 보인다. 베트남에는 한국의 '정'이나 중국의 '꽌시'와 비슷한 '꽌해'라고 하는 인간관계 중심의 문화가 발달해 있으며, 논농사, 젓가락 사용 등 기본적인 생활 방식도 비슷한 부분이 많다. 베트남에 거주하는 한국 주재원들이나 교민들은 베트남에 너무나도 쉽고 빠르게 적응하며, 베트남에서의 삶에 매우 만족하는 경우가 많다고 한다. 상당수의 주재원들이 다시 한국으로 발령이 나면 이직을 하거나 창업을 해 베트남에 눌러앉는 선택을 할 정도이다. 이를 반대로 보면, 왜 '베트남 신부'를 소개해 주는 결혼중개업체가 크게 번성했는지를 알 수 있다. 그들은 베트남 사람들이 한국에 적응하기 매우 쉽다는 것을 미리 포착했던 것이다.

베트남 사람들, 그리고 베트남 정부가 한국에 대해 갖고 있는 이미지는 좋은 편이다. 문화적 유사성과 더불어 아시아에서 큰 인기를 끈 케이팝, 경제원조사업(한국은 해외원조의 16~17%가량을 베트남에 집중하고 있다) 등으로 베트남 사람들은 한국에 대해 대체로 호감을 가지고 있다. 베트남전쟁으로 인한 원한은 언론에서 크게 부각되지 않은 편이며 대체로 노년층에서만 언급되는 것으로 보인다. 이러한 한국과 한국인에 대한 긍정적인 이미지는 최근 베트남 소비시장으로 진출을 준비 중인 한국 기업들에게 매우 유리한 조건일 것이다. 베트남 정부 역시 한국에 대한 호감이 큰 편이다. 사실 한국 기업들의 투자액과 한국 정부의 원조를 생각하면 한국을 싫어하기는 어려울 것이나, KOTRA 인터뷰에 따르면 베트남은 최근 몇 년 동안 한국의 몇 배에 달하는 원조를 제공하는 일본보다 한국을 더 선호한다고 한다. 그 이유는 베트남 정부는 한국의 경제 발전 모델을 따라 성장하기 위해 한국의 노하우를 배우길 원한다는 사실이다. 또 북미, 유럽의 국가들 그리고 서구화가 거의 완료된 일본에 비해 한국과 베트남은 '문화적 공통성'으로 인해 양국 간의 일하는 방식이 잘 통한다는 점도 크다.

베트남의 경제 개괄

베트남에는 수출용 생산기지가 많기 때문에 베트남 경제는 수출과 수입에 크게 의존하는 경향을 보인다. 베트남 GDP 대비 전체 수출 비중은 무려 83.8%에 달하며, 전체 수입 역시 비슷한 수준이다. 주요 수출 품목은 비중이 높은 순서대로 전화기 및 부품, 섬유 및 의류, 컴퓨터 같은 전자제품 및 부품, 신발류, 기계·장비·도구 및 부품 정도인데,[2] 전체 수출액에서 해외 기업이 차지하는 비중이 70%에 달한다. 섬유 및 의류와 신발류의 일부 기업들만 베트남 기업일 뿐 나머지는 해외 기업들이 생산하는 제품들이다. 그 외의 자체 수출품들은 수산물과 커피와 같은 1차 산업이 주를 이룬다. 수입의 경우에는 해외 기업들의 생산을 위한 기계 설비와 각종 부품, 그리고 원·부자재가 대부분을 차지하는 상황이다.

1억에 가까운 인구에서 오는 풍부한 숙련 노동력과 비교적 낮은 임금 상승률, 그리고 거대한 소비시장으로 인해 베트남은 경제성장 가능성이 매우 높은 국가로 평가된다. 이뿐만 아니라, 베트남인들은 전체 수입 대비 소비율이 매우 높은 편이라 내수시장이 더욱 매력적이다. 또한, 각종 원조와 해외 기업들의 투자로 인해 오늘날 베트남은 고도성장으로 나아갈 수 있는 유리한 고지를 선점했다고 볼 수 있다. 한편, 베트남은 1990년대 이후로 매년 5~7% 사이의 높은 GDP 성장률을 보이고 있으나 지나친 해외 기업 의존과 10%에 달하는 중국에 못 미치는 성장으로 인해 경제의 내실을 다지지 못했다는 우려 또한 존재한다. 이에 따라 베트남 정부는 인프라를 확충해 경제성장을 더 촉진시키고 자체적으로 기술력과 국제 경쟁력을 갖춘 기업을 육성하기 위해 많은 노력을 기울이고 있다.

2) KOTRA, 2016.09.29., "베트남 경제·투자동향 및 진출환경".

하노이 인근 베트남 북부의 경제지리

베트남의 지도를 보았을 때 한눈에 들어오는 특징은 나라가 남북으로 매우 길다는 점이다. 남북으로 총 1,650km에 달하는데, 북부 지역은 지리적 근접성으로 인해 중국 문화권의 영향을 크게 받은 반면, 남부 지역의 경우 참파, 크메르와 같은 동남아시아 문화권과 교류가 많아 남북으로 다른 문화가 형성되었다. 또 남부 지역은 제국주의 시대에 진출한 서구 열강들의 직접적인 영향을 받았으며, 20여 년에 걸친 남북 분단으로 인한 체제 차이로 북부 지방과 남부 지방의 사람들의 사고방식에 차이가 있다.

베트남 내외의 평가를 종합해 보면, 대체로 하노이를 중심으로 한 북부 지방 사람들은 보수적이고 예의와 격식을 차리고 세련된 편이다. 이는 유교의 영향에 더해 북부가 예전부터 공산주의의 영향을 깊게 받았고, 하노이시가 베트남 정치의 중심지라는 사실이 크게 작용한 것으로 보인다. 반면 호찌민(구 사이공)시를 중심으로 한 남부 지방 사람들은 개방적이면서 실리를 추구하는 편이고, 느긋한 성격을 지닌 것으로 묘사된다. 이러한 특징은 온난한 남부 지방의 기후와 오랜 자유시장체제의 경험에 따른 것으로 보인다.

전통적으로 베트남 경제의 중심지는 남부의 호찌민시였다. 도이모이 정책의 실행 이후 외국 기업들은 비교적 시장경제 경험이 있고 경제가 더 발전한 편인 남부 지역에 입지하는 것을 선호하였기 때문에 초기 해외직접투자는 남부 지역에 집중되었다. 그로 인해 하노이와 인근 북부 지역은 남부 중심에 비해 경제적으로 낙후하게 되었다. 2000년대 들어 베트남 정부는 북부 지방을 개발하기 위한 균형개발 정책을 실시하였다. 지방 정부들도 경쟁적으로 세금 감면, 토지 무상 제공 등의 혜택을 제시하며 해외 기업 유치에 나섰다. 그 결과, 북부 지역의 경제는 상당 부분 개발이 진행되고 있다. 그러나 2014년 기준으로 하노이시의 1인당 GDP는 3,000달러에 불과하여[3] 5,000달러 정도인 호찌민시에 비해 아직 꽤 낮은 수

3) Asia Plus, 2016.12.11., "THE FACT ABOUT VIETNAM BUSINESS".

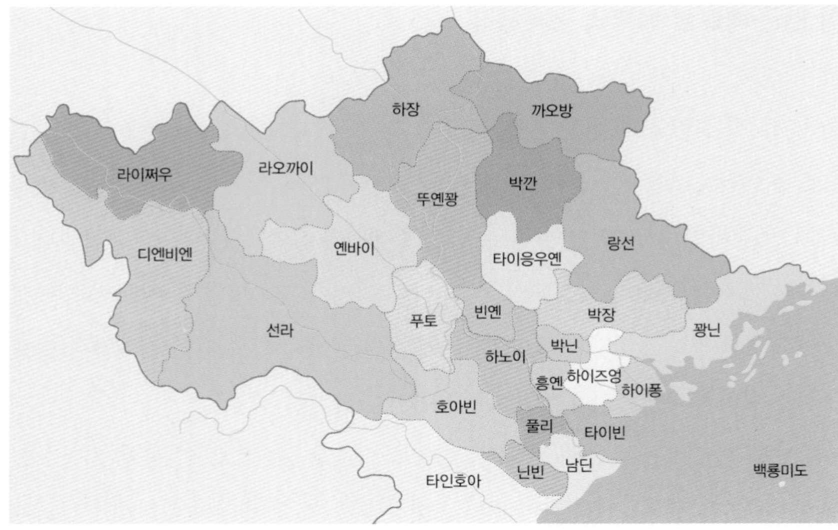

그림 1.2.1 | 베트남 북부 지도
출처: northern-vietnam.com

준이다.4)

하노이 북부의 지역별 산업을 살펴보면, 우선 남딘Nam Định은 전통적으로 섬유산업이 발달한 도시로, 그 외에도 기계업, 제조업 등 다양한 공장이 입지해 있다.5) 예전부터 북부 삼림지대를 이용한 임가공산업이 발달했으며 주로 항구도시 하이퐁Hải Phòng을 통해 수출되었다. 또한 베트남을 세계 조선 5대 강국으로 만든 조선업이 이 하이퐁과 인근 항구도시들에 발달해 있다.6) 그리고 산간 지역의 열악한 교통 인프라에도 불구하고 랑선Lạng Sơn, 몽까이Móng Cái, 라오까이Lào Cai와 같은 국경 지역들을 통해 중국과의 국경 무역이 활발하게 전개되어 왔다.7) 1차 산업의 경우 남부의 비옥한 메콩 델타 지역에 비해서는 규모가 작

4) VIETSTOCK, "HCMC's per capita income reaches over $5,100 as GDP growth edges up", http://en.vietstock.com.vn/2014/12/hcmcs-per-capita-income-reaches-over-5100-as-gdp-growth-edges-up-38-192679.html

5) 장준섭, 2014.03., "[경제풀이] 베트남 경제 이야기", 하노이한인회 소식지.

6) 박동욱, 2009.04.14., "베트남 세계 5대 조선강국의 허와 실", KOTRA 해외시장 뉴스.

7) 장준섭, 2014.03., "[경제풀이] 베트남 경제 이야기", 하노이한인회 소식지.

으나 베트남 북부 삼각주의 남딘을 중심으로 한 농산물 생산이 많고, 하노이 주변 지역에서는 여느 대도시와 마찬가지로 근교 농업이 발달해 있다. 또한 많은 북부 해안지대에서는 새우 양식업이 발달되어 있다.

한국-베트남 경제 교류의 핵심, 베트남 북부

앞서 이야기한 것처럼 베트남은 비교적 잘 갖추어진 인적자원을 매우 저렴한 비용에 구할 수 있다는 강점을 바탕으로 최근 몇 년간 다국적 기업을 주축으로 한 해외직접투자의 핵심 지역으로 주목받았다. 이전까지 '세계의 공장' 역할을 맡았던 중국의 평균 임금이 상승하게 되자, 베트남이 주목을 받는 반사 이익의 측면도 있었다.

1980년대 후반부터 도이모이 정책이 도입된 이후 경제 발전 초기에는 호찌민으로 대표되는 베트남 남부 지역을 중심으로 해외직접투자가 집중되었다면 최근 몇 년간 눈에 띄게 투자가 증가하는 지역은 하노이를 중심으로 한 북부 지역이다. 현재 해외직접투자의 70.6%가 북부 지역을 대상으로 이루어지고 있다.8) 중앙 정부의 국토 균형개발 정책과 지방 정부의 경쟁적인 기업 유치 노력으로 인해, 북부 지역의 해외자본 유입이 크게 증가한 것이다. 특히, 이러한 베트남 북부 지역의 투자 흐름을 주도하는 국가가 바로 우리나라인 점을 고려하면 이 지역이 한국과 베트남의 경제적 대외 교류의 핵심 열쇠를 쥐고 있는 지역이라는 것을 쉽게 알 수 있다. 박닌성, 하이퐁시, 타이응우옌성 등과 같이 하노이에서 약 100km 이내 반경에 위치한 지방성들에 한국 기업의 진출이 눈에 띄게 증가하고 있다.9)

낙후 지역이었던 베트남 북부 지역으로 해외자본이 급격하게 늘어났던 이유는 무엇일까. 가장 중요한 고려 사항으로 중국과의 지리적 인접성을 꼽을 수 있다. 베트남은 남북으

8) KOTRA, 2016.09.29., "베트남 경제·투자동향 및 진출환경".

9) KOTRA, 앞의 보고서.

로 길게 뻗어 있는 영토를 가지고 있어 호찌민을 중심으로 한 남부 지역은 멀리 중국까지 오가는 것이 매우 어려워 대(對)중국 물류 이동의 거점지로 큰 이점이 없다. 이뿐만 아니라, 베트남의 육로교통은 대규모 물류 이동을 효율적으로 해낼 수 있을 만큼 크게 발전하지 않았기 때문에 남부 지역에 생산공장을 세울 경우 이와 같은 한계는 더욱 부각된다. 그 반면, 북부 지역은 공장에서 생산한 제품을 중국 시장으로 운송하거나 중국으로부터 부자재를 공급받기 매우 유리하므로, 북부 지역에 공장이 입지하는 것이 훨씬 합리적이다. 일례로, 베트남 북부 박닌성에 스마트폰 공장을 건설한 삼성전자가 이곳을 낙점한 이유 중 하나도 중국으로부터 부품을 받기 용이하기 때문이었다.

한편, 북부 지역에 진출하는 한국 기업을 한정해 살펴볼 때, 경제개방 이후 일찍부터 외국인 투자가 활발히 진행되었던 남부 지역에서는 이미 많은 다국적 기업이 진출해 있어 경쟁이 치열하고 우리나라 기업이 이 지역에서 절대 우위를 점하기 어렵다. 이에 반해, 상대적으로 외국의 자본 유입이 뒤늦게 이루어진 북부 지역에서는 한국 기업이 선도자 역할을 하며 지역 총생산에서 압도적으로 큰 비중을 차지하는 양상을 보인다. 베트남 정부의 지원도 큰 역할을 했다. 삼성공장이 박닌성에 생산기지를 건설하기로 계약을 체결할 당시, 베트남 정부가 공장에서 공항까지 직행으로 도달할 수 있는 고속도로를 건설하기로 약속한 바는 널리 알려진 이야기이다.

한국이 타국에 대해서 해외직접투자 규모와 비중에서 1위를 차지하는 국가는 베트남이 유일하다. 2011년부터 2016년 6월까지 전체 해외직접투자 누계에서 한국은 베트남에 약 485억 달러를 투자했다. 한국을 뒤이어 가장 많은 투자를 해 온 국가는 일본으로, 같은 기간 동안 약 398억 달러를 투자했다. 그중에서도 베트남 북부 지역만을 대상으로 투입된 자본을 추산하면 2016년 상반기 동안 한국의 베트남 투자 규모는 약 40억 달러를 기록했고 이는 전체 외국인 투자 중 35.3%를 점하는 수치이다.[10] 하노이 인근의 베트남 북부 지방성들 중에서도 우리나라 기업들의 최대 진출 지역은 지난 2008년 완공한 삼성전자 스마트폰 최대 수출기지인 옌퐁공장을 비롯해 약 480여 개 한국 기업이 입지한 박닌성이다. 박닌

성에 그간 투입된 자본은 60억 달러를 넘어섰다.11)

하노이는 어떤 곳인가12)

하노이는 북위 20°53′~21°23′, 동경 105°44′~106°02′에 위치하는 베트남의 수도로서 베트남의 정치, 문화, 과학, 기술 분야를 선도하며 경제와 무역 분야에서도 중요한 역할을 맡고 있는 도시이다. 면적은 약 3,345㎢로 대한민국의 수도인 서울(약 605㎢)의 5배 이상이며 인구는 700만 명 이상이다. 인구 성장률이 평균 연간 3.5%를 기록할 정도로 인구가 계

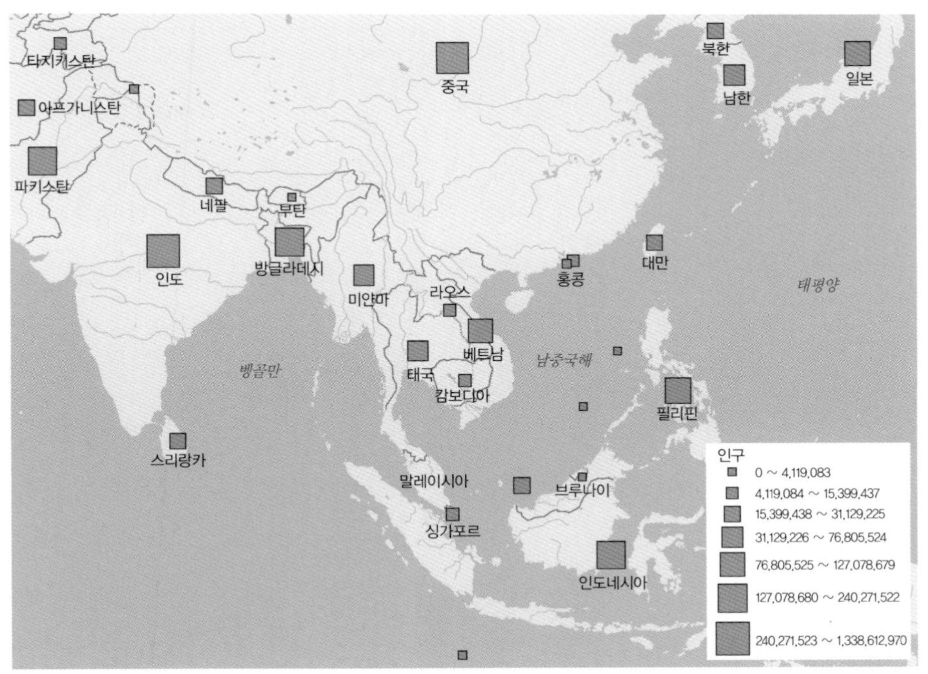

그림 1.2.2 | 동아시아권 국가별 인구 규모(2015)

10) 서울경제, 2016.11.03., "'베트남은 기회의 땅'… 中企 진출 러시".

11) 한국일보, 2016.10.16., "삼성전자, 공장 3곳에 직원 10만 명 고용… 베트남의 최대 수출기업".

12) 이 절은 하노이 공식 홈페이지(www.hanoi.gov.vn)의 내용을 바탕으로 작성되었다.

속해서 빠른 속도로 증가하고 있고, 행정적으로 주변 지역과의 합병도 꾸준히 이루어지고 있기 때문에 다양한 측면에서 매우 역동적으로 변화하는 도시라고 할 수 있다.

하노이의 행정구역은 12개의 구, 1개의 시, 17개의 시외 현으로 이루어져 있다. 구시가지를 제외하면 각기 다른 시기에 하노이에 합병되었기 때문에, 서로 매우 다른 경관을 보여 준다. 특히 인구밀도 측면에서 이러한 차이는 뚜렷하게 나타난다. 하노이의 평균 인구밀도는 약 2,000명/㎢이지만, 번화가이며 가장 인구밀도가 높은 동다Dong Da구는 약 35,000명/㎢인 데 반해 속선Soc Son, 바비Ba Vi, 미득My Duc과 같은 시외 현은 약 1,000명/㎢에 불과하다. 인종적으로는 베트남 킨족이 약 99.1%를 차지하고 기타 인종이 0.9%를 차

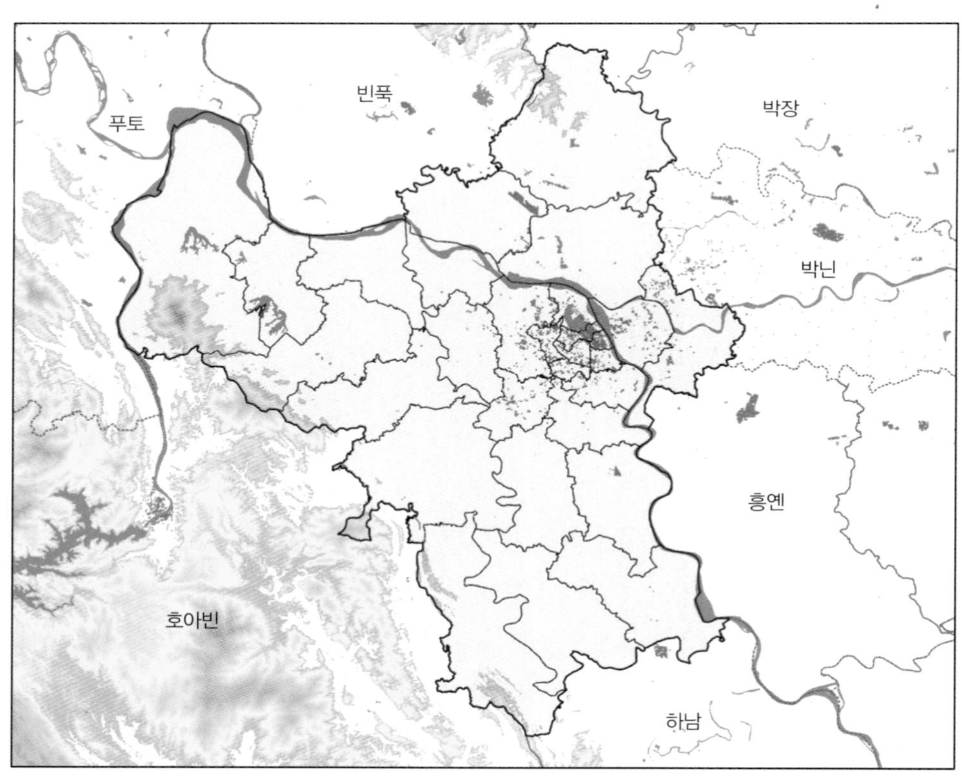

그림 1.2.3 | 하노이의 시가지 지도
출처: hanoi.gov.vn

그림 1.2.4 | 호안끼엠구의 호안끼엠 호수

지한다.

하노이는 기본적으로 평원 지역으로 분류되나 북서쪽이 남동쪽보다 고도가 평균적으로 5~20m 높다. 북서쪽은 주로 산과 구릉으로 이루어진 산악지대이며 최고 높이는 1,281m에 달한다. 반면 남동쪽은 강이 운반한 퇴적물로 형성된 넓고 평탄한 삼각주 지역이다. 기후적으로는 연평균 기온 약 25℃, 평균 강수량 약 1,700㎜, 평균 습도 약 80%를 기록하며, 계절풍의 영향으로 5~9월에는 고온다습하고 11~3월에는 전형적인 열대몬순기후를 띠며 건조하다. 여름에는 평균 기온 약 38℃로 무덥고, 겨울에는 약 17℃로 우리나라와 달리 겨울에도 한파가 없는 게 특징이다.

강은 하노이를 설명하는 데 매우 중요한 환경요소 중 하나이다. 하노이(河內)는 '강 안의 땅'을 뜻한다. 이러한 이름이 붙은 것은 하노이를 지나는 강이 무려 7개(홍강, 드엉강, 다강, 뉴에강, 꺼우강, 다이강, 까로강)나 되기 때문이다. 이 중 홍강은 중국 윈난성에서 발원하여 통킹만을 통해 남중국해로 흐르는 국제 하천으로, 하노이를 지나는 강 중 가장 크다. 홍강이 형성한 약 15,000㎢의 삼각주는 하노이 일대에서 대규모 벼농사를 가능케 하는 원동력이다. 이 때문에 대도시인 하노이는 현재에도 농업, 임업, 어업으로 이용되는 토지가 약

189㎢에 달한다.

또한 하노이는 때때로 '호수의 도시'라고도 불리는데, 열대몬순기후로 인하여 강이 자주 범람함으로써 강을 따라 주변 지역에 수백여 개의 호수와 연못이 형성되어 있기 때문이다. 하노이의 호수와 연못은 여러 가지 기능을 한다. 물은 육상의 다른 물질에 비해 비열이 상대적으로 크기 때문에 인근 지역의 온도가 다른 곳에 비해 전반적으로 급격하게 올라가지 않는다. 즉 호수는 하노이 시민들이 베트남의 무더운 날씨에 완전히 노출되지 않도록 도와준다. 또 호수는 식수 및 농업용수 공급 등의 목적 때문에 오래전부터 이곳에 정착한 사람들의 생활 터전으로 이용되었으며, 현재는 특유의 아름다운 경치 덕분에 위락 및 휴식 공간뿐만 아니라 훌륭한 관광자원으로도 활용되고 있다.

References

▷ 보고서

- KOTRA, 2016.09.29. 베트남 경제·투자동향 및 진출환경.

▷ 언론 보도 및 인터넷 자료

- 박동욱, 2009.04.14., "베트남 세계 5대 조선강국의 허와 실", KOTRA 해외시장 뉴스.
- 베트남 북부 홍보 홈페이지, http://north-vietnam.com
- 베트남 주식시장 홈페이지, http://en.vietstock.com.vn
- 서울경제, 2016.11.03., "'베트남은 기회의 땅'… 中企 진출 러시".
- 아시아플러스 홈페이지, http://www.asia-plus.net
- 월드뱅크 공개자료 홈페이지, http://data.worldbank.org
- 이장훈, 2015, "중국 다음은 베트남? 향후 35년간 세계에서 가장 빠른 성장 예상되는 까닭은…", 월간조선 (11).
- 하노이 공식 홈페이지, http://www.hanoi.gov.vn
- 한국일보, 2016.10.16., "삼성전자, 공장 3곳에 직원 10만 명 고용… 베트남의 최대 수출기업".
- KOTRA 하노이무역관 홈페이지, https://www.kotra.or.kr/KBC/hanoi/KTMIUI010M.html

Chapter 02

GEO-INSIGHT ON HUMANITAS

1 하노이와 도시지리: 하노이의 역사를 품다. 집, 건축, 그리고 사람

2 하노이와 관광지리: 하노이에서 베트남전쟁 찾기. 다크투어리즘의 활용

3 하노이와 식문화지리: 식문화지리 관점에서 본 베트남 커피

4 하노이와 이주지리: 베트남 이주 한국인의 이주 역사와 정착

1

하노이와 도시지리: 하노이의 역사를 품다. 집, 건축, 그리고 사람

송하진 · 우지은 · 정진우 · 여현모 · 전지민 · 정진영 & Vuong Hong Ngoc · Nguyen Thu Trang

우리나라 사람들의 인식 속에 베트남은 월남전 아니면 발전하는 공산주의 개발도상국 둘 중 하나로 자리 잡혀 있다. 월남전도 맞고 공산주의 국가도 맞으며, 개발도상국이라고 불러도 맞다. 그러나 세 단어가 합쳐지면 묘한 기류를 형성하게 된다. 우리와 같은 대학생들에게 베트남으로의 여행을 물어보면 많은 사람이 고사한다. "휴양지 빼고 어떤 볼거리가 있는지 모르겠다", 심지어는 "인프라가 안 되어 있어 여행이 힘들 것만 같다"는 이유에서다.

그러나 조금만 더 살펴보면 베트남의 또 다른 얼굴이 보인다. 베트남은 중국에 이어 다국적 기업들의 신국제분업을 담당하며 점점 성장하고 있다. 경제수도 호찌민, 정치의 중심 하노이와 함께 중부의 다낭 등 많은 도시들은 이미 전 세계의 주목을 받는다. 베트남은 더 이상 후진국이 아니다.

베트남을 빼놓고 동남아시아의 역사를 말할 수도 없다. 길고 찰기가 없는, 그래서 한민족에게는 왠지 모르게 이국적인 안남미(安南米)에서 '안남'이 한자로 베트남을 가리키는 단어였다는 것은 상식이다. 그러나 이 '안남'이 당나라 시대부터 베트남을 칭함을 아는 사람은 많지 않을 것이다.[1] 베트남은 우리처럼 중국과 외세의 침략에 끊임없이 시달려 온 역사를 가지고 자신들을 지켜 온 국가다. 1621년 조위한이 저술한 『최척전』을 보면 주인공이 베트남까지 가서 장사를 하는 내용이 나온다. 즉, 그 당시의 조선은 베트남과 교역을 하고 있었고, 조선 시대 사람들은 베트남의 존재에 대해서 알고 있었다는 이야기이다. 이렇게 오래전부터 우리나라와 베트남은 교역을 해 왔기에 우리나라와 연관된 사건과 문화가 많다.

한편, 지리학은 인간의 생활공간에서 일어나는 모든 현상을 탐구하는 학문이다. 따라서 사람들이 모인 공간에서 일어나는 현상은 지리학의 주요 연구 대상이 된다. 베트남만큼 오랜 역사를 가진 지역에서, 특히 하노이처럼 700만 명이 넘는 사람들이 거주하는 대도시는 지리학이 사랑하는 연구 대상이기도 하다. 그중에서도 인간과 도시에 대해 근본적으로 들어가 보자. 사람이 사는 '집'과 사람들의 생활공간의 합인 '도시'의 구조를 연구해 볼 수 있다. 하노이 사람들은 어떤 집에서 살았으며, 어떻게 생활했기에 지금과 같은 도시구조를 형성하게 되었을까? 하노이라는 도시는 어떻게 발전해 온 것일까? 우리는 이와 같은 질문을 가지고 하노이로 향했다.

베트남 역사 속의 하노이

한 문장으로 하노이를 정리해 본다면, '하노이는 베트남의 수도이다'. 조금 더 상세하게 설명하자면, '하노이는 1000년 동안 베트남의 수도였다'. 하노이의 기원은 기원전 3000년, 그러니까 고조선이 성립되기 전으로 거슬러 올라간다. '하노이'의 뜻은 '강 안쪽(江內)'이라는 말이다. 그러니까 하노이는 통킹만 삼각주로 흘러가는 두 강, 홍강과 또릭강 사이에 위치해 있다는 뜻이다. 이렇게 아주 고대부터 하노이가 베트남의 중심 도시로 자리 잡은 이유는 지리적인 위치 때문이었다. 특히 당나라 시절이던 중국과 남중국해 사이의 교역로에 위치하여서 베트남 거점 도시로 크게 성장하였다. 다만 이때부터 중국과의 악연도 시작된다. 중원의 통일 정권은 언제나 홍강 유역의 베트남계 국가들을 견제하며 끊임없이 침략하였

1) 다만 베트남 사람들에게 '안남'이라는 말을 써선 안 된다. 이 단어는 당나라가 베트남인들을 복속시키고 세운 안남도호부(安南都護府)에서 유래한 말이다. 이는 고구려를 멸망시키고 세운 안동도호부(安東都護府)와 같은 맥락에서 이해할 수 있다.

다. 마치 동쪽의 어떤 활 잘 쏘는 민족처럼 하노이는 이에 맞서 계속해서 저항해야만 했다.

하노이가 명실상부 베트남의 수도가 된 것은 리 왕조(1009~1225) 때이다. 국왕 리타이 또Lý Thái Tổ가 수도로 지정한 하노이는 떠오르는 용, 즉 탕롱Thăng Long으로 불리며 왕궁과 요새가 건설되었다. 이 왕궁과 요새는 아직까지 남아 있는 유네스코 문화유산인 탕롱 성채가 된다. 중세 이후 하노이가 베트남의 수도가 아니었던 시기는 딱 한 번 있었다. 마지막 왕조인 응우옌 왕조(1802~1945) 시대의 수도는 하노이가 아닌 중부의 후에Huê였다. 그러나 하노이는 응우옌 왕조 때에도 여전히 중요 도시의 지위에 있었는데, 이는 하노이에 있었던 식민지 통치기관 때문이었다. 수백 년간 중국과의 전쟁으로 단련된 베트남 국민들이었지만 제국주의의 마수를 피할 수는 없었다. 1862년 사이공 조약으로 베트남 전역이 프랑스의 직할령이 되었고, 하노이는 프랑스령 인도차이나의 수도로 사용되었다. 이렇게 하노이는 베트남이 남부의 코친차이나CochinChina, 중부의 안남Annam, 북부의 통킹Tonking으로 나뉘어 사실상 프랑스의 지배를 받아야만 했던 아픈 역사를 간직하고 있다.

베트남 국민들은 여기에 굴복하지 않았다. 그들은 끊임없는 독립운동을 전개하며 '호 아저씨' 호찌민Hồ Chí Minh(胡志明)을 중심으로 하는 베트남 공산당을 결성하였다. 그러나 프랑스의 식민 지배하에서 제2차 세계대전에 휘말리며 5년간 일본의 식민 지배로 넘어갔다. 드디어 1945년 전쟁이 끝나면서 일본이 항복하자 베트남 공산주의자들은 호찌민을 주석으로 하는 베트남민주공화국을 수립하였다. 프랑스는 가만히 손을 놓고 식민지를 빼앗길 수 없었다. 그들은 인도차이나 지역의 지배권을 다시 요구하였고, 독립을 한 지 1년도 채 안 된 1946년에 인도차이나전쟁이 일어난다. 이 전쟁의 결과로 베트남은 하노이를 중심으로 하는 호찌민의 민주공화국인 북베트남과 사이공을 중심으로 하는 베트남공화국인 남베트남으로 분단된다. 지정학적으로 남베트남은 필리핀, 대만과 함께 남쪽에서 중국을 견제할 수 있는 세력이었기에 미국과 프랑스의 지원을 동시에 받는 셈이 되었다. 그럼에도 불구하고 남부 지역 사람들은 호찌민의 공산당을 지지하였고, 급기야 이는 베트남전쟁으로 이어졌다. 당시 우리나라 국군은 미군을 지원하며 남베트남에 파병을 하기도 하였다. 그러나 응오딘지엠Ngô Đình Diệm(吳廷琰)을 위시한 남베트남 정부는 부패와 무기력에 찌들어 있었다. 미국 내의 전쟁 지지율마저 하락하며 결과적으로 북베트남이 남베트남을 점령하며 통일이 이뤄졌다. 인도차이나반도의 작은 국가가 제1세계를 이끌던 수장, 슈퍼파워 미국의 자존심을 제대로 구긴 것이다. 이후 공산화된 베트남의 정식 명칭은 베트남사회주의 공화국이 되었고, 공화국의 수도는 여전히 하노이였다.

공산 국가가 된 베트남이었지만 국제적인 변화도 놓치지 않았다. 독일 통일과 소련 붕괴 이전인 1986년에 이미 베트남은 도이머이Đổi mới, 즉 개방경제로의 개혁을 추진하였다. 정치적인 체제는 공산당 1당체제를 유지하되 경제부분에서는 적극적인 개방을 도모하면서, 그간 베일에 감춰져 있던 베트남이 서서히 국제무대의 주인공으로 올라오고 있다. 베트남은 이미 값싼 인건비와 20~30대가 많은 인구 구조를 활용하며 주요 초국적 기업들에게 노동력을 제공하고 있다. 삼성전자를 비롯한 우리나라 기업들 역시 예외는 아니다. 외국기업들은 이미 베트남 전역에 연간 205억 달러를 투자하고 있으며 GDP는 2,005억 달러를 기록 중이다.[2] 하노이는 시골에서 상경하는 시민들로 700만 명이 넘는 대도시로 성장하면서 이들을 위해 외곽 지역에 신도시를 건설하는 데에 박차를 가하고 있다.

하노이 답사계획

하노이에서 단순한 여행이 아닌 '하노이의 주택·건물 구조와 현지 사람들의 생활 방식'을 주제로 답사를 하기 위해 우리 조는 자유답사일을 위한 하루간의 계획을 꽉 차게 세웠다. 하노이를 시간순으로 왕조 시대, 식민 통치기, 사회주의 공화국 시기, 도이머이 시대로 나누어 각 시기에 적합한 답사지를 선정하였다. 여기에는 하노이 베트남국립대학교 경영·경제대학 친구 두 명이 큰 도움을 주었다. 답사의 시작으로는 유네스코 문화유산으로 등록된

2) IMF, World Economic Outlook Database, http://www.imf.org/external/pubs/ft/weo/2014/02/weodata/weorept.aspx [2017.3.6.]

탕롱 성채Hoàng Thành Thăng Long에 방문해서 베트남의 다양한 왕조들이 남긴 전통적인 건물 양식과 프랑스 식민기에 지어진 건물의 양식을 비교하기로 하였다. 하노이의 식민 통치기 유산을 보기 위해서는 프렌치 쿼터French Quarter가 제격이었다. 호안끼엠 호수를 기준으로 북편은 중세부터 이어져 온 아주 오래된 전통적 거리들인 올드 쿼터Old Quarter, 남편은 19세기 프랑스가 새로이 개발한 프렌치 쿼터로 나누어진다. 여기에서 각종 건축물과 경관을 감상하고, 특히 토지구획에 집중하기로 하였다.

베트남은 아직도 공산당 독재체제를 펴고 있지만, 정치·경제·사회·문화가 모두 사회주의적인 색채를 띤 시절은 1970~1980년대, 북베트남으로 한정하면 1960년대로도 거슬러 올라간다. 전통적이거나 제국주의적이지 않을 것이기에 짧지만 따로 시대를 구분하였고, 관찰을 위해서 하노이의 랜드마크인 깃발탑Cột cờ Hà Nội과 하노이 중심가에 있는 레닌공원Công viên Lê Nin에서 그 흔적을 감상해 보고자 하였다. 마지막으로 도이머이 이후 상당량의 자본이 들어온 지금, 눈을 비비고 일어나면 새롭게 발전하는 하노이와 그곳에서 사는 사람들이 보고 싶었다. 특히 우리 조의 답사 주제는 하노이의 주택·건물의 구조와 현지

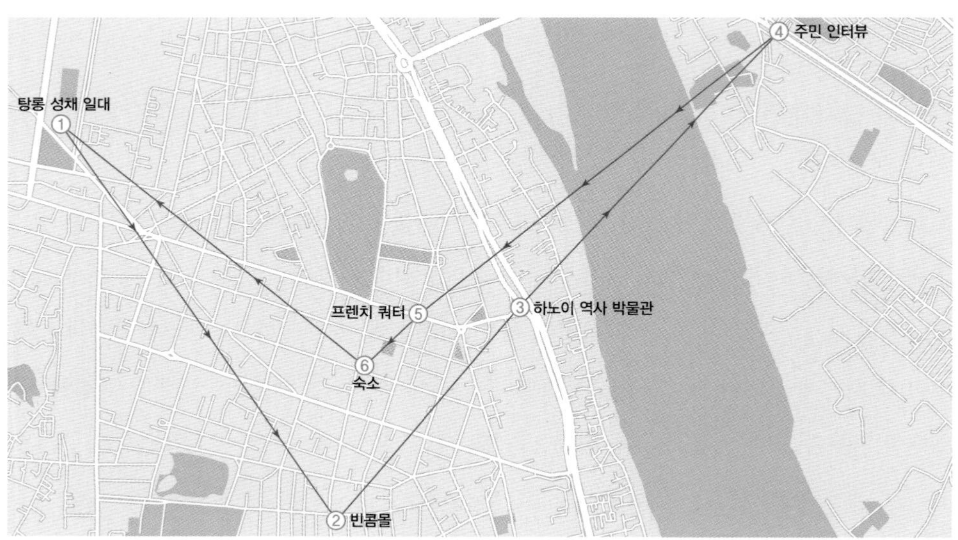

그림 2.1.1 | 답사 경로

사람들의 생활 방식이었기에, 지리학과 구양미 교수님과 서울대학교에 방문학자로 오신 Nguyen Thi Phi Nga 교수님을 통해 알게 된 Dang Minh 교수님 가족의 하노이 현지 개인 주택에 찾아가기로 미리 일정을 잡았다. 따라서 하노이 외곽의 롱비엔Long Biên 지구에 위치한 개인주택을 보고 교수님 가족분들에게 설명을 듣기로 했다. 답사 지역은 대부분 도보로 이동하기에는 힘든 거리에 있었기 때문에 콜택시를 불러 이동했다. 한마디의 베트남어도 하지 못하는 우리 6명을 위해 택시를 불러 주고, 입장권을 사며 모르는 사람의 집까지 들어가서 베트남 사람들의 주택 문화를 설명해 주느라 너무나도 고생한 Trang과 Vuong에게 깊은 고마움을 표한다.

왕조 시대: 역사성과 동시에 연속성을 가진 곳, 탕롱 성채와 문묘

하노이의 오랜 역사를 책처럼 볼 수 있는 곳. 하노이의 중심부에 위치하고 있으며 거의 13세기 동안 정치적 중심지였던 곳. 탕롱 성채에 대한 유네스코 홈페이지와 베트남 관광청의 설명이다. 이러한 설명들은 탕롱 성채에 들어가기 전, 거대하고 웅장한 모습의 성채를 상상하게 한다.

매표소에서 입장권을 사고 들어가면 가장 먼저 보이는 것은 남쪽을 향한 정문인 도안몬Doan Mon Gate(端門)이다. 사진 속 도안몬은 큰 문으로, 3층으로 이루어져 있었다. 벽돌로 지어진 1층에는 문이 중앙에 3개, 좌우에 2개 총 5개가 있었으며 1층 위에는 피라미드식으로 2층짜리 누각이 자리하고 있었다. 원래 과거 하노이가 탕롱이었을 때 이곳이 바로 베트남 왕조들의 궁성으로 몇백 년 동안 기능한 곳이다. 우리 식으로 하면 탕롱 성채가 경복궁이요, 도안몬이 광화문인 것이다. 세종대왕과 이순신 장군 동상이 지키고 있는 광화문은 한국에 처음 발을 디디는 여행자라면 경외심을 느낄 수밖에 없을 것이다. 마찬가지로 경탄을 자아내는 도안몬의 웅장함은 탕롱 성채에 대해 더욱 큰 기대를 품게 한다. 마치 문을 지나면 더욱 엄청난 건축물들이 자리하고 있을 것 같다. 다만 우리는 도안몬에 나 있는 5개의

그림 2.1.2 | 도안몬

정문을 이용하진 못하고, 측면에 나 있는 문을 통해 성 내부로 들어갔다.

과거의 성 구조를 복원한 그림에 따르면 도안몬 뒤에는 원래 황제들의 집무실이자 침소가 있었던 공간인 낀티엔궁Kinh Thiên Palace이 위치해 있어야 한다. 환상형으로 건설된 이 성문과 과거에 존재했을 성벽은 도성의 내부와 외부를 구분하는 역할을 했다.[3] 안쪽은 왕이 사는 내성과 같은 구역이 있었으며, 바깥쪽에는 시장과 일반 거주지가 있었다. 마지막 왕조였던 응우옌 왕조가 19세기 초까지 탕롱 성채를 기준으로 궁성과 주거·상업 지역을 이루던 것이 하노이였고, 도시에 필요한 생활용품을 공급하는 전통마을이 현재 하노이 36번 거리가 있는 곳, 즉 올드 쿼터였다. 그러나 왕성의 영광은 이미 옛말이 된 지 오래다.

왕이 거주했던 곳이라고 해서 삼천궁녀가 살 수 있을 법한 거대한 궁을 상상했지만 우리를 맞이한 것은 낀티엔궁의 옛터뿐이었다. 프랑스 식민기에 포병 본부를 짓는다는 이유로 해자를 메우고 낀티엔궁을 파괴해 아직까지도 원래 자리에는 프랑스식의 건물만이 자

3) 권태호, 2009, "하노이의 개발과 도시계획", 아시아연구, 12, pp.4–6.

그림 2.1.3 | 탕롱 성채에 혼재되어 있는 베트남식 건물과 프랑스식 건물
주: 왼쪽은 넓은 아치의 베트남식, 오른쪽은 좁은 아치의 프랑스식 건물이다.

리하고 있다.4) 탕롱, '승천하는 용'이라는 이름에 걸맞는 위엄은 찾을 수 없었다. 남은 것은 빛바랜 용 두 마리가 조각된 석조 계단뿐이었다. 낀티엔 궁터에는 프랑스식과 전통 양식의 혼재가 나타난다. 전통 양식은 용 등의 화려한 장식이 많고, 아치가 프랑스 양식에 비해 좀 더 크고 깊다. 반면에 프랑스식은 대체로 장식이 거의 없고 아치가 얕다. 가이드를 해 준 베트남 친구들은 프랑스 양식을 "세련되었다"라고 표현했다. 두 양식이 어울릴 듯 말 듯 오묘한 분위기의 경관을 이룬다. 이질적이진 않으나 조화롭지도 않은 느낌이었다.

도안몬과 낀티엔궁 사이에는 유물 전시실이 위치하고 있었다. 탕롱 성채에서 발굴한 유적들 중 일부를 전시해 놓은 곳이다. 왕조별, 시대순으로 장신구, 도자기, 기와 양식 등이 전시되어 있었다. 탕롱 성채에서만 발굴한 것인데도 하노이의 역사를 느낄 수 있을 정도로 시대적으로 다양한 유물들이었다. 실제 건물이나 공간에서보다 오히려 유물 전시실을 통

4) 허유리, 2016, 베트남 100배 즐기기, 알에이치코리아, p.97.

해 거의 13세기 정도 지속된 탕롱의 오랜 역사성을 느낄 수 있었다. 건물의 변형과 파괴 때문에 전시실을 통해 역사를 드러내야 하는 탕롱 성채의 처지에 약간의 서글픔을 느끼기도 했다.

낀티엔궁을 지나 더 안쪽으로 들어가면 이질적인 경관이 펼쳐진다. 갑자기 현대식 건물과 지하 벙커가 등장하는 것이다. 현대식 건물은 'D67'이라는 이름의 건물로, 미국과의 전쟁 당시 호찌민과 보응우옌잡Võ Nguyên Giáp 장군이 작전을 지휘하던 곳이라고 한다. 현대식 건물 앞쪽에서는 베트남 경찰들이 제복을 입고 있었으며 상관에게 경례를 하고 있었다. 그러한 경관에서 이전에는 느끼지 못했던 위압감이 느껴졌다. 벙커에는 철조망이 쳐져 있었고, 안쪽을 들여다보니 계단이 가파르고 매우 깊어 전쟁의 두려움과 긴장감이 전해졌다. D67은 다른 시공간에 있다는 인상을 받을 정도로 주변 경관들과 이질성을 띠었다. 그러나 그러한 이질성 때문인지 탕롱 성채의 역동성 또한 느낄 수 있었다. 탕롱 성채는 과거에서 멈춘 역사물이 아니라 현재까지 연속성을 가지는 공간이라는 생각이 들었다.

D67을 지나 조금 더 걸으면 허우러우Hậu Lâu가 나온다. Princess' Pagoda, '공주의 사원'이라는 이름에서 알 수 있듯이 공주와 후궁들이 머무르던 곳이다. 이름은 마치 화려하고 우아한 하나의 사원을 연상케 하지만, 실제 건물은 우리의 예상과는 정반대였다. 이름을 듣지 않으면 공주의 거처라는 상상을 하지 못할 정도였다. 잘못 올라온 것이 아닌가, 착각할 만큼 허우러우는 길고 가파른 계단과 좁은 통로 구조를 가졌다. 방이 많은 것을 상상했는데 단칸 구조에 매우 단순한 공간이었다. 알고 보니 프랑스군에 의해 파괴되었다가 1876년에 군사용으로 재건되었다고 한다.[5] 계단 천장이 매우 낮고 계단이 가팔라서 베트남 친구들에게 이렇게 지은 이유가 있냐고 물어보았다. 별 이유가 없을 줄 알았는데, 의외의 대답이 돌아왔다. 프랑스군의 추격을 막으려는 방어적 목적이 있었다는 것이다. 프랑스인의 키가 베트남인보다 상대적으로 크기 때문에 추격 시 잘 쫓아오지 못하게 계단 천장을 낮게

5) 허유리, 앞의 책.

지었다고 한다. 프랑스 식민기의 흔적을 이곳에서까지 찾을 수 있었다.

'하노이의 오랜 역사를 책처럼 볼 수 있는 곳'이라는 설명에 탕롱 성채를 한국의 경복궁과 비슷한 공간으로 상상했었다. 그러나 실제로 탕롱 성채는 경복궁과는 달랐다. 우리의 경복궁은 오랜 복원 과정을 거쳐 조선의 당당함을 드러내고, 일제에 의해 파괴당한 부분을 성공적으로 복구할 수 있었다. 반면 탕롱 성채는 과거로부터 계속해서 변형되어 온, 현재 진행형의 역사를 보여 주는 역동적인 공간이었다. 역사는 언제나 찬란함만을 담고 있지는 않다. 오히려 어떤 이들의 역사는 고난과 슬픔으로 점철되어 있을 수도 있다. 그것이 희이든 비이든, 우리의 과거를 제대로 알고 작금의 인류를 이해하는 것이 역사를 배우는 이유일 것이다.

그러나 베트남이 언제나 모두와 싸워 온 것만은 아니다. 성채 밖으로 벗어나 탕롱의 구도심으로 눈을 돌려 보자. 과거 하노이 사람들은 어떤 가치관 아래에서 살았을까? 공교롭게도 베트남과 한국은 고대부터 같은 유교 문화권으로 얽혀 있는 지역이기에 상당히 비슷한 전통이 많다. 그중 하나는 공자를 숭상하는 문묘Văn Miếu(文廟)이다. 문묘의 설립은 베트남 역사에서도 상당히 중요한 자리를 차지한다. 1070년 리 왕조의 성종 리타인똥Lý Thánh Tông 황제는 불교 중심의 국가였던 왕국에 유교를 적극적으로 도입하여 국민들을 계

그림 2.1.4 | 허우러우 계단

그림 2.1.5 | 대포가 놓인 탕롱 성채 측문

도하고자 하였다. 그가 집권하던 시기는 베트남이 한창 뻗어 나가던 때였다. 국호를 대구월Đại Cồ Việt(大瞿越)에서 대월Đại Việt(大越)로 교체하고 북송과 참파국을 남북으로 압도했으며, 대내적으로는 자비로운 왕으로 칭송받고 다음 대 왕인 인종이 송의 책봉을 거부할 정도의 국력을 쌓았다. 문묘는 리 왕조의 이러한 전성기 흔적이 남아 있는 유산이다. 베트남의 문묘는 중국·조선과 같이 공자를 위한 사당으로 기능했다. 아직도 사당의 기능은 남아 있어 문묘 중심부에는 공자의 위패가 모셔져 있고, 사람들은 이 앞에서 각자의 소원을 빈다. 특히 공자는 학문과 깊게 관련된 인물이기 때문에 자식 또는 본인의 학문적 대성을 바라는 사람들이 몰린다. 베트남의 문묘는 국자감과 함께 국가 최고 교육기관으로서도 일부 기능하였다. 초기 문묘는 왕세자 한 명만이 교육을 받는 공간이었던 것으로 보이지만 15세기 중반 레 왕조 시대에 문묘가 크게 융성하였다.6) 더하여 문묘에는 각 과거시험마다 급제한 사람들의 명단을 새겨 넣은 비석들이 정렬되어 있어, 학문을 숭상하는 유교적 분위기가 베트남 전체에 퍼져 있었음을 알 수 있다. 다만 비석을 자세히 살펴보면 연도별로 급제자의 수가 달라진다. 특히 18~19세기로 갈수록 급제자가 줄어드는 것은 곧 유교의 쇠퇴와 프랑스 세력의 융성을 상당히 직접적으로 보여 주는 지표이다.

하노이의 문묘 건축물은 그 자체로 특색 있게 유교를 받아들인 베트남의 문화를 상징한다. 건축물의 크기는 중국이나 한국의 그것에 비해 상당히 작고, 건축 양식은 베트남 전통 건물들에서 자주 볼 수 있는 아치가 많다. 입구에는 연못이 있는데 이는 전통적으로 복을 가져다준다는 의미로 배치한 것이다. 심지어 사당 본전에서는 사람들이 가게에서 흔히 볼 수 있는 과자를 올려다 놓고 복을 비는 특이한 광경을 볼 수 있다. 그럼에도 불구하고 구도심 한가운데에 자리 잡은 문묘의 입지와 후술할 집집마다 조상을 모신 사당의 풍습은 베트남이 남중국과 끊임없이 영향을 주고받았던 모습을 보여 준다. 뒤집어서 중국 광둥성에서 주로 쓰는 광둥어Cantonese는 상당 부분 베트남어와 유사한 발음이 나타난다고 한다. 결국

6) Tran Q., 1999, "베트남 유교전통의 몇 가지 면모: 文廟와 國子監", 대동문화연구, 34, pp.150-154.

그림 2.1.6 | 문묘 내부 모습
주: 베트남식 연못이 보인다.

과거 베트남은 단순히 외세에 시달리고 저항하는 역사로만 점철된 것이 아니며, 사상과 문물 등 여러 방면에서 생산적인 교류도 있었음을 문묘가 증명해 주고 있다.

프랑스 식민지 시대: 그들만의 천국, 프렌치 쿼터

짱띠엔 플라자Tràng Tiền Plaza에서 메트로폴 호텔Metropole Hanoi, 오페라 하우스Nhà hát lớn Hà Nội까지 이어지는 프렌치 쿼터는 화려하고 고급스러운 공간들이었다. 지나치게 고급스러워서 고급스러운 것이 전부인 공간이라고까지 말할 수 있을 정도였다.

짱띠엔 플라자는 주변의 길고 좁은 주택들과 대비를 이룬다. 크고 하얀 직사각형 건물에 외벽에는 금색으로 짱띠엔 플라자라고 적혀 있고, 그리스 신전을 연상하게 하는 대리석 기둥과 최고급 브랜드들의 광고가 붙어 있다. 제복을 입은 사람이 열어 주는 문 안으로 들어서면 대리석 바닥과 번쩍이는 내부가 나온다. 중앙에는 긴 에스컬레이터가 자리 잡고 있고 중앙 에스컬레이터를 중심으로 상점들이 줄지어 있다. 1~2층은 럭셔리 브랜드 위주이며 위층으로 올라갈수록 중상급 브랜드들이 등장한다. 각 층의 상점 배치 때문인지, 화려한 외관 때문인지는 몰라도 짱띠엔 플라자는 인위적으로 호화로움을 과시하는 것만 같았다. 프랑스의 문화적 우수성을 강조하는 식민지 시기의 정책이 구현된 결과이지 싶다. 그런데 과연 그것이 진정한 고급일까.

짱띠엔 플라자를 나와 조금 걸으면 소피텔 레전드 메트로폴 하노이Sofitel Legend Metropole Hanoi, 즉 메트로폴 호텔이 등장한다. 메트로폴 호텔은 짱띠엔 플라자만큼이나 고급스러운 느낌이었다. 호텔 앞에 있던 '광란의 20년대'를 연상케 하는 오픈카 때문인지 유럽의 최고급 호텔을 베트남에 옮겨 놓은 듯한 인상이었다. 실제로 이곳은 1901년 프랑스 통치기에 지어진 호텔로, 지금도 찰리 채플린, 자크 시라크, 아버지 부시와 같은 외국 귀빈들이 방문할 때 묵는 5성급 호텔이다. 심지어는 인도차이나반도에서 최초로 영화를 상영한 곳이라고도 한다! 그만큼 주변 경관과는 괴리된 채 압도적인 고급스러움을 자랑했다. 그러나 이 호텔은 베트남의 굴곡진 20세기를 그대로 보여 주는 산증인이기도 하다. 1910년대에는 하노이 시내에서 프랑스 국기인 '삼색기'를 걸고 제 역할을 다하던 호텔은 북베트남의 독립 이후에는 '통일'이라는 이름의 Thống Nhất Hotel로 개명당해야 했다. 또 베트남전쟁 시

그림 2.1.7 | 짱띠엔 플라자

기에는 하노이 시내에 전란이 끊이지 않았던 탓에 조리실 직원을 포함한 전 직원이 실탄을 갖추고 군대식 훈련을 받아야만 했다. 당시 메트로폴 호텔 주변 도로에는 맨홀 뚜껑도 상당히 많았는데, 'one-man shelter'라고 불린 이것은 미군 폭격기가 정면으로 호텔 인근을 강타할 최악의 상황에 임시로 길 속에 몸을 숨기기 위한 방편이었다. 심지어 이 모습은《라이프LIFE》지의 커버로도 활용되었다고 한다. 이후 호텔은 1987년 전면 개축되고, 1992년 지금의 이름으로 바뀌어 영업 중이다. 사실 하노이의 프렌치 쿼터에 오랜 시간 동안 남아 있는 건물들은 다들 메트로폴 호텔과 그 처지가 비슷했을 것이다. 식민지 시대의 총아로 태어나 온갖 굴욕과 고통을 견디고 개방 후 서양과의 교류로 다시 빛을 보는 프렌치 쿼터. 백 년 전에 그곳에서 식민지를 통치했던 사람들은 떠나고, 건물들만이 남아 그 죗값을 치르는 듯했다.

의외로 베트남에는 이처럼 프랑스식 건물들이 왕왕 보인다. 서울에 비유하자면 경복궁 안 건물, 예술의 전당, 국내 굴지의 호텔이 전부 일본식인 것과 같다. 그 자존심 강하다는 베트남 국민들의 수도가 이런 모습이라니 의아했다. 새로 지을 여력은 없었어도 허물 수는 있었을 텐데 말이다. 김영삼 대통령 대에 경복궁 앞에 서 있던 구 조선 총독부 건물을 완전

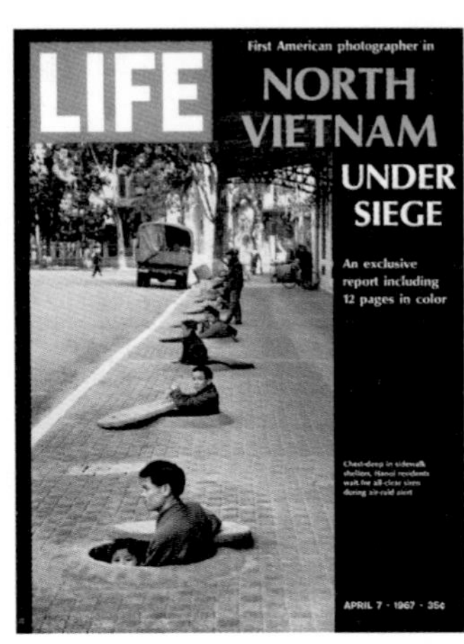

그림 2.1.8 | 전쟁 당시 호텔 옆 간이대피소
출처: Manhhai_Flickr

그림 2.1.9 | 메트로폴 호텔의 현재 모습

히 폭파한 우리나라와는 상당히 대조되는 모습이었다. 어쩌면 베트남인들은 150년이 넘게 자신들을 지배한 프랑스와, 그 바통을 넘겨받아 국토를 분단시키고 전쟁을 유발한 미국을 전부 자력으로 몰아낼 수 있었기에 그럴지도 모르겠다. 식민지 건축물이라도 주인을 직접 쫓아내고 쓰는 맛은 묘하게 달콤할 것만 같다.

프렌치 쿼터의 끝자락에는 오페라 하우스가 자리하고 있다. “전 세계에서 파리가 가장 아름다운 도시이며, 파리의 모든 시민들이 가장 겸손하고 문명화한 시민들이다. 이 문명화된 파리를 가장 잘 상징할 수 있는 것이 바로 오페라 극장이다.”7)라는 말이 있다. 흰색에 바로크식으로 지어진 거대한 오페라 하우스의 전경은 이 말을 설명하기에 충분할 정도로 압도적이었다. 색깔과 크기, 건축 양식부터 강렬했지만 위치적 특성 때문에 더욱 압도적인 인상을 주었던 것 같다. 오페라 하우스는 여러 갈래의 길 중심, 광장과 비슷한 위치에 자리 잡고 있었다.

사실 둥근 로터리를 중심으로 수 개의 길들이 뻗어 나가는 것은 전형적인 근대 도시계획의 특징이다. ‘축’과 ‘웅장함’을 강조하는 바로크 양식의 도시계획은 나폴레옹 3세 시대에

그림 2.1.10 | 오페라 하우스

7) Carlson M., 1989, Places of Performance: The Semiotics of Theatre Architecture, Ithaca: Cornell University Press, pp.81-82; 우동선, 2007, “하노이에서 근대적 도시시설의 기원”, 대한건축학회, 23, p.154 재인용.

파리 시장을 맡은 조르주외젠 오스만Georges-Eugène Haussmann 남작 대에 와서 파리시에 녹아들어 갔다. 기존 건물과 도시 구조를 허물다시피 하고 새로이 도시를 세운 오스만 남작의 손길은 개선문Arc de Triomphe과 에투알 광장Place de l'Étoile(현 샤를 드 골 광장)에 아직도 남아 있다. 나폴레옹의 개선문에 한 번이라도 올라가 본 사람은 광장에서 모든 방향으로 뻗어 나가는 대로의 웅장함에 압도되어, '빛나는 도시' 파리의 빛을 느껴 보았을 것이다. 샤를 드골 광장 중앙에 우뚝 솟아 있는 개선문은 오스만이 계획한 새로운 파리의 상징적인 중심이었는데, 샹젤리제 거리를 비롯한 12개의 대로가 이를 중심으로 뻗어 나간다. 당시 기존의 건물들을 밀어 버리고 대각선으로 구획한 이 도로들은 중세 이전부터 도시가 형성되면서 매우 좁고 구불거리던 파리의 도로 사정을 획기적으로 바꾸어 놓았다.8) 더불어서 새로이 계획한 지구들은 현 신도시와 같이 토지를 바둑판 모양으로 나누어 토지 이용의 효율성을 더했다.

하노이의 프렌치 쿼터는 이러한 프랑스식 도시계획의 베트남 버전이다. 프랑스는 하노이에 총독부를 건설하면서 기개발된 북쪽을 놔두고, 남쪽의 짱띠엔과 항끼 도로를 축으로 이 인근에 자신들이 필요한 상업시설과 서비스시설을 두었다. 더불어 홍강을 가로지르는 롱비엔 철교를 개통하여 근대적 인프라를 하노이에 구축하였고, 하노이의 외항 하이퐁Hải Phòng으로부터 물자가 들어오기 시작했다. 한편 호안끼엠 호수의 동편으로는 정치행정 구역으로 구분해 프랑스인들이 가던 성 요셉 성당이 아직도 남아 있다. 탕롱 시절부터 상인들이 터를 잡고 살던 하노이 올드 쿼터의 구불구불하고 좁은 길과 비교해 본다면 프렌치 쿼터는 직각으로 뻗어 있으며, 소로가 거의 없다. 이는 단순히 효율적인 토지 이용뿐만 아니라 초행길의 관광객이 직관적으로 방향을 잡는 데에도 효과적이다. 그럼에도 불구하고, 이는 기존의 도시경관을 심각하게 해친다는 문제도 안고 있다. [그림 2.1.11]의 파리 지도

8) 사실 나폴레옹 3세와 오스만 남작은 영화 〈레 미제라블〉(2012)에서 연출된 바와 같이 데모의 온상이던 파리의 작고 구불구불한 도로들을 모두 밀어 버리고 공권력의 진입을 쉽게 하려는 의도로 새로운 파리를 계획하였다. 이는 외부 효과처럼 이후 산업화 과정에서 도시 내 효율적인 이동을 불러왔다.

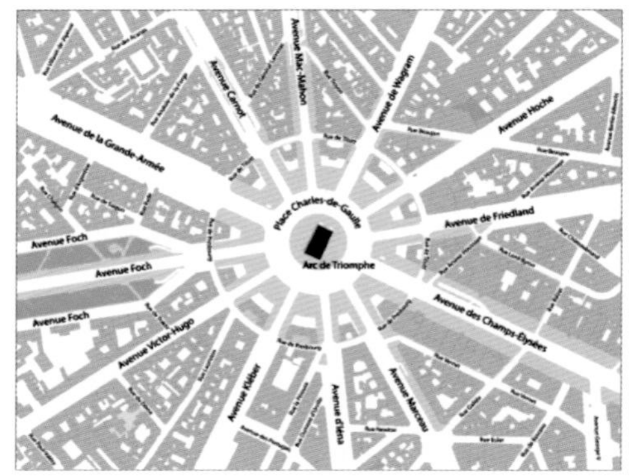

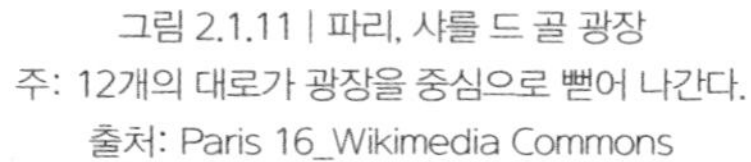
그림 2.1.11 | 파리, 샤를 드 골 광장
주: 12개의 대로가 광장을 중심으로 뻗어 나간다.
출처: Paris 16_Wikimedia Commons

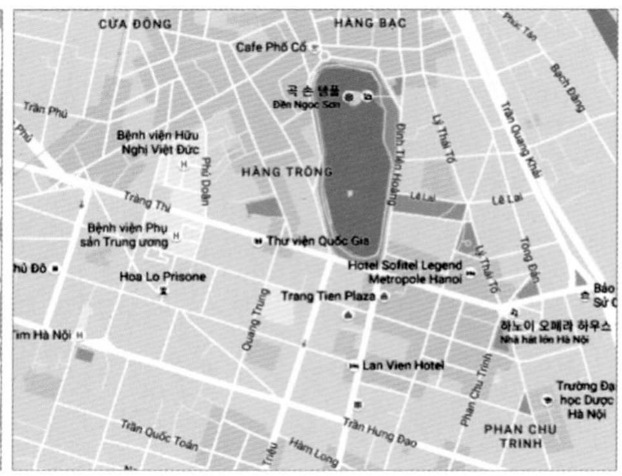

그림 2.1.12 | 하노이, 올드 쿼터와 프렌치 쿼터
주: 호수 남편과 북편의 토지구획이 대비된다.
출처: maps.google.com

를 보면 대로 주변의 갈색빛 음영은 건물의 배치를 보여 준다. 작고 낮은 건물들이 북적대며 경관을 형성하던 당시 파리에서 오스만의 도로들은 1차선 골목길들로 가득한 단독주택가에 12차선 고속도로가 난데없이 들어오는 느낌이었을 것이다.

프렌치 쿼터의 끝으로 갈수록 점점 더 웅장하고 으리으리한 건물들이 등장한다. 짱띠엔 플라자보다는 메트로폴 호텔이, 메트로폴 호텔보다는 오페라 하우스가 더 압도적인 분위기를 자아낸다. 구도심인 올드 쿼터에서 호수 남편으로 내려오는 보행자라면 극적으로 장엄해지는 경관에 압도될 수도 있겠다. 이는 프랑스 식민기 정책의 일환에서 계획적으로 구성된 것이 아니었을까 예측해 본다. 즉 프렌치 쿼터는 식민 시기 베트남인들에게 "베트남의 현실에 비해 프랑스의 문화와 수준은 천국 같다"라고 훈계하는 프랑스 식민기 정부의 메시지를 담고 있는 듯하다. 당시 베트남 국민들이 정말로 느낀 프렌치 쿼터는 무엇이었을까. 내가 아닌 그들만의 천국이지 않았을까.

공산주의체제: 잠들지 않는 호찌민, 그에 대한 인민의 존경심을 담아

탕롱 성채에서 멀지 않은 곳에 위치한 레닌 광장, 답사 기간 동안 마주한 베트남의 모습들과는 조금 괴리감이 있는 이름의 광장으로 향했다. 농민, 노동자들과 함께 러시아 제정을 한순간에 종식시켰던 지도자의 이념은, 혁명 이후에도 널리 퍼져 나가 설원과 사막과 산맥을 넘어 이곳 베트남의 심장부까지 전달되었다. 러시아에서 아시아의 동남부 끝까지. 이 정도라면 그가 추구했던 국제적 혁명이 어느 정도 실현된 것이라고 말할 수 있지 않을까? 정치권력을 비롯한 상부 구조에 대항하는 사회주의는 그것이 정치체제에 이식되었을 때의 장단점을 굳이 따지지 않더라도 민족의 독립과 안녕을 지향했던 베트남의 지도자들에게 있어서 긍정적으로 받아들일 수 있는 것이었다.

하노이에 있는 레닌 광장과 레닌 동상은 비록 압도적이거나 웅장한 인상을 주지는 않았지만, 베트남 지도세력이 지향하고 있는 바를 선명하게 드러낸다. 공식적으로 '베트남사회주의공화국'이라고 불리는 나라의 수도 하노이의 시민들은 소련이 해체되고 자본주의의 물결이 들이닥친다고 해서 레닌의 동상을 철거하거나 가리지 않았다. 스탈린에 의해 변형되기 전, 초기에 레닌이 실현하고자 했던 사회주의는 관료들의 전횡, 무능, 부정부패와는 거리가 멀었으며 오히려 철저하게 농민과 노동자의 사회적 자유를 보장하고자 하였기 때문이다.

이러한 연유로 레닌 광장은 지금도 많은 행인과 차량들이 오가는 길목을 지키고 있다. 사람들이 말로 자신의 정치적 지향을 드러낸다면, 도시는 경관으로써 그것을 내보인다. 경제개방 이후로 그 모습이 시시각각 달라지고 있는 하노이에서도 변함없이 서 있는 레닌 동상은 레닌의 영향력만큼 가볍지 않은, 개인에 대한 존경 이상의 의미를 담고 있는 것이다.

레닌의 동상이 '과학적 사회주의'의 지도자를 향한 존경과 그의 이념에 대한 지향의 의미로 서 있는 것이라면, 베트남의 국부라고 할 수 있는 호찌민의 묘소는 그와 비교할 수 없는 무게를 간직하고 있다. 그의 유능함이나 믿기 힘들 정도의 활약상을 언급하지 않더라도,

그림 2.1.13 | 탕롱 성채에서 멀지 않은 곳에 위치한 레닌 광장과 레닌 동상

언제나 베트남인 대다수의 지지를 받으며 중국, 프랑스, 미국과 맞선 독립세력의 지도자를 향한 시민들의 존경심이 어느 정도일지 짐작할 수 있다.

잠깐 호찌민이 어떤 사람인지 알아보자. 본명은 응우옌신꿍Nguyễn Sinh Cung으로, 그는 1890년 가난한 농민의 아들로 태어났다. 1941년부터 베트남 독립운동을 이끌었고 베트남 공산당을 이끌기도 하였다. 끈질긴 저항의 결과로 1954년 디엔비엔푸 전투에서 프랑스군에게 결정적인 타격을 입히고 베트남을 해방시켰으나, 미군의 개입으로 다시금 베트남전쟁이 일어났고 전쟁이 한창이던 1969년에 사망하였다. 그 과정에서 베트남민주공화국의 총리와 대통령을 지내고 북베트남의 명실상부한 리더로 활약하였다. 그가 있었기에 베트남 전역은 프랑스로부터 해방되었고, 북베트남은 비교도 안 되는 물자와 인력을 가진 미군을 몰아낼 수 있었다. 개인적으로는 매우 친절하고 검소하며 절제하는 생활을 했고, 언제나 아이들과 함께해서 '호 아저씨'라는 별명도 가지고 있다. 프랑스를 몰아낸 이후 하노이에서는 대통령 관저로 총독부 관저를 사용하였지만, 그 호화로움을 견디지 못하고 전에 살던 작은 집에서 업무를 계속하였다고도 한다. 심지어 자손이 있으면 권력싸움이 생기게 될 것을 우려해 평생을 독신으로 살았다. 이처럼 그는 무엇보다도 베트남의 완전한 자주 독립

그림 2.1.14 | 호찌민 묘소와 부지 전경

을 인생의 목표로 삼았던 인물이었다. 그가 죽음을 맞이했을 때 베트남인들이 느꼈을 슬픔의 크기를 반영해서일까? 호찌민 묘소의 규모는 압도적이었다. 묘소와 묘소 앞 바딘 광장Quảng trường Ba Đình은 엄청난 규모를 자랑한다. 우리나라에서 그 규모를 찾는다면 공원이 들어서기 전의 여의도 광장이라고나 할까? 1945년 9월 2일, 바딘 광장에서 조국의 독립선언문을 낭독한 호찌민의 생애를 떠올리면 광장을 바라보며 잠들어 있는 그의 묘는 위치마저 절묘하다.

사실 사회주의 국가에서 인구가 집중된 시가지에 이렇게 정치적 지도자를 위한 건축물을 배치한 사례는 많다. 애초에 사회주의 국가에서는 공산당의 세를 과시하기 위해서 과장되게 큰 스케일의 건물을 자주 짓기도 한다. 대표적인 예로 이오시프 스탈린Iosif Stalin과 '스탈린의 7자매' 건축물들이다. 스탈린의 7자매는 스탈린 집권 시기 모스크바에 거의 같은 양식으로 지어진 초대형의 7개 건물을 지칭하는 말이다. 심지어 높기까지 해서 7자매 중 하나인 모스크바국립대학교 건물은 높이가 240m에 달한다.9) 루마니아의 공산 독재자

9) 매일경제, 2015.04.30, "모스크바 '스탈린의 7자매' 들어보셨나요?".

그림 2.1.15 | 호찌민 묘소

그림 2.1.16 | 호찌민 묘소와 바딘 광장

니콜라에 차우셰스쿠Nicolae Ceauşescu의 인민궁전은 단일 건물로는 미국 국방성인 펜타곤 다음으로 크다고도 한다. 그러나 이들을 호찌민과 비교하는 것은 호찌민에게 엄청난 실례가 될 것이다. 호찌민만큼 대내외적 평가가 긍정적인 사람이 있을지(미국은 제외하자)는 의문이다. 물론 남베트남 출신이나 베트남전쟁 때 막심한 피해를 입은 사람들은 호찌민에 대한 베트남인들의 애정을 좋게 보지는 않는다. 그래도 사후 수십 년이 지난 후에도 그가 이토록 존경받는 이유는 분명 여타 지도자들과는 다른 면이 있었기 때문이다. 아직도 호찌민에 대한 베트남인들의 존경심에 대해 의문이 든다면, 아무 베트남 화폐나 보면 된다.

호찌민 묘소가 북한을 비롯한 여타 사회주의 국가들에서 보이는 경관과 유사한 모습을 띠는 것은 사실이다. 하지만 그러한 장소에서 느껴지는 위압감이나 답답한 느낌과는 다른 인상을 받은 것은 호찌민이라는 인물에 대한 평가의 차이에서 기인한 듯하다. 이렇게 하노이의 사람들은, 사회주의적 경관을 그들 특유의 민족의식과 결합하여 보존하고 있었다.

도이머이 시대: 2016년 하노이의 삶

1980년대 중반 이후, 베트남에서는 사회주의 기반의 시장경제라는 목표를 설정하고 경제 개방 정책인 '도이머이'를 추진한다. 쇄신이라는 뜻을 가진 이 정책은 이름 그대로 기존의 사회주의식 계획경제시스템을 수정하여 시장경제적 요소를 도입하고자 하는 정책이었다. 이에 따라 베트남은 대외개방 정책을 도입하였고, 외국 기업의 공장 설립 및 국가 차원의 공업 발전이 추진되었다. 이는 하노이의 도시 경관도 자연스레 바꿔 놓았다. 시내에는 업무용 고층 빌딩과 CGV, 롯데리아 같은 해외 업체들이 들어왔으며, 외곽에는 삼성전자 공장을 비롯한 거대한 규모의 공장들이 세워지는 등 하노이는 자본주의 세계와 이미 끈끈히 연결되어 있다.

도이머이 시대의 하노이 사람들은 어떻게 살고 있을까? 그들의 삶은 전에 비해 많이 달라졌을까? 답사 중에는 하노이 베트남국립대학교와 삼성전자 공장을 둘러보는 일정이 있었다. 덕분에 하노이의 대학과 기업을 탐방함으로써 경제개방 시대에 이루어진 거시적 변화를 체감할 수 있었다. 우리 팀은 한 발 더 나아가, 학교나 직장 바깥에서 하노이 시민들의 삶이 어떠한지 직접 관찰해 보기로 했다. 하지만 현재의 생활 양식은 그들의 일상공간인 가정에서 직접 볼 수 있을 터였다. 그러던 중 하노이 베트남국립대학교 경제경영대학의 Dang Minh 교수님 가족이 살고 계신, 하노이의 주택밀집지역 롱비엔Long Biên에 위치한 평범한 가정집을 방문할 귀중한 기회를 얻었다.

이쯤에서 과거 하노이 시민들의 주택과 건물을 짚고 넘어가 보자. 올드 쿼터에 가면 극도로 좁고 긴, '세장형 필지'들이 보인다. 사실 세장형 필지는 하노이만의 특징이 아니다. 중세 상업도시로 번성한 많은 유럽 도시에서는 종종 있는 일이다. 특히 세장형 필지로 유명한 곳은 아마 네덜란드일 것이다. 17세기 전 세계 자본주의의 메카와도 같았고, 무역의 정점이었던 네덜란드는 그만큼 시민들에게 말도 안 되는 엄청난 과세를 하기로도 유명했다. 집에 있는 계단과 창문, 커튼을 가지고도 세금을 매겼다고 하니 당시 상황을 짐작할 만하다. 특히 유명한 것이 도로와 면한 폭을 가지고 세금을 매겼는데, 이 때문에 네덜란드인들은 좁고 깊은 필지로 집을 짓고 살았다고 한다. 하노이의 경우는 심지어 네덜란드보다 더 좁은, 극단적인 세장형 필지도 보인다. 은세공거리 항박Hàng Bạc, 비단거리 항다오Hàng Đào, 응우옌시에우Nguyễn Siêu 거리의 합으로 조성된 하노이 36거리, 즉 올드 쿼터에는 중간에 목조 기둥이 들어갈 틈도 없이 한 칸으로만 구성된 건물도 있다. 이들은 전면에는 상점이 있고 후면에는 공방이 있는 형태를 취한다. 이는 하노이 도시의 확장과도 연관 지을 수 있다. 하노이는 본래 '河內'라는 한자음과 같이 두 강의 합류점 근처에서 형성되어, 범람원과 우각호와 같은 늪지대, 호수, 개천이 흐르는 지역이었다. 수자원을 구하기 쉽고 농업생산성이 매우 높았으나 정작 집을 짓기 적당한 토지는 한정되어 있었고, 그나마 평평한 지대를 따라 길이 조성되었다. 공방과 주거 지역은 이를 따라서 만들어지다가 시간이 지나면서 경제력이 확산되었다. 그리고 더 많은 생산을 위해 넓은 토지를 필요로 하면서도 길과는 접해야 하다 보니 깊어지기 시작한 것이다. 당장 응우옌시에우 거리만 해도 19세기에 들어와 또릭강이 매립되면서 조성된 거리였다.10) 따라서 길이 먼저 정해지고, 주변의 호수와 늪이 매립되면서 필지가 늘어나다 보니 자연스레 깊어지며 세장형 필지가 베트남 전통가옥의 형식이 된 것이다.

세장형 가옥은 이후 베트남 사람들의 전통이 되어 경로의존성을 가지게 되었다. 굳이 세장형으로 지을 필요가 없는 지역에도 좁고 깊게 짓는 것이다. 19~20세기 당시엔 신도심이었을 프렌치 쿼터에서도 베트남인들은 정사각형이 아닌 1:3 비율로 집을 지었으며 이는 지금까지도 베트남 가옥들이 다른 국가에 비해 상대적으로 좁지만 높은 이유가 되었다. 우리가 방문한 롱비엔 지역에서도 이 경향이 이어질 것으로 예상했다. 생각했던 것처럼 경관 자체는 비슷했다. 단독주택가임에도 바닥의 면적 자체는 넓지 않았으며, 그 와중에 절반은 마당으로 쓰이고 있었다. 오히려 수직으로 상승해 대부분의 집이 3층 이상이었다. 총면적이 200%라면 100%로 2층을 짓는 게 아니라, 50%로 4층을 짓는 것이 이들에게는 너무나 당연해 보였다.

생전 처음 보는 사람들, 게다가 외국인들의 방문이었지만, 집에 살고 계신 교수님의 어머니와 여동생은 우리를 반갑게 맞이해 주셨다. 간단하게 차와 과일을 대접받은 후, 집을

10) 송인호, 2008, "하노이의 세장형 필지와 도시조직", 대한건축학회, 24, pp.150-152.

둘러보며 설명을 듣기로 했다. 집은 총 5개 층으로 이루어져 있었고, 각 층에는 2~3개의 방이 있었다. 하노이의 중심 시가지에 늘어선 건물들 역시 대부분 4~5층이었으나 폭이 굉장히 좁았는데, 우리가 방문한 집은 중심지로부터 조금 벗어난 주택가여서인지 층별 면적이 하노이 주택들 중에서도 매우 큰 편에 속했다. 게다가 이 지역의 집들은 작은 마당을 갖추고 있었는데, 이 집 역시 마찬가지였다. 다만 2003년에 새로 지은 집이라서 그런지 굉장히 깔끔했다. 놀라운 점은 교수님 가족이 약 스무 세대 동안 같은 집터에서 살았고, 건물은 계속 허물었다 짓기를 반복했다는 것이었다. 물론 대대로 내려오면서 건물의 높이는 높아졌고, 구조 역시 조금씩 달라졌다. 예전에는 우리 조상들이 살았던 초가집과 기와집처럼 화장실, 부엌, 욕실이 모두 떨어진 구조였다면, 이후에는 부엌과 화장실, 욕실이 방과 연결되었고, 현재에 이르러서는 방 역시 2~3개로 나눠졌다.

현재 살고 있는 사람의 수보다 많은 방이 생기게 된 것은 베트남의 가족 분화와 관련이 있다. 이미 베트남은 현대 자본주의와는 떨어질 수 없는 삶을 살고 있기에 다른 중진국들과도 비슷한 현상이 나타나고 있다. 그중 하나가 가족의 분화로, 몇십 년 전만 해도 대가족이 함께 살았던 전형적인 유교 문화의 가족들도 현재는 자식들이 따로 가정을 차려서 나가고 있다. Dang Minh 교수님 본인도 더 이상 롱비엔 본가에 살지 않고, 가끔씩 방문하는 정도였다. 10개가 넘는 방이 있는 5층짜리 집에, 이제는 부모와 딸만 살고 있었다. 남은 방들은 자식들이 일시적으로 집을 방문할 때 쓰는 용도였기에 가재도구를 치우지는 않았다.

생활공간이 통합·분리되는 과정 속에서도, 가옥의 높은 층고와 큰 창문 크기는 계속해서 유지되었다. 이는 고온다습한 기후에서 바람을 많이 통하게 하려는 노력으로 해석할 수 있다. 계단은 나선형이었는데, 층고가 높은 건물에서 층과 층 사이를 잇는 계단 자체가 차지하는 면적을 최소화하려는 시도로 보였다. 이러한 구조를 채택함으로써 가옥의 공간 활용성은 더욱 증대되었을 것이라고 추측할 수 있었다.

가옥의 물리적 구조만 해도 우리의 흥미를 유발하기에는 충분했으나, 더욱더 이목을 끄는 베트남 가옥의 특징이 있었다. 바로 worship table(제사상), 우리나라로 치면 사당(祠

그림 2.1.17 | 서민들이 거주하는 전통적인 베트남 주택

그림 2.1.18 | 방문했던 교외의 베트남 가옥

堂)과 같은 것이었다. 차이점이 있다면, 우리나라 전통가옥 구조에서 사당은 주로 생활공간과 분리하여 사대부 집의 가장 안쪽에 배치됐던 반면, 베트남의 사당은 생활공간과 엄격하게 구분되지 않는다는 점이다. 다만 제사상과 하늘 사이에는 가구나 사람이 놓일 수 없다. 이는 조상이나 신의 영혼 위에는 아무도 존재할 수 없다는 믿음 때문이다. 따라서 2층에 위치한 사당의 위에는 어떠한 생활공간도 마련할 수 없기에 3층부터는 층별 면적이 1, 2층에 비해 좁은 편이다. 그렇다면 왜 이 집은 제사상을 2층에 마련했을까? 5층에 마련하는 것이 공간을 효율적으로 쓸 수 있지 않았을까? 일단 거주 인원이 줄어 위층을 굳이 넓게 사용할 필요가 없었고, 제사상에 더욱 자주 드나들 수 있도록 이동성을 확보하기 위해서라는 답이 돌아왔다. 대가족이 사는 이러한 집과 달리, 하노이 시가지에 주로 위치하고 있는 아파트 및 공동주택은 1인 가구가 거주하는 경우가 많다. 그들은 대부분 본가가 따로 있기 때문에 상징적이고 단순한 제사상만을 둔다고 우리의 가이드 학생들은 덧붙였다.

관습적으로 거의 모든 집들이 조상을 위한 제사상을 가진다고 한다. 서민들 역시 작은 집에 사는 경우가 많지만, 제사상만큼은 꼭 구비한다. 중국과 끊임없이 갈등을 빚었던 베트남

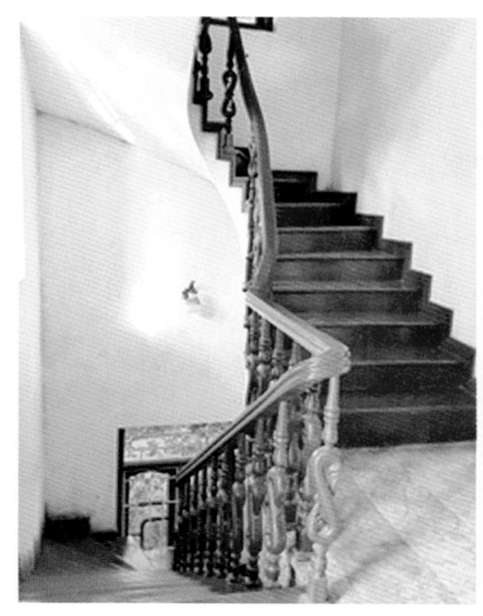

그림 2.1.19 | 베트남 가옥의 나선형 계단

그림 2.1.20 | 베트남 가옥의 사당

그림 2.1.22 | 집과 가까운 곳에 위치한 불교 사원

그림 2.1.21 | 하노이의 주거밀집지역

인들이었지만, 그들도 중국 문화의 강력한 영향을 받았음을 알 수 있는 대목이다. 이러한 점은 우리나라와 베트남 주거 문화의 유사성으로 연결된다. 마을에 있는 불교 사원을 봐도 문화적 유사성이 확인된다. 베트남의 불교 사원에는 유교 및 도교의 전통이 결합되어 있는 경관이 나타났다. 불교가 우리나라에 들어온 후 우리식으로 변화된 과정이 연상되었다.

조상에 대한 의식, 중국의 문화를 받아들이면서도 스스로의 방식으로 변화시킨 종교관 등은 한국인이 접해도 크게 어색하거나 불편하지 않은 것들이었다. 다만 하노이의 집은 서울의 그것보다 비교적 전통적 요소들을 온전히 담아내고 있다는 차이를 느낄 수 있었다. 경제적 상황의 변화에 따른 가옥의 구조 변화, 그리고 그 과정 속에서도 보존된 전통적 경관이 하노이의 집에 공존하고 있음을 경험한 뒤 우리 팀은 베트남 가족들의 합장과 따뜻한 미소에 화답하며 길을 나설 수 있었다.

마치며

전 세계적으로 아래와 같은 조건을 부합하는 도시를 찾아보자. 첫째, 500만 명 이상의 대도시여야 한다. 둘째, 1000년 이상의 역사를 가진 고도(古都)여야 한다. 셋째, 식민 지배의 흔적이 남아 있다. 넷째, 공산주의와 자본주의의 경관이 동시에 나타나야 한다. 다섯째, 종교적으로도 기독교, 불교, 유교, 도교 등 다양한 사상이 드러난다. 여섯째, 그럼에도 주민들은 자국 문화에 대한 자부심이 대단하고, 이를 지켜 나가려 한다. 이 6개 조건을 만족하는 도시는 하노이를 빼면 아마 전 세계에 거의 없을 것이다. 하노이는 그만큼 굴곡진 역사를 가지고 있는 도시이자 베트남 그 자체이다. 우리가 이번 답사를 통해 그들의 모든 것을 알 수는 없겠지만, 최대한 하노이의 여러 얼굴을 건축물과 도시 구조, 그리고 주택을 통해 알아보고자 하였다.

답사를 가기 전, 우리는 시대에 따라 베트남에는 서로 다른 도시 구조가 나타날 것이고, 미시적으로 건축 양식도 다를 것으로 보았다. 답사를 통해서 주민 인터뷰를 하거나, 직접

문화유산을 답사하고, 지도를 보는 등의 방식으로 이를 확인하였고 실제로도 어느 정도 다름을 보았다. 왕조 시대의 하노이는 문묘에서 보는 것처럼 유교 문화권이었기에 우리와 비슷한 방식으로 중국의 영향을 어느 정도 받았으며, 이는 현재 베트남인들에게도 한자 이름이 있는 배경이 되었다. 프랑스 식민 통치기의 하노이는 지금까지도 남아 있는 여러 건물들과, 프렌치 쿼터의 격자식 도시 구조가 다름을 증명하고 있었다. 특이한 점은 일제강점기를 겪은 우리의 서울과는 달리, 그 건축물을 다른 방식으로 쓰더라도 아직 그대로 간직하고 있다는 점이었다. 혹시 이것은 무력으로 직접 프랑스를 내쫓은 베트남인들의 자부심을 반영하고 있지는 않을까? 또한 사회주의체제가 자리 잡은 시기는 짧았지만, 현대 베트남인들에게 호찌민은 아주 큰 존재였다. 거대한 묘와 광장이 이를 보여 주고 있었으며 모든 지폐에는 호 아저씨가 아직도 빙긋 웃고 있다. 이 모든 것을 겪어 온 베트남인들의 생활 모습은 최근 들어서 또 다른 변화를 겪고 있다. 아직 사당을 집 안에 두고 제사를 지내는 등 조상에 대한 예를 깍듯이 차리고 있으며, 주민들은 마을의 절에 가서 복을 빈다. 그럼에도 더 이상 대가족은 존재하지 않는다. 그들은 독립해서 따로 살림을 차리고 살며, 3층부터 5층에 이르는 방 안의 가재도구는 떠나간 주인을 그리워할 뿐이다.

하노이를 통해 본 베트남의 역사와 사람들의 정서는 이곳이 과연 인도차이나반도인지를 의심케 한다. 소승불교와 앙코르와트로 대표될 인도차이나반도는 그저 태국과 캄보디아일 뿐이었으며, 베트남은 오히려 우리나라의 이웃이 아닌가 하는 착각이 들었다(물론 그 엄청난 혼다 오토바이를 뺀다면). 또한 그렇기 때문에 삼성전자, LG전자를 비롯한 수많은 한국 업체들이 베트남에 진출하고, 베트남이 우리나라의 3대 수출국이 된 것이 아닌가 하는 생각이 든다.

어떤 나라를 답사한다는 것은 의외로 우리나라에 대해 공부하는 것이기도 하다. 비교를 통해 공통점과 차이점을 찾고, 가설을 세우고 증명하며 그 이유를 찾아보면서 남과 우리에 대한 통찰력을 기르는 계기가 된다. 만약 우리가 하노이처럼 식민 지배의 역사를 어느 정도 남겨 두면서 경제 발전을 해 왔다면 서울은 어떤 도시경관을 이룩했을지, 사회주의체제를 표방하는 북한의 평양이 통일된 후 어떤 경관이 살아남았을지 생각해 본다면 하노이라는 도시는 좋은 참고 자료가 된다. 또한 가족 분화가 이루어지고 있는 하노이에서 유교 문화 속의 가족 분화가 이뤄진 도시를 찾아본다면 우리나라의 여러 도시들이 좋은 사례가 될 것이다. 우리의 답사와, 여기에 꼬리를 물고 추가적으로 이뤄질 하노이에 대한 지리학적인 연구가 베트남을 이해하려는 우리들에게 더 많은 도움이 되기를 바란다.

References

▷ 논문(학위논문, 학술지)

- 권태호, 2009, "하노이의 개발과 도시계획", 아시아연구, 12, 1-31.
- 송인호, 2008, "하노이의 세장형 필지와 도시조직", 대한건축학회, 24, 149-156.
- 송정남, 2005, "王朝時代의 베트남 敎育機關 - 國子監을 中心으로", 동남아연구, 15, 25-46.
- 우동선, 2007, "하노이에서 근대적 도시시설의 기원", 대한건축학회, 23, 147-158.
- 우신구, 2008, "식민시대 하노이의 제국주의적 경관: 도시 가로구조와 기념비적 건축을 중심으로", 대한건축학회, 14, 175-184.
- 전봉희 · 이경아 · 주상훈, 2006, "다락과 중정으로 본 하노이 도시주택의 지속과 변용", 대한건축학회, 22, 241-252.
- Tran Q., 1999, "베트남 유교전통의 몇 가지 면모: 文廟와 國子監", 대동문화연구, 34, 145-189.

▷ 단행본

- 김철수, 2009, 도시공간계획사, 기문당.
- 대한국토 · 도시계획학회, 2016, 도시계획론, 6판, 보성각.
- 허유리, 2016, 베트남 100배 즐기기, 알에이치코리아.
- Carlson M., 1989, Places of Performance: The Semiotics of Theatre Architecture, Ithaca: Cornell University Press.

▷ 언론 보도 및 인터넷 자료

- 경상매일신문, 2016.10.21., "베트남, 韓 3대 수출무역국 '우뚝'".
- 매일경제, 2015.4.30., "모스크바 '스탈린의 7자매' 들어보셨나요?".
- Flickr, https://www.flickr.com/photos/13476480@N07/22411553270/in/photostream [2017.3.6.]
- IMF, World Economic Outlook Database, http://www.imf.org/external/pubs/ft/weo/2014/02/weodata/weorept.aspx [2017.3.6.]
- Wikipedia, Sofitel Legend Metropole Hanoi, en.wikipedia.org/wiki/Sofitel_Legend_Metropole_Hanoi [2017.3.6.]
- Wikimedia Commons, https://commons.wikimedia.org/wiki/File:Place_Charles-de-Gaulle_-_OSM_2016.svg [2017.3.6.]

2

하노이와 관광지리: 하노이에서 베트남전쟁 찾기. 다크투어리즘의 활용

홍명한 · 이기호 · 김승연 · 강경빈 · 강효정 · 송지한 & Pham My Linh · Luu Thi Quynh

베트남 하면 어떤 단어들이 떠오르는가? 젊은 세대에서는 쌀국수가 가장 먼저 나올 수 있겠으나 부모님 세대 정도가 되면 베트남전쟁을 가장 먼저 떠올릴 확률이 크다. 1975년 베트남전쟁이 끝나고 40여 년이 지났지만 전쟁의 기억은 강렬했고 아직도 사람들의 뇌리에 남아 있다. 당시 군인 신분으로 직접 참전했던 이들 중 일부는 여전히 역사로서의 베트남전쟁을 증언하고 있기도 하다.

이 연구는 '우리가 직접 답사를 가게 될 하노이에는 베트남전쟁의 흔적이 어디에 어떻게 남아 있을까'라는 질문에서 출발했다. 사실 하노이는 직접적인 전장은 아니었다. 베트남전쟁은 북베트남이 남베트남을 무력으로 흡수 통일하는 과정이라고도 할 수 있다. 이 과정에서 미국과 한국은 남베트남을 지키기 위해 개입했다. 즉, 북베트남의 수도였던 하노이는 본격적인 지상전이 벌어진 곳은 아니었기에 전쟁의 흔적이 직접 드러나지는 않는다. 그러나 하노이는 베트남전쟁의 당사자이자, 베트남을 통일로 이끈 지도자 호찌민이 있었던 도시이고, 승전국 북베트남의 수도였다. 그리고 전쟁 중후반에 걸쳐 미 공군이 폭격을 퍼부었던 장소이기도 하다. 우리는 이와 관련하여 하노이 어딘가에 베트남전쟁과 관련된 장소가 있을 것이라 믿었다.

그 답은 다행히 생각보다 쉬운 곳에 있었다. 이미 많은 관광객들이 들러 온라인 여행 사이트에 후기를 남겨 놓은 관광지들이었다. 호찌민의 삶을 전시해 놓은 박물관, 폭격기 B52가 격추되어 가라앉은 호수, 미군 조종사들이 포로로 잡혔던 수용소 등이 여기에 해당한다. 바로 이들이 전쟁에 대한 기억을 담은 하노이의 장소들이었다. 그런데 다시 한 번 생각해 보면, 왜 이런 곳에 관광객들이 많이 오는가 하는 의문이 들 수 있다. 관광지리학에서 규정하는 관광이라는 행위는 특정한 목적을 가진 이동이라는 점에서 이동 전반을 가리키는 여행과 구별된다. 그렇다면 관광객들은 하노이에 오게 됐을 때 어떤 목적을 갖고 이러한 전쟁 관광지들에 오는 것일까?

따라서 우리는 현장답사를 통해 다음의 두 가지 질문에 대한 답을 제시하고자 했다. 첫째, 하노이에 남아 있는 전쟁 관광지들은 비극적 전쟁을 어떻게 관광지라는 장소로 만들었는가? 둘째, 관광객들은 어째서 이러한 장소에 오게 되는가? 직접 그곳에 가서 해당 관광지들이 관광객들에게 어떤 체험을 제공하고 전쟁에 대해 어떤 기억을 내포한 장소인지 살펴볼 것이다. 그리고 그곳에 방문한 관광객들과의 인터뷰를 통해 해당 관광지에 방문한 목적과 실제로 얻은 수확을 알아볼 수 있을 것이다.

다크투어리즘에 대한 소개

사실 우리가 연구하려는 '전쟁 관광'은 다크투어리즘이라는 개념의 한 부분이다. 다크투어리즘dark tourism이란 1996년 Foley and Lennon의 'Heart of Darkness'[1]라는 글에서 처음 사용된 용어이다.[2] 용어 자체는 최근에 등장한 것이지만 그 개념 자체는 오랜 역사를 갖고 있다. 이는 곧 죽음이나 고통, 비극이 있었던 장소에서 반성과 교훈을 느낄 수 있도록 하는 관광 형태를 의미한다. 전쟁뿐만 아니라 화산, 지진, 수해 등의 자연재해나 국가적 인물의 순국 등이 있었던 장소와 지역이 다크투어리즘의 관광지가 되어, 관광지 개발 주체 쪽에서

1) Foley, M., and Lennon, J. J., 1996, "Heart of Darkness", International Journal of Heritage Studies, 2(4), pp.195-197.
2) Lennon, J., and Malcom F., 2000, Dark Tourism, Boston: Cengage Learning Business Press.

의도한 메시지를 전달하는 역할을 한다. 관광지에서는 일반적으로 그 장소가 갖는 '장소자산place asset'을 통해 관광이라는 소비활동을 유도한다. 이에 따르면 다크투어리즘의 관광지들은 휴식·여가와 관련된 장소자산뿐만 아니라 죽음이나 고통, 비극과 관련한 장소자산들까지 가지고 있기에 관광객들에게 특별한 메시지를 주고 있음을 알 수 있다.

또한 다크투어리즘은 관광지 차원의 문제로만 한정되지 않고 관광객이라는 차원에서도 접근이 가능한 개념이다. 일반적인 관광지들을 찾아가는 관광객들의 경우 그 목적이 휴양이나 여가를 위한 것으로 일원화될 수 있는 반면, 다크투어리즘에서 관광객들은 그 방문 목적이 다양하게, 그리고 그 목적의 강도가 달라지기 때문이다. 비극에 대한 동정을 던지는 것에 그칠 수도 있고 적극적으로 (우리 조처럼) 교훈적인 요소나 배움을 위해 그 관광지에 갈 수도 있다. 다크투어리즘은 장소자산이 다양한 관광인 만큼, 그 수요에 맞는 관광객들도 다양해질 수밖에 없다. 즉, 다크투어리즘은 수요와 공급 모두에 적용이 가능한 관광 형태이며 이러한 양면적 특성으로 인해 사회적, 문화적, 지역적으로 다양한 모습을 갖게 된다.3) 동일한 목적으로 조성된 관광지라 하더라도 그것이 위치한 지역에 따라서, 그리고 그곳에 찾아오는 관광객들이 누구냐에 따라서 Sharpley(2005)는 다크투어리즘을 수요와 공급이라는 두 개의 축을 이용하여 네 가지로 유형화하기도 했다.

이 모형에 대해 간략한 설명을 하자면, Pale Tourism은 다크투어리즘의 출발점으로, 어떤 비극적인 일이나 죽음 등이 발생한 공간이 우연히 몇몇 사람들의 주목을 받기 시작한

〈표 2.2.1〉 다크투어리즘 유형 분류

	수요 (약)		
공급 (우연적)	Pale Tourism	Grey Tourism Supply	공급 (의도적)
	Grey Tourism Demand	Black Tourism	
	수요 (강)		

출처: Sharpley, 2005; 류주현, 2008, p.72 재인용

3) 류주현, 2008, "부정적 장소자산을 활용한 관광 개발의 필요성", 한국도시지리학회지, 11(3), p.72.

유형이다. 이 시점은 완전한 다크투어리즘의 관광지가 되기 전으로, 이것을 관광지로 개발하려는 공급이 강해지면 공급 측면의 Grey Tourism으로 이동한다. 반대로 관광지로 만들어지기도 전에 사람들의 관심이 증가하면 수요 측면의 Grey Tourism 형태가 된다. 그리고 수요와 공급 모두가 강해지고 성공적인 다크투어리즘 관광지가 형성되었을 때에는 이를 Black Tourism이라고 하였다. 이 글에서는 다크투어리즘 모형에 대한 직접적인 적용은 하지 않았으나, 이러한 수요와 공급 측면 모두를 고려한 다크투어리즘에 대한 접근이 우리의 답사에 특히 필요했다. 전쟁 관광지가 어떻게 구성되어 있고 어떤 메시지를 관광객들에게 전달하는지와 동시에, 관광객들이 어떤 목적으로 방문했고 관광지가 주는 메시지를 어떻게 수용하는지 파악해야 했기 때문이다.

그렇다면 이제 우리가 설정한 관광지들이 다크투어리즘의 성격을 가진 관광지들인지 검토해 보고, 그 관광지들이 어떤 장소자산을 통해 어떤 메시지를 전달하는지(공급), 그리고 관광객들은 이 관광지들에서 어떤 것을 바라고 왔으며 실제로 수용하는 것은 무엇인지(수요) 살펴볼 것이다. 이러한 작업을 통해 우리는 하노이에서 나타나는 다크투어리즘을 이해하고 여기에 베트남전쟁이 어떻게 남아 있는지 알아볼 수 있을 것이다. 우리 조가 연구의 대상으로 삼은 장소는 호찌민 박물관, 군사 박물관, 그리고 호아로 수용소 이 세 곳이다. 이하에서는 각 관광지에 직접 다녀온 이야기를 풀어 나가고자 한다.

실제 조별 답사의 여정

5일의 답사 일정 중 2일 차, 우리 조는 숙소 앞에서 베트남 하노이국립대학교 경제·경영학부의 학생들인 린Pham My Linh과 나오미Luu Thi Quynh와 만났다. 오토바이를 타고 온 이 친구들은 아침에 길이 막혀서 조금 늦었다며 서둘러 택시를 잡고 출발했다. 우리가 답사를 다닌 코스를 [그림 2.2.1]에 표시해 놓았다. 맨 먼저 숙소에서 가장 먼 곳으로 가서 둘러보고, 천천히 숙소 방향으로 돌아오는 계획이었다. 군사 박물관 견학을 마치고 점심 식사를

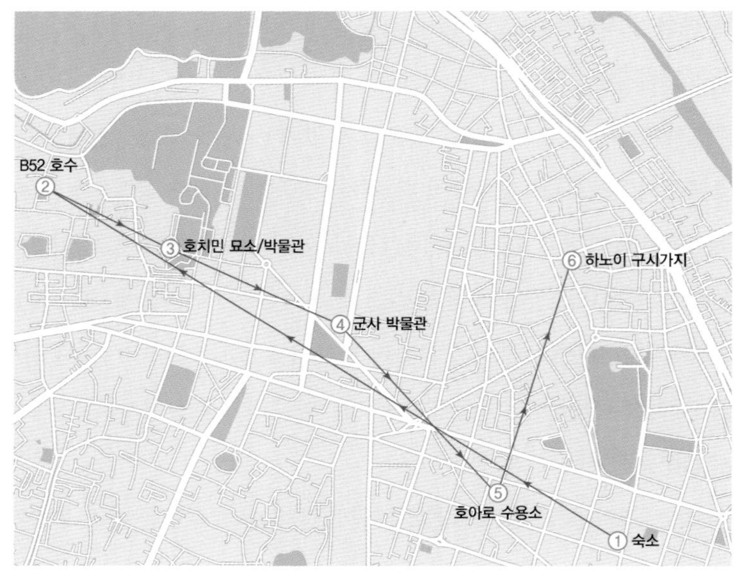

그림 2.2.1 | 답사 경로
주: 짧은 화살표 하나가 도보 15분 거리 정도였다.

하러 (지도에는 표시되어 있지 않은) 시 외곽에 있는 일본계 쇼핑몰인 이온몰까지 다녀오기도 했다. 그리고 호아로 수용소에서 답사를 모두 마치는 대로 구시가지Old Quarter로 가서 시내 관광을 즐기기로 했다.

그러나 날씨가 생각보다 더웠다. 처음에 야심만만하게 모든 코스를 걸어 다니려 했던 우리는 9월의 하노이를 너무 우습게 본 것이었다. 그 이후 거의 모든 이동은 택시로 하게 되었다. 가장 먼저 간 곳은 B52 호수였다. 그런데 이 호수에 대해 현지 학생들마저 잘 모를 정도로 별 게 없다는 이야기를 듣고, 간단히 사진만 찍은 뒤 호찌민 박물관으로 이동하기로 했다. 그러나 사진 찍는 것마저도 정확한 위치를 못 찾아 실패하고 시간 부족으로 급히 호찌민 박물관으로 향했다.

호찌민 박물관 & 호찌민 묘소

사실 호찌민 묘소는 우리가 답사 3일 차에 방문하기로 계획했던 관광지였다. 또 답사 시점에 이미 호찌민의 시신이 보존관리 차원에서 러시아로 이전되었기 때문에 내부 견학을 하는 건 불가능하다고 결론이 났다. 대신에 그 근처에 있는 호찌민 박물관에 방문하기로 했다.

먼저 호찌민이란 인물에 대해 언급을 하고 넘어가자면, 호찌민Hồ Chí Minh(1890~1969)은 베트남의 독립운동가이자 국부로 추앙받는 인물로 '호 아저씨'로 불리기를 더 좋아했던 사람이다. 학생 시절부터 프랑스 식민 정부의 징세반대운동에 참여하는 등 민족주의자의 풍모를 보였지만 한편으로 그는 세계적인 공산주의 혁명가이기도 했다. 그는 견문을 넓히기 위해 무작정 프랑스에 건너가 화부, 요리사, 청소부 등의 일을 하면서 공부를 하였다. 이후 프랑스 공산당에 가입해 각종 세계 회의에 참석하며 베트남의 독립을 위해 헌신했다. 제2차 세계대전이 끝난 후 임시정부를 수립했으며 프랑스와의 인도차이나전쟁에서 승리하여 1955년 마침내 베트남을 독립시켰다. 이후 베트남전쟁을 이끌던 중 심장병으로 사망하고 그의 사후에 베트남은 통일을 이루게 된다.

호찌민 박물관은 국부 호찌민의 사진과 애장품 등이 전시되어 있는 박물관으로 19세기 후반에 건설된 선박회사의 사옥을 개조하여 만들었다. 호찌민의 생애를 따라 여러 구간으로 나뉜 내부 공간에는 관련된 유물이나 기록물 등을 전시함으로써 호찌민의 발자취를 더듬어 볼 수 있게 했다. 호찌민이 젊은 시절 탑승해서 일했던 배의 모형이 전시되어 있기도 했다. 그가 사용했던 가명 목록, 중국에서 활동하던 시절의 사진, 대통령궁 대신 살았던 연못 옆의 집 등 호찌민의 전 생애를 한눈에 볼 수 있었다. 호찌민 개인에 대한 내용과 함께, 베트남 민중의 저항정신을 상징하는 전시물들도 있었다. 외세의 침입을 물리치고 전쟁을 끝내려는 의지를 담은 죽창 부조나 평화의 북 등이 인상적이었다.

박물관을 둘러보다 보니 다른 관광지와 다르게 베트남인의 비율이 꽤 높았다. 특히 우리

그림 2.2.2 | 젊은 시절의 호찌민 동상(왼쪽)과 흰옷을 입은 호찌민의 초상화(오른쪽)
주: 흰색을 사용한 것은 호찌민의 위엄을 높이려는 의도가 들어간 것으로 보인다.

가 들렀던 호아로 수용소나 전쟁 박물관과 같은 관광지에는 외국인 관광객이 대부분이었던 것과 대비되었다. 하지만 앞서 언급한 것처럼 베트남 구국의 독립영웅인 호찌민은 그들에게 위대한 국부라는 존재였다. 박물관 중앙에 위치해 있는 거대한 호찌민 동상 앞에서 기도를 하는 베트남 사람들을 많이 볼 수 있었다. 동상의 사진을 남기고 싶었지만 사진을 찍으려는 사람들이 너무 많아 아쉽게도 우리에게 기회가 오진 않았다.

호찌민 박물관은 호찌민의 일대기를 전시해 놓은 공간인 만큼, 다크투어리즘의 요소도 많이 보였다. 호찌민을 베트남 독립을 위해, 그리고 베트남의 통일을 위해 희생한 인물로 숭상하고 그의 삶으로 관광객들에게 교훈을 주려는 목적에서 만들어진 관광지라는 걸 느낄 수 있었다. 호찌민 박물관은 곧 호찌민이라는 세계사적인 인물 그 자체, 베트남의 독립과 통일을 위해 전 생애에 걸친 그의 노력이 장소자산이 되어 그를 존경하는 여행객들을 모으는 관광지가 된 것이다. 국가의 영웅에 관한 관광지는 보통 민족주의적인 모습을 많이 띠기 때문에 외국인들에게는 매력적인 관광지가 아닐 수도 있다. 그러나 호찌민 박물관에

그림 2.2.3 | 호찌민이 젊었을 때 선원으로 일했던 배의 모형(왼쪽), 호찌민 박물관에 단체 견학을 온 베트남 어린이들(오른쪽)

서는 '위대한 베트남 민족의 지도자'의 모습뿐만 아니라 그가 그런 영웅적 지도자가 되기까지 있었던 인간적인 모습들도 보여 주고 있었다. 또한 지도자가 된 이후에도 검소한 생활을 하고 전략적인 판단을 하는 호찌민의 리더십을 박물관 전시를 통해 메시지로 전달하고 있었다. 이러한 메시지가 베트남의 국내외를 가리지 않고 방문객들을 끌어모으는 장소자산이 된다고 할 수 있다. 즉, 다크투어리즘의 수요 차원과 공급 차원에서 본 호찌민 박물관은, 베트남 민족이라는 한계를 넘어서는 의미 전달(공급)과 의미 수용(수요)이 발생하고 있었다.

호찌민 박물관에서는 주로 중장년층의 한국 관광객들과 단체로 수학여행을 온 것 같은 베트남 학생들을 볼 수 있었다. 한국 사람들은 여행사를 통해 패키지로 하노이를 방문한 관광객들이었는데 그중 한 분과 얘기를 나눠 볼 수 있었다. 30대 초반의 여성 인터뷰이와 함께 '베트남', '하노이', '호찌민(인물)'에 대한 인식을 중심으로 이야기해 보았다.

Q. '베트남'이라고 하면 떠오르는 이미지는 무엇인가요? 주로 어떤 맥락에서 베트남에 대한 얘기를 들어 보셨나요?

베트남전쟁, 통일, 결혼이주여성의 이미지가 떠오른다. 주로 영화에서 보거나 학교 수업에서 통일의 여러 사례를 배울 때 들어 본 것 같다.

Q. 그렇다면 하노이는요?

베트남의 수도라는 것 정도로 알고 있었고, 삿갓처럼 생긴 모자를 쓰고 오토바이를 탄 사람들이 온 거리를 메우고 달리는 이미지가 떠오른다. 그 외에는 베트남 쌀국수 정도? 그리고 호찌민보다 유명하지는 않은 것 같다.

Q. 베트남전쟁이나 호찌민에 대해서 얼마나 알고 계신가요?

베트남전쟁의 경우 주로 우리나라와 관련된 부분에 대해서만 대략적으로 알고 있다. 또 〈포레스트 검프〉 등의 영화에서 보면 미국의 반전운동에도 영향을 끼친 것으로 알고 있다. 그런데 예전에는 우리나라의 입장에서, 그러니까 단순히 외화를 벌기 위해 국군을 파견했다고만 알고 있었는데 여기 와서는 베트남의 시각에서 베트남전쟁을 바라보게 된 느낌이다. 이들의 입장에서는 이게 독립전쟁이었겠구나 싶었다. 그리고 최근에는 인터넷이나 여러 매체를 통해 국군의 만행으로 인한 베트남의 피해양상에 관심을 갖게 되었다. 호찌민에 대해서는 거의 아는 바가 없었다가 지금 여기 박물관에서 좀 배우게 됐다. (웃음) 베트남 사람들이 '호 아저씨'를 진심으로 존경하는 게 느껴진다.

Q. 베트남을 떠나, 국가 지도자로서의 호찌민에 대해서는 어떻게 생각하게 됐나요?

우리나라의 여러 정치 지도자들과 비교를 할 수밖에 없었다. 자세한 이야기는 생략하기로 하자. (웃음)

Q. '전쟁 관광'이라는 것에 대해서 들어보신 적이 있나요? 없다면 어떤 것으로 짐작되나요?

처음 들어 본다. 전쟁 유적지를 관광하고 전쟁이 얼마나 참혹한지를 돌아보는 시간을 갖는 여행으로 보인다. 내가 말한 내용이 맞다면 통일 후에 우리나라에서도 활성화될 수 있을 것 같다.

Q. 왜 통일 후에 활성화될 수 있다고 생각하시나요?

아직은 분단 상태이고, 한국전쟁을 관광 상품화하기에는 국민 정서에 맞지 않을 것 같다.

한편 답사 3일 차에 광장에서 바라보기만 했던 거대한 호찌민 묘소는 호찌민의 유해가 방부 처리되어 안치된 장소이다. 호찌민은 자신의 시신을 화장하여 3등분한 다음 베트남 남부와 중부, 북부에 뿌려 달라는 유언을 남겼으나 베트남 정부는 하노이 바딘 광장에 거대한 영묘를 지어 그의 유해를 안치했다. 호찌민 묘소는 반바지나 치마를 입고 들어갈 수 없는 등 매우 엄숙한 분위기가 유지된다. 묘소 방문 역시 제한된 시간에만 가능하고 방문이 불가능한 날에는 광장 앞의 노란 선 이상으로는 접근할 수 없어 호찌민의 위상을 짐작할 수 있었다. 우리가 방문했을 때도 호찌민 묘소 방문이 통제되어 아쉬웠다. 다만 멀리서 거대한 호찌민 묘소의 모습을 보면서 사진을 찍는 것으로 만족할 수밖에 없었다.

군사 박물관

군사 박물관은 하노이 시내 한복판에 자리 잡은 곳으로, 승전을 기념 및 선전하는 기능을 수행하고 있다고 한다. 입장료를 내고 물품보관소에 가방을 맡기고 군사 박물관에 들어가니, 생각한 바와 달리 외관이 평범하고 투박하게 생겼다는 느낌을 받았다. 우리나라 용산의 전쟁기념관을 떠올렸기 때문이었는지 하노이의 그 낡은 승전기념관이 너무나 초라하게 보였다.

전시된 물건들의 시대의 폭은 과거 베트남 왕조의 군대에서 사용된 무기들부터 베트남전쟁에서 사용된 무기들까지 넓은 편이었다. 전시품들은 당시 군인들이 어떤 무기나 장비들을 사용하여 싸웠는지, 그리고 그 당시 작전 지도나 전황을 보여 주면서 전쟁에 관한 사실들을 보여 주는 것에 주력했다. 여기까지만 놓고 봤을 때에는 이 군사 박물관이 다크투어리즘의 정의에 부합하는 관광지가 맞는지 의구심이 들었다. 단순히 사실만을 기록, 보관한 곳이고 그 소재가 전쟁이라고 해서 다크투어리즘에 해당하는 관광지가 될 수 있는 것은 아니기 때문이다. 베트남전쟁이 베트남 역사에서 갖는 중요성을 생각해 볼 때 군사 박물관을 이렇게 운영하는 것이 이해가 가지 않았다. 사실 우리는 다른 관광객들과 인터뷰하기 전까지는 현재 베트남 정부가 자주 표방하는, '과거를 덮고 미래를 위해 협력하자put aside the past and cooperate for the future'라는 모토에 부합하게 그들이 군사 박물관을 큰 비중 없이 운영하는 것이 아닌가 생각하기도 했다.

그러나 우리는 이 한산한 박물관에 몇 안 되는 관광객들의 대다수가 서양인이라는 것에 주목했다. 이들 중 상당수는 베트남전쟁을 목격할 수 있었던 중장년층으로, 이들은 우리가

그림 2.2.4 | 군사 박물관에 전시된 무기들

별다른 의미를 두지 않았던 전시품들에 대해 큰 의미를 부여하고 있었다. 그들 중 일부는 아버지가 중대장 직위로 참전했다고 이야기하며, 군사 박물관 방문이 베트남전쟁 당시 있었던 반전운동을 다시금 떠올리게 하고 무의미한 전쟁에 대한 회의를 또 한 번 느끼는 계기가 되었다고 반응했다.

박물관의 출구 근처에는 카페가 하나 있었는데 그 카페 근처에서 쉬고 있던 중년의 미국인 남성 관광객에게 조금 더 긴 인터뷰를 요청했다. 방문 목적, 감상에 대한 질문을 주로 진행했다.

Q. 군사 박물관을 어떻게 오게 되었나요?

내 아버지는 베트남에 있었다My father was in Vietnam(베트남전쟁에 참전했다고 해석). 아버지는 항상 그 전쟁이 얼마나 가혹했고cruel, 슬픈 사건이었는지 강조했다. 그래서 기회가 되어 베트남에 오게 되면 그냥 놀다 가기보다는 아버지가 말하신 베트남전쟁에 대해 배워 가고 싶었다. 그래서 모레면 남부로 떠나기도 한다.

Q. 군사 박물관에 와서 보니 어떤 느낌이 드나요?

지금이야 운이 좋은 때에 태어나 전쟁의 흔적들knife and gun을 여행의 일부로, 관광의 일부로 경험하지만 당장 한 세대 전만 해도 이곳의 흔적들이 슬픈 역사의 일부였다고 생각하면 마냥 마음 편하게 볼 수는 없다. 물론 이 박물관이 베트남전쟁만을 다루지는 않는다. 하지만 베트남전쟁에 더 많은 눈길이 가는 것은 어쩔 수 없는 것 같다. 전쟁이라는 것은 언제나 무거운 주제다. 보통 베트남 하면 가장 먼저 떠올리는 것이 하롱베이나 공산주의, 호찌민 등이다. 쌀국수가 있을 수도 있지만, 나와 비슷한 시대를 살았던 사람에게 떠오르는 단어는 베트남전쟁이다. 여기에 있는 글, 사진 그리고 총이나 유물로만 보는 전쟁은 실제 전쟁이 가지는 아픔과 냉혹함에 비교할 수가 없을 것이다. 그렇기에 이와 같은 곳을 방문하는 것은 지금 누리는 평화에 대한 감사함과 전쟁에 대한 두려움을 항상 상기remind시켜 준다. 아, 그리고 아버지와 함께 왔으면 더 좋겠다는 생각도 한다.

Q. 하노이에 오시기 전에 비해 배워 가는 것이 있나요?

물론 있다. 눈으로 보는 것은 확실히 다르다. 그리고 베트남전쟁 말고 베트남에 이렇게 많은 전쟁이 있었다는 것을 배워 간다.

Q. 다크투어리즘이라는 말에 대해 들어 보셨나요?

들어 본 적은 없다. 하지만 어떤 의미인지는 대략 짐작이 된다. 약간 어둡고 아픈 역사적 장소나 관광지를 둘러보는 것 같은데 내 말이 맞나?

Q. 네 맞습니다. 그러면 다크투어리즘이 관광객을 유도하는 데 얼마나 효과적일 것 같나요?

그러한 관광은 배우는 게 굉장히 많을 것 같다. 나름의 의미도 있을 것 같다. 물론 베트남은 충분히 매력적인 관광 상품들을 많이 가지고 있다. 그래서 이런 불편한 역사의 현장, 흔적을 굳이 보지 않더라도 훌륭한 바캉스를 즐길 수 있을 것이다. 하지만 아까 말했다시피 그냥 놀고 먹는 관광은 기억에 오래 남지 않는다. 사람마다 다르겠지만 여행이나 휴가를 통해 무언가를 배우고 얻어 가고자 하는 사람들은 약간 충격처럼 다가올 수 있는 다크투어리즘에 대해서도 선호할 것 같다. 그래서 수요를 유도하는 데 충분한 역할을 할 것 같다. 물론 여행 내내 불편한 장소만을 둘러볼 수는 없겠지만 관광 중간중간에 보고 느끼기에는 좋을 것 같다.

추가적으로 외국인 외에 베트남 내국인의 인식에 대해 조사하고자, 박물관 관리인에게 인터뷰를 요청했다. 우리가 봤을 때 사람들이 많이 오는 편은 아니었지만 일이 바빴던 것인지 인터뷰에 적극적으로 협조해 주지는 않았다. 린과 나오미가 베트남어를 영어로 통역해 주었고 우린 그것을 다시 한국어로 번역하여 인터뷰 기록으로 남겼다.

Q. 관광객들이 많이 오는 편인가요?

많은 관광객들이 온다. 젊은 사람보다는 나이 든 사람이 많이 온다. 국내 관광객들에 비해 확실히 외국인이 많다. 가끔 단체로 소풍 같은 것을 오는 걸 제외하면.

Q. 관광객들의 관람 자세나 태도는 어떤가요?

표정이 좋진 않다. 웃으면서 보는 경우는 없는 것 같다. 대부분 베트남전쟁 부분에서 많이 멈춰 선다. 물론 베트남전쟁을 강조할 수도 있겠지만, 베트남전쟁은 이 박물관이 다루고 있는 역사의 일부분이다. 하지만 비교적 최근의 일이기에 사람들이 더 많은 관심을 가지는 것 같다. 우리나라의 역사에 관심을 가져 주는 것은 굉장히 고마운 일이다.

Q. 군사 박물관을 관리하면서 느끼는 이곳에 대한 감상은 무엇인가요?

매일 있어서 잘 모르겠다. 하지만 (여기를 관리하면서) 마냥 편하게 이곳을 정리하고 돌아다니지는 않는다. 베트남을 위해 돌아가신 분들이 있다는 점을 늘 느끼는 계기가 된다.

Q. 다크투어리즘에 대해 들어 본 적 있나요?

없다.

Q. (다크투어리즘 설명) 이와 같은 관광이 베트남 관광산업에는 긍정적일 것 같나요?

그럴 것 같다. 지금도 사람들이 꾸준히 오는 것은 무언가 배워 갈 것이 있고 의미가 있기 때문이다. 다른 나라에 와서 그 나라의 역사나 문화를 알아보는 것은 그 나라를 잘 알 수 있는 또 다른 방법 중의 하나이다. 일주일을 온다고 했을 때 일주일 다 전쟁 박물관이나 수용소를 보고 다닐 수는 없겠지만 그중 하루 정도는 이러한 관광에 시간을 쓰는 게 관광객들에게도 나름의 의미가 있을 것 같다.

인터뷰를 끝마치고 나니 박물관 바로 바깥에 있는 두 개의 탑이 기다렸다는 듯 우리를 반겼다. 하나는 200년이 넘는 역사를 가진 깃발탑이었고 다른 하나는 미군 측의 폭격기를 격추시킨 비행기의 잔해로 세운 탑이었다.

이 두 개의 '하노이의 탑'들은 승전을 기념하는 전형적인 조형물로 기능하고 있었다. 깃발탑은 응우옌 왕조 초기(1812)에 건립되어 프랑스 식민 통치 시기까지도 쓰이다 베트남전쟁 때는 방공기지로 활용되기도 했던 문화재다. 어쩌면 이 깃발탑에서 쏜 대공포가 비행

그림 2.2.5 | 군사 박물관에서 관람 중이던 미국인 관광객

기 잔해탑을 만들어 냈을지도 모른다. 이 둘은 모두 노골적으로, 베트남의 승리를 장소자산으로 삼는 관광지로서 기능하고 있었다.

그런데 이러한 '승전'이라는 메시지의 전달은 군사 박물관이라는 장소를 만든 의도와 달리 관광객들에게는 다른 의미로 다가가고 있었다. 우리는 여기서 관광 수요의 목적은 부도덕하고 무의미한 베트남전쟁에 대한 반성이며, 공급의 의도는 외세의 침입을 물리친 베트남의 자랑스러운 역사라고 파악하였다. 두 관광 주체의 의도가 엇갈린 다크투어리즘의 모습을 본 셈이었다.

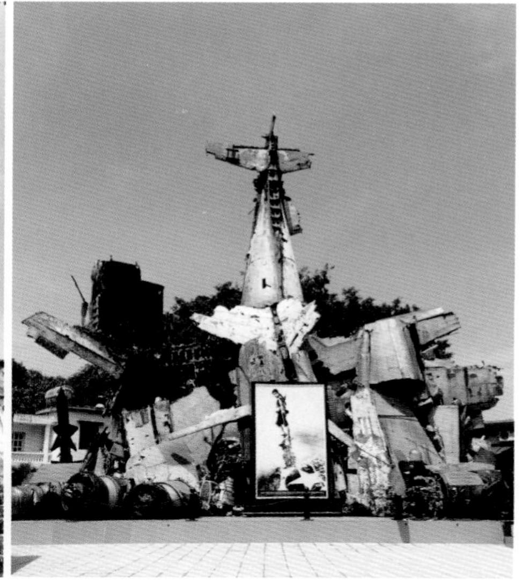

그림 2.2.6 | 하노이의 깃발탑(왼쪽)과 비행기 잔해로 만든 조형물(오른쪽)

호아로 수용소

1 Hoả Lò, Trần Hưng Đạo, Hoàn Kiếm, Hà Nội에 위치한 호아로 수용소Hoa Lo Prison는 하노이의 중심부인 호안끼엠 호수 및 프렌치 쿼터 근처에서 도보로 10~15분 정도면 갈 수 있다. 우리가 묵었던 숙소와도 가까웠기 때문에 이온몰에서 쇼핑했던 짐들을 숙소에 잠깐 들러서 놓고 오는 것도 가능했다.

오전 8시부터 오후 5시까지 개장하며(점심시간 오전 11시 30분~오후 1시 30분), 입장료는 3만 동이다. 프랑스의 식민 통치기에 정치범을 수용하기 위해 건설된 이 감옥은, 화로를 제작하던 길 위에 세워져서 '호아로(火爐)'라는 이름을 갖게 되었는데, 프랑스어로는 '메종 센트랄Maison Centrale'이라 불리기도 한다. 끔찍한 고문과 전쟁의 흔적이 남아 있는 이곳은, 훗날 베트남전쟁이 발발했을 때 북베트남이 미 공군을 포로로 수용하던 곳이기도 했다. 따라서 영어와 베트남어로 안내되고 있다. 베트남전쟁과는 별개로 우리나라의 서대문 형무소와 비슷한 곳이며, 항불 투쟁의 역사를 단적으로 보여 주는 관광지라고 할 수 있다.

가로세로 1.8m의 작은 감방, 침상, 깔개, 족쇄, 단두대 등이 전시되어 있으며, 당시의 잔혹했던 현장을 담은 사진들도 볼 수 있다. 어두운 조명과 음울한 음악이 흘러나와 조금은 섬뜩한 느낌도 준다. 반면 프랑스에 온 것만 같은 노란 벽면과 초록빛 셔터는 감옥이라 느끼기 힘들 만큼 수용소라는 장소의 이미지와 상당히 대비된다. 재소자들의 모습을 복원해 발목의 족쇄를 차고 있는 모습, 실제 사형 집행에 쓰인 단두대의 실물 등이 전시되어 있는 내부를 보고 나오면, 빛바랜 노란 건물이 오히려 잔혹하고 매정하게 느껴질 정도다.

그러나 한편으로, 베트남전쟁 시기 호아로 수용소는 미군 포로 수용에 대해서는 자신들의 관대함을 알리는 데 이용되었다. 호찌민이 영어로 남긴 새해 인사 편지는 이를 상징적으로 보여 준다. 또한 미군 포로들과 함께 크리스마스를 보내고 의사들이 포로들을 진찰하는 사진을 전시하여 자신들의 관대함을 드러냈다. 이를 통해 호아로 수용소는 전쟁에서 베

그림 2.2.7 | 호아로 수용소 입구에서 조장이 찍은 우리 조원들 사진. 'Maison Centrale'이라는 프랑스어 표기가 눈에 띈다.

트남이 미국이나 프랑스와 같은 제국주의 국가들과는 달랐음을 과시하고 도덕적 우위를 장소자산으로 삼으려 했음을 알 수 있다.

답사 후 추가로 조사를 해 본 결과 2007년 미국 대선에서 공화당 후보였던 존 매케인John McCain이 베트남전쟁 당시 호아로 수용소에 잡혀 있었다는 사실을 알게 되었다. 해군 집안에서 태어난 매케인은 해군 조종사로 베트남전쟁에 참전했다가 1967년에 비행기가 격추되어 호아로에 수감되었다. 당시 받았던 고문으로 인해 장애까지 얻은 매케인을 보면 도덕적 우위라는 것도 인위적이고 조작된 것에 가깝다는 생각이 들 수밖에 없었다. 뒤늦게 그가 명문가의 자제라는 걸 알고 정중히 대접했다는 매케인의 회고를 읽으니 더더욱 그렇게 느껴졌다.

안내소 직원에 따르면 호아로 수용소는 관광객으로 늘 붐비는 관광지는 아니라 대체로 한산한 편이며, 한국인 관광객이 많은 곳은 아니라고 한다. 주로 서양인들이나 패키지로 여행 온 중국인들이 많이 방문한다고 하였다. 특히 호아로 수용소와 직접적인 관련이 있는 프랑스인이나 미국인, 연령층이 조금 높은 관광객들이 주로 방문하는 것 같다고 말했다.

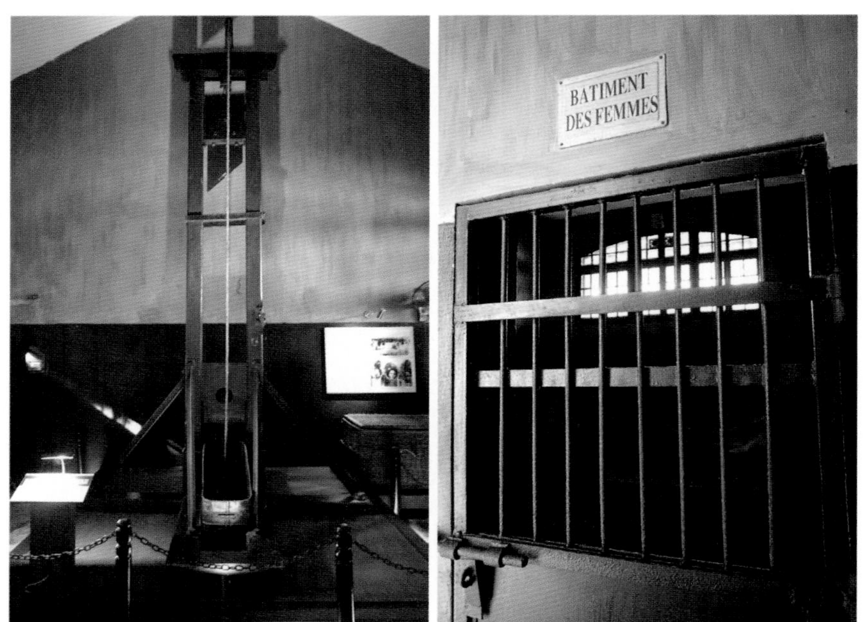

그림 2.2.8 | 프랑스 통치 시기 베트남 독립운동가들을 감금·처형한 호아로 수용소

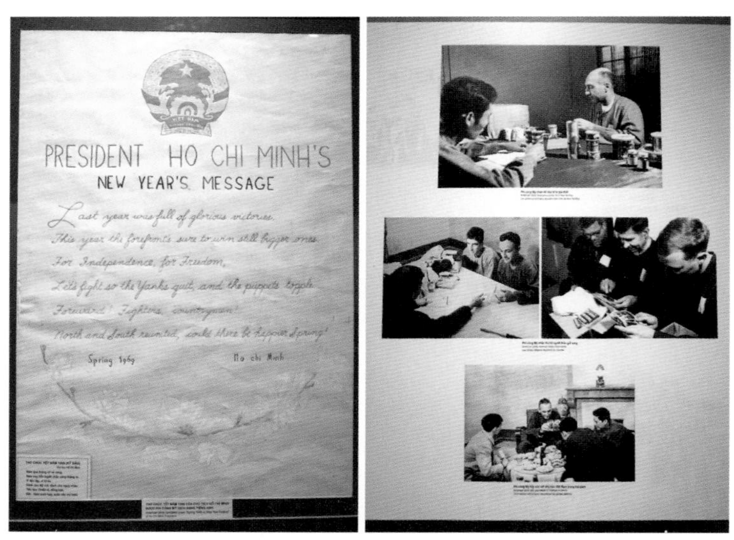

그림 2.2.9 | 미군 포로에 대한 당시의 처우를 보여 주는 전시물.
호찌민의 자필 영문 편지(왼쪽), 포로들이 건강검진을 받는 사진(오른쪽).

그림 2.2.10 | 많은 서양인 관광객들이 방문하는 호아로 수용소

한편, 우리가 실제로 호아로 수용소에서 마주친 사람들은 대부분이 서구권의 외국인 관광객이었다. 호아로 수용소 내부를 둘러보던 중, 더운 날씨에 벤치에 앉아서 쉬고 있는 사람들이 있는 장소를 발견하여 이곳에서 인터뷰를 진행하였다.

Q. 호아로 수용소를 왜 오셨나요?

여행지에 오면 꼭 그 지역의 역사적인 장소들을 들러야 한다고 생각한다. 그래서 하롱베이처럼 자연이 아름다운 곳도 있지만, 박물관에 들르거나 이곳(호아로 수용소)처럼 역사적인 장소에 방문하는 것도 의미가 있다고 생각한다.

Q. 호아로 수용소에 와서 보니 어떤 느낌이 드나요?

굉장히 슬프지만 동시에 의미 있는 공간이다. 베트남의 근현대사에 관심이 있는 사람이라면 반드시 들러야 할 장소라고 생각한다. 특히 흥미로운 것은 이곳에서는 베트남이 마치 전쟁의 희생자인 것처럼 느껴진다는 거다. 그런데 사실 베트남은 전쟁의 승리자다. 이 장소의 설명에서 베트남 군인들이 미군을 가두기도 했다는 내용이 없는 것은 아닌데도 그런 느낌을 준다. 그래서 아까 있었던 혼을 위로하는 공간에서, 더 이상은 전쟁이 없기를 기도했다. 이곳은 굉장히 많은 것을 느끼게 해 주는 곳이다. 그런데 아이들은 데려

오기는 힘들 것 같다. 베트남 독립운동가들이 갇혀 있었던 감옥을 아이들이 무서워할 것 같다.

Q. 하노이에 오기 전에도 이러한 역사에 대해서 알고 있었나요?
냉전 시기에 베트남전쟁이 있었다는 건 알고 있었지만, 이번 방문을 계기로 보다 많이 느끼게 된 것 같다.

Q. 다크투어리즘이라는 말을 들어 본 적이 있나요?
들어 본 적은 없는데, 무슨 말인지는 알 것 같다. 이런 어두운 기억이 있는 역사적인 장소들을 방문하는 일을 두고 다크투어리즘이라고 부르는 것 같다.

Q. 그렇다면 당신이 하노이에 방문한 이유를 다크투어리즘을 위해서라고 할 수 있을까요?
꼭 그것만은 아니지만, 베트남에 오기로 한 이유 중에 하나 정도는 되는 것 같다. 베트남은 커피로 유명하기도 하고, 하노이는 휴양지의 느낌도 있다.

이제껏 있었던 장소자산에 대한 논의를 살펴보았을 때 호아로 수용소는 전통역사자산으로 분류될 수 있다.4) 이는 다크투어리즘의 관광지가 갖는 가장 전형적인 장소자산의 이미지이다. 단순한 박물관, 기념관을 넘어서 실제 포로가 수용되고 고문을 받았던 곳을 개방함으로써 이곳은 부정적 장소자산으로 관광객을 유치하는 힘을 얻는다.

하지만 부정적 장소자산은 독자적으로 존재해서는 충분한 관광객을 끌어들일 수 없다. 이는 그 장소를 담고 있는 도시 및 사회의 분위기, 주변 경관과의 조화, 장소가 지니는 강력한 메시지 등을 포괄함으로써 의미를 가진다. 이에 주목하면, 하노이라는 도시 전반을 차지하고 있는 분위기와 맥락을 읽음으로써 호아로 수용소가 지닌 의미를 파악할 수 있다. 또한, 아직까지 베트남 국민들이 전쟁의 역사를 고스란히 안고 있기 때문에 여러 군사적·역사적 흔적들도 그대로 남아 있다. 그런 점에서 바라봤을 때 호아로 수용소를 비롯한 하노이의 부정적 장소자산들은 식민지 역사를 그대로 장소자산으로 활용함으로써 지배와 피

4) 김미영·문정민, 2013, "장소성 형성을 위한 도시공원의 유형에 관한 연구: 장소자산 분류와 활용방법을 중심으로", 한국디자인포럼, 30, pp.235-236.

지배 계층의 이중적인 경관을 조성해 관광객을 흡입한다고 할 수 있다.[5)]

구체적으로 논의를 풀어 보자면, 호아로 수용소는 베트남의 전쟁 및 지배 역사를 가장 사실적으로 드러내고 있는 곳이다. 특히나 프랑스의 식민 지배 시절 내로라하는 혁명가들이 수감된 곳으로, 죽음의 이미지가 강하게 뿜어 나오면서도 그 사이 느낄 수 있는 혁명의 희망이 관광자원으로서 호아로 수용소가 지닌 힘이다.

호아로 수용소는 서대문 형무소처럼 죽음이나 재난의 소재를 활용한 장소이기보다는 그것들이 '발생한' 원형적 장소이다. 그리고 죽음이라는 본질적 의미가 장소에 깊이 녹아 있어 기록 그 이상의 의미를 가지고 있다. 또한 사형장의 실제 모습을 보여 줌으로써 상업성보다는 교육적 측면을 띤 역사 교육의 현장으로 남아 있다고 볼 수 있다.[6)]

이 점을 유심히 생각해 보면, 하노이 다크투어리즘에서 호아로 수용소가 차지하고 있는 중요성을 다시 한 번 느낄 수 있다. 체험하는 관광이 각광받는 시대에서, 침울한 역사적 현장에 방문하는 것은 전쟁의 의미를 관광객이 스스로 생각하고, 이때 되새긴 의미를 실천적 행동으로 옮길 수 있는 힘이 있다. 수용소같이 죽음에 대한 직접적인 이미지를 제공하는 현장은 비단 그 피해를 입은 민족 내에서뿐만 아니라, 세계시민주의적 시각에서 같은 아픔을 겪은 여러 민족이나 제국주의의 선봉에 섰던 민족들에게까지도 파급력을 미칠 수 있다.

우리 답사 조원들은 하나같이 이곳에서 침묵을 지켰다. 그것이 그 죽음을, 그 공간에서나마 엄숙히 애도할 수 있는 방법이었기 때문이다. 그리고 이러한 관광객들의 직간접적 체험의 표출 활성화가 앞으로 국내외 다크투어리즘의 방향이 어떻게 나아가야 할지를 보여 주는 대목이 아닐까 생각했다.

---

5) 류주현, 앞의 글, p.74.

6) 김규만, 2016, "다크투어리즘의 스펙트럼별 유형분석", 안동대학교 대학원 석사학위논문, p.94.

마치며

지금까지 우리는 하노이에서 베트남전쟁과 직접적으로 관련된 세 곳의 관광지를 답사한 결과를 이야기하였다. 이들은 관광에 대한 수요나 공급 측면에서 모두 다크투어리즘의 요소를 갖춘 관광지였다. 공급 측면에서 이들 관광지들은 전쟁을 승리로 이끌고 국민적 단결을 이끌어 낸 리더십(호찌민 박물관), 스스로의 힘으로 제국주의 외세를 물리치고 쟁취한 자주성과 독립(군사 박물관), 독립운동가들이 겪었던 시련과 그것을 그대로 보복하지 않고 포용하는 아량(호아로 수용소)을 각각의 장소자산으로 삼아 관광객들에게 메시지로 전달하고 있었다. 수요 측면에서는 군사 박물관의 경우를 제외하면 공급 측면의 의도와 부합하는 것으로 관찰되었다. 군사 박물관의 경우에는 외국인의 관점에서, 그리고 전쟁으로 인한 사회적 변화와 혼란을 겪은 사람들의 관점에서 부당한 전쟁에 대한 회의를 불러일으킨다는 점을 인터뷰를 통해 심층적으로 알 수 있었다. 또한 다크투어리즘 관광지화를 통해 관광이 휴양이나 여가를 넘어서는 새로운 의미를 다양하게 만들어 내고 있다는 것을 배울 수 있었다.

언어 장벽이나 시간적 제약으로 인해 더 많은 관광객들의 이야기를 들어 보지 못한 점, 그리고 정작 우리를 돕느라 바빴던 린, 나오미의 의견을 듣지 못한 점이 아쉬움으로 남는다. 그렇지만 역시 답사를 통해 직접 발로 뛰는 것이 중요하다는 지리학과의 철칙을 다시 한 번 되새기는 계기가 되었다. 그리고 이번 답사 이후 한국에서의 다크투어리즘도 생각해 보았다. 한국과 베트남 사이에는 냉전 기간 중 세계적인 전쟁을 겪은 나라, 분단의 역사를 가진 나라, 식민 지배로 고통받은 나라라는 공통점이 있다. 그에 따른 다크투어리즘 장소자산도 베트남만큼이나 한국에 충분히 존재한다. 실제로 서대문 형무소, 판문점, 휴전선 인근의 땅굴 등은 '역사 관광', '안보 관광'이라는 이름으로 관광지화되고 있다. 이제 한국에서의 다크투어리즘을 관광객들의 어떠한 필요나 목적에 맞출 수 있을지, 또 이 장소자산을 어떻게 활용하여 어떤 메시지를 전달할 수 있을지 고민해 볼 때가 곧 올 것이다.

References

▷ **논문(학위논문, 학술지)**

- 김규만, 2016, "다크투어리즘의 스펙트럼별 유형분석", 안동대학교 대학원 석사학위논문.
- 김미영·문정민, 2013, "장소성 형성을 위한 도시공원의 유형에 관한 연구: 장소자산 분류와 활용방법을 중심으로", 한국디자인포럼, 30, 231-240.
- 류주현, 2008, "부정적 장소자산을 활용한 관광 개발의 필요성", 한국도시지리학회지, 11(3), 67-79.
- Foley, M., Lennon, J. J., 1996, "Heart of Darkness", *International Journal of Heritage Studies*, 2(4), 195-197.

▷ **단행본**

- Lennon, J. J. and Malcom F., 2000, Dark Tourism, Boston: Cengage Learning Business Press.
- Sharpley, R., 2008, "Travels to the Edge of Darkness: Towards a Typology of Dark Tourism" in C. Ryan, S. J. Page and M. Aicken (eds.), Taking Tourism to the Limits: Issues, Concepts and Managerial Perspectives, Oxford: Pergamon-Elsevier, 217-228.

3

하노이와 식문화지리: 식문화지리 관점에서 본 베트남 커피

김동오 · 박태현 · 유수란 · 이지예 · 박건우 & Hoang Myy · Pham Doan Thu Trang

베트남은 한국과 유사하게 외세의 침입과 식민 통치를 경험하면서도 고유의 식문화를 형성해 왔다. 베트남은 10세기까지 중국 세력의 통치를 받다 19세기 후반부터 20세기 중엽까지는 프랑스의 식민 통치를 받았다. 이로 인해 식문화 측면에서 프랑스의 바게트를 변용한 반미bánh mì, 쌀국수에 달팽이 대용으로 소라를 넣은 분옥bún ốc, 프랑스의 크림캐러멜인 반캐러멜 등 프랑스의 영향을 볼 수 있다.[1] 그중에서도 커피는 프랑스의 식민 통치 시기에 유입되어 현재 베트남은 커피 생산 세계 2위에 위치하고, 고급화된 자체 커피 프랜차이즈를 만들어 해외로도 진출하고 있다. 이뿐만 아니라 베트남만의 특유한 형태의 커피가 정착되어 남녀노소 누구에게나 일상적으로 소비되고 있다. 이에 프랑스의 식민 지배로부터 유입된 커피가 현대에 어떠한 형태로 베트남에 정착되어 고유의 문화경관을 형성했는지 알아보고자 한다. 이와 더불어 커피 외 식문화와, 답사 과정에서 방문한 건축물들에 대해서도 살펴볼 것이다.

1) 이 영향으로 베트남어는 전근대까지 월남한자와 중국한자를 병용하는 쯔놈(Chữ' Nôm)문자를 사용하였으나 현대는 알파벳에 성조를 표기하여 사용하고 있다. 또한, 베트남 건축 양식에서도 프랑스풍 건물을 많이 볼 수 있어 '아시아의 파리'라고도 불린다. 이를 통해 프랑스의 문화가 유입되면서 베트남 사회의 정신 및 물질문화에 영향을 미치고, 오늘날 베트남 문화의 중요한 요소로 자리를 잡아 왔다.

문화지리학은 문화 집단의 공간적인 차이를 연구하는 분야로 볼 수 있으며, Spencer는 문화지리학을 "지구상 다양한 인간 집단들이 성취한 상이한 생활체계가 만들어지는 방식에 초점을 둔 연구"라 하였다. 과거의 문화지리학은 물질문화 형태의 차이에 집중하였다. 그러나 점차 집단 간의 물질문화 형태의 차이뿐만 아니라 공유하는 세계관, 사고체계에 대한 연구까지 이루어지고 있다. 그중에서도 식문화는 인간의 기본적인 생활 양식인 의식주에서 가장 중요시되고 있으며 모든 문화를 형성하는 가장 기본적인 바탕이다.2) 식문화에는 국가와 민족의 바탕을 이루는 삶이 내재되어 있다. 이러한 식문화의 변화 과정과 발전은 개인이나 국가가 처한 자연환경 그리고 사회적·기술적·경제적·정치적 요인이 아우러져 형성된다. 즉, 식문화가 형성된 과정을 통해 특정 집단에 대한 이해를 높일 수 있다.

식문화에 대한 연구는 수많은 지리학의 분류 중에서 '문화지리학' 수업과 연관된다. 이때 '문화'라는 추상적인 개념에 대해 정의할 필요가 있다. 유네스코가 2002년에 발표한 문화의 정의는 다음과 같다.

> "문화는 한 사회의 독특한 정신적·물질적·지적·감정적 현상들의 모음이며, 예술과 문학은 물론 라이프 스타일, 생활 양식, 가치체계, 전통, 믿음 등을 포괄한다."

즉, 현재 '문화'는 단순히 문화적인 결과물뿐만 아니라 이를 생산해 내면서 인간이 거치는 과정, 그리고 이에 내포되어 있는 상징적인 인식체계와 가치체계까지도 포함하는 현대적인 의미로 발전했다고 할 수 있다. 따라서 문화지리학은 문화의 포괄적인 개념에 따라서 문화 집단의 공간적인 차이를 연구하는 분야이다. 식문화와 관련된 연구를 진행할 때는 특

2) 박영자, 1995, "농촌과 도시주부의 식문화의식에 대한 비교 연구", 수원대학교 교육대학원 석사학위논문, pp.1-58.

히 문화지리학의 범위 안에서도 크게는 문화전파와 문화경관이라는 개념과 연결 지을 수 있다.

베트남의 다양한 음식들과 커피 문화가 프랑스 식민 지배 시기에 유입된 것이라 했을 때, 이는 먼저 전통 지리학에서 문화에 대해 가졌던 관점 중에서도 문화전파론과 깊은 연관이 있다. 인류학자 프랜츠 보애스Franz Boas는 인간 문명을 진화론의 단계처럼 보편적으로 생각할 것이 아니라 여러 문화요소들의 변천을 사회적인 맥락하에서 고찰해야 한다고 주장했다. 또한, 문화 변화는 일반적으로 문화가 유입되어 사람들과 접촉하는 과정에서 일어나는 것으로 원래 그 지역의 환경보다는 유입된 문화가 더 중요하다고 역설했다.3)

이 문화전파의 개념을 토르스텐 헤거스트란드Torsten Hagerstrand는 두 가지로 나눠 설명했는데, 팽창전파와 재위치전파이다. 팽창전파는 인구 이동이 없는 상태에서 공간적 범위가 가까운 곳에서 먼 곳으로 확대되는 유형이고, 재위치전파는 인간이 거주지를 이동할 때 자신이 가지고 있던 문화를 다른 거주지에 이식하는 것이라고 설명할 수 있다.4)

이후 문화경관 개념을 도식화해 체계적으로 정리한 문화지리학자 칼 사우어Carl Sauer는 문화요소들의 유기적 총합이 경관이라고 주장하며, 경관 연구를 통해서 그 지역의 주민들이 형성한 문화의 특징과 변동, 그리고 더 나아가서는 그 문화의 본질까지 파악할 수 있다고 보았다. 이 과정을 체계화한 사우어의 문화경관 도식에 따르면 인간은 문화 과정을 통

〈표 2.3.1〉 사우어의 문화경관 도식

요인(원인)				대상(매개체)		형태		결과
문화	→	시간	→	자연경관	→	인구 가옥 생산 통신 기타	→	문화경관

출처: Sauer, 1925

3) 한국문화역사지리학회, 2013, 현대 문화지리의 이해, 푸른길, pp.26-27.

4) 테리 조든 저, 류제헌 역, 2002, 세계문화지리, 살림, p.24.

해 자연경관을 문화경관으로 변형시키며, 그 형태는 인구, 가옥, 도로, 도시 등으로 나타난다. 이러한 형태 중 하나로 음식 또한 포함된다고 할 수 있는데, 기존에는 자연에 불과했던 작물, 동물 등을 인간이 의식주 생활에 필수적인 요소들 중에서 식욕을 충족하기 위한 음식으로 변형해 정착시킨 과정을 문화경관 도식에 대입해 볼 수 있다.5)

하지만 사우어는 이후 등장한 신문화지리학에서 문화를 초유기체적인 것으로 생각하며 개인의 역할을 무시했다는 비판을 받았다. 따라서 이후에는 문화를 사회적이면서 정치적이라고 생각하는 신문화지리학이 대두되었다.

종합적으로, 우리가 관찰한 프랑스 식민 지배 시기의 건축 양식을 물려받은 건물들과 식문화 등은 모두 사우어를 중심으로 한 버클리 학파가 문화지리학의 기본 연구 대상으로 삼았던 문화경관이다. 특히 주요 연구 대상이었던 음식 또한 사회를 구성하고 있는 문화요소이며 이러한 요소가 서로 유기적으로 연결되어 하나의 경관을 형성하게 되는 것이다. 사우어의 문화경관 도식에 대입해 본다면, 이전에 베트남에 있었던 식문화가 다른 민족이 가지고 있던 문화에 영향을 받아 새롭게 식문화경관을 형성하면서 자국의 커피 브랜드, 그리고 베트남만의 색다른 메뉴라는 형태와 소비 방법이 만들어졌다고 본다. 이번 답사를 통해 이전의 상황을 자료에 근거해 유추해 내면서 문화로 인해 형성된 문화경관들이 그 지역의 특성, 즉 지역성을 내포한다는 것을 다시 확인할 수 있었다.

답사 경로

언뜻 보기에 가볍고 쉬워 보이는 식문화지리라는 주제는 시작부터 쉽지 않았다. 주제를 어떤 방향으로 잡아야 할지, 어떤 결론을 내려야 할지부터 난관에 봉착해 조장의 지도 아래 몇 번이나 모였다. 교수님께서는 더 많이 돌아다녀 보고 '이런 것도 먹어 봤구나' 할 정도로

5) 정광중, 2005, "사우어(Carl O. Sauer)의 지리적 사상과 문화지리학", 論文集, 34, pp.21-39.

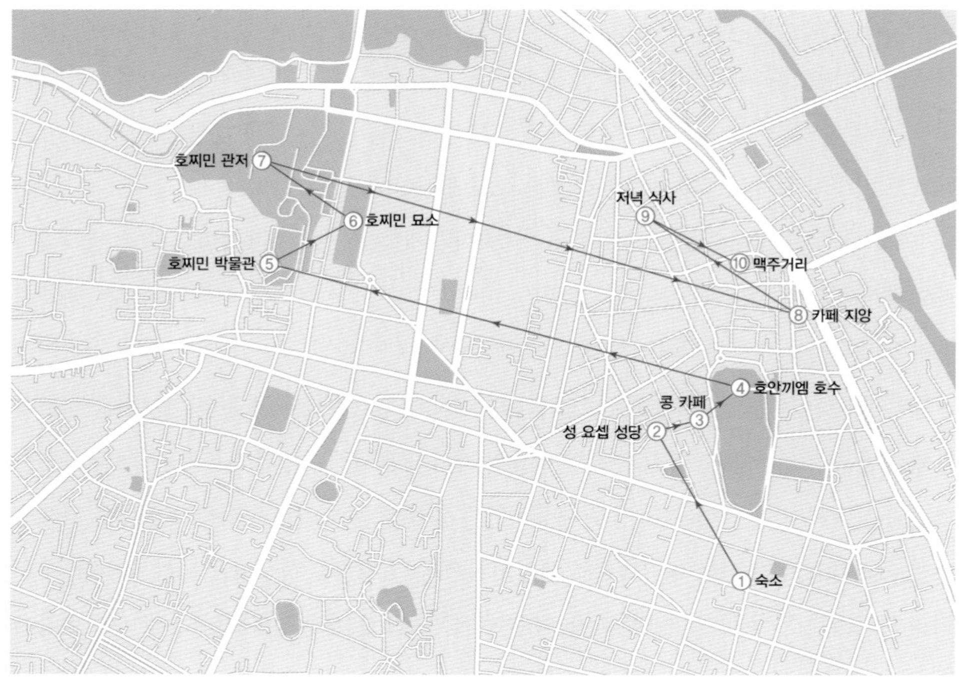

그림 2.3.1 | 답사 경로

독특한 베트남 식문화를 체험해 볼 것을 요구하셨다. 여담이지만 답사 전 조별 모임을 가졌을 때 고양이 고기를 먹어 보자는 얘기도 있었다. 답사 전 OT에서 브리핑을 할 때까지도 우리 조 소개를 하면 다른 조들이 웃기도 했다. 하지만 지원금을 알차게 다 쓸 만큼 많은 것들을 먹고 구경하러 다니면서 답사 주제로 식문화지리를 선택한 것이 정말 잘한 선택이라는 것을 느낄 수 있었다.

프랑스 식민 영향을 받은 커피 문화

베트남의 커피 문화는 프랑스에서 유래되었다고 알려져 있다. 이는 단어를 통해서도 확인할 수 있는데, 베트남에서 커피를 뜻하는 단어인 'Ca Phe'는 프랑스에서 온 말이다. 또한 베트남 사람들은 커피액과 연유를 섞은 커피를 즐겨 마시는데, 이는 프랑스의 카페오레Café au lait에서 유래된 것으로 추정된다.6) 당시 베트남에 거주하던 프랑스 민간인 및 병사들이 우유와 생크림 대신 보관이 용이한 연유를 사용했고, 이러한 방법이 정착한 것으로 보인다.

베트남은 전 세계 커피 생산량의 약 20%를 생산하는 전 세계 2위의 커피 생산국이다. 커피 생산 또한 프랑스 식민 시절부터 시작되었다. 프랑스는 베트남을 지배하게 되면서 많은 토지 수탈을 자행했으며, 쌀과 고무 등을 재배하는 플랜테이션 농업을 시행했다. 베트남 중부 지역에서는 고온다습한 기후에 기반해, 로부스타robusta종의 커피 플랜테이션도 이루어졌다. 당시 주요 작물이었던 쌀, 고무와 비교했을 때 커피 경작지와 생산량은 두드러지지 않았다. 통일 이후에 베트남은 "과거를 청산하고 생산 작업을 위해 농촌으로 가자"라는 슬로건과 함께 본격적으로 농업을 발전시키는 정책을 펼치게 된다.7) 이러한 국가 정책과 더불어 점차 로부스타종에 대한 국제시장의 수요가 증가하면서 베트남 커피산업이 본격적으로 발전했다고 할 수 있다. 현재는 독자적인 커피 브랜드를 만들기도 하고, 아메리카 대륙에서 재배되는 아라비카 원두와 비교할 때 향이 강하고 카페인 함유량이 높다고 알려진 로부스타 원두를 이용해서 고유의 커피 문화를 발전시키고 있다.

답사에서 방문했던 콩 카페Cộng Cà Phê가 바로 가장 대표적인 베트남 고유의 커피 브랜드였다. 특히 이곳의 '코코넛 커피 스무디'는 열대 지방에서 가장 대표적인 열매라고 할 수 있는 코코넛과 커피를 이용해서 개발한 독자적인 메뉴이다. 이뿐만 아니라 카페 지앙Cafe Giang의 '에그 커피' 또한 베트남 특유의 커피였는데, 이 둘은 모두 베트남에서 나는 로부스타 원두의 강한 맛을 희석시키기 위해서 단맛을 내는 코코넛, 그리고 커스터드크림 맛을 내는 가공된 계란 등을 주입해 다양한 맛을 즐기게 된 결과이다. 즉, 전파에 의해 소개된 문화에 자기 고유의 문화를 덧붙여 새로운 형태로 발전시킨 가장 바람직한 형태라고 볼 수 있다.

---

6) 김다영, 2009, "베트남 커피 산업의 발전과 대내외적 영향 분석", 부산대학교 대학원 석사학위논문.

7) 전경수 · 서병철, 1995, 통일사회의 재편과정: 독일과 베트남, 서울대학교 출판부, p.189.

콩 카페(Cộng Cà Phê)

콩 카페는 베트남의 자체 커피 브랜드다. 일명 '코코넛 커피'로 유명해 베트남 고유의 커피 문화를 대변한다고 볼 수 있다. 오래된 느낌의 인테리어는 커피를 즐기기에 더없이 좋은 분위기를 만들었다. 코코넛 커피라 그런지 양도 많고 걸쭉해서 식사 대용으로도 가능할 것 같다는 생각이 들 정도로 포만감을 주었다.

커피 식문화의 변이를 외국인들도 느끼고 있는지 알아보기 위해 이곳에서 한국인 부부, 영국인 남녀와 인터뷰를 진행했다. 두 집단 모두 전체적으로 커피에서 단맛을 느낄 수 있다고 응답했으며 특히 한국인 부부는 진한 커피 맛과 동시에 단맛을 느낄 수 있는 점이 매력적이라고 했다. 영국인 여자는 원래 커피를 즐기지 않는데 베트남에서 커피를 마시게 되었다며 호평했다. 이후 베트남에서 프랑스 문화의 흔적을 발견할 수 있는가에 대한 응답으로 영국인 남녀는 오페라 하우스, 반미, 일부 사람들이 프랑스어로 대화하는 모습이라고 답했다. 한국인 부부 또한 식민지 건물을 지금도 이용하고 있는 것을 관찰할 수 있었다고 말했으며 식민 통치 시기의 잔재라 하더라도 이렇게 현재까지 실용적으로 이용하고 있는 것이 인상 깊다고 답했다.

카페 지앙(Cafe Giang)

베트남에서 형성된 독특한 커피 문화인 에그 커피를 체험하러 카페 지앙에 갔다. 굳이 비유하자면 슈크림 같은 느낌이었다. 생계란을 넣고 먹는다고 생각했기 때문에 커피를 받았을 때에는 안심했다. 계란이 식지 않도록 따뜻한 물을 담은 그릇에 커피 잔을 담아 주는 배려가 고마웠다. 커피 맛은 단 커피를 좋아하는 나의 취향에 딱 맞았다. 계란 맥주도 같이 시켜 먹어 봤는데 커피에서 느꼈던 맛과 똑같은 맛에 맥주라는 차이밖에 없었다.

한 가지 흥미로운 커피 문화로는 작은 의자에 옹기종기 모여 앉아 꽤 오랫동안 커피를 즐긴다는 것이었다. 우리나라의 카페가 주로 젊은 세대의 과제, 공부, 회의 등을 위한 다용도 공간으로 사용되는 것과는 달리 베트남 사람들은 다른 일을 하기보다는 커피를 마시며

그림 2.3.2 | 콩 카페에서 주문한 커피들

주로 대화를 나누고 있었다. 또 남녀노소 가릴 것 없이 많은 사람들을 카페에서 볼 수 있다는 점이 인상적이었다. 실제로 베트남 사람들은 '모닝커피'라는 개념이 자리 잡아 아침에 일어나 커피 한 잔으로 하루를 시작하는 것이 일반화되어 있다고 한다. 한국에서 커피 문화가 주로 젊은 층을 중심으로 이루어져 있는 것과는 달리, 베트남에서는 커피가 일상생활에 스며들어 있다는 생각이 들었다.

이곳에서도 커피와 프랑스 문화에 관한 인터뷰를 진행했다. 이번에는 4명의 베트남 현지인들이 대상이었다. 그들은 모두 베트남 커피와 다른 나라의 커피를 구분하여 인식하고 있었다. 하지만 베트남 커피가 프랑스 문화의 영향을 받은 것인지에 대한 질문에는 의견이 갈렸는데, 카페 지앙의 현 사장은 에그 커피가 프랑스 식민 시기의 영향을 받은 것이 맞다고 하였다. 그는 현재 베트남의 언어, 미술, 건축 또한 프랑스의 영향을 받았다고 생각하며 프랑스 식민 지배 자체에 장단점이 공존한다고 응답했다. 다른 사람들은 베트남 내에 존재하는 프랑스 문화의 흔적에 대해 잘 모르겠다, 흥미롭다, 당연하다 등 엇갈리는 답을 내놓았다.

그림 2.3.3 | 커스터드크림 또는 맥주를 넣은 커피

그림 2.3.4 | 목욕탕 의자 같은 카페 의자

이 외의 식문화경관

아널드 조지프 토인비Arnold Joseph Toynbee는 한국과 베트남을 중국, 일본, 대만과 함께 동일한 '저식 문화권'으로 분류했다. 같은 유교 문화권으로 수저를 사용한다는 측면에서 유사성을 띤다는 것이다. 이 외에도 한국과 베트남의 식문화에는 비슷한 점이 많다. 우선 주식과 부식이 뚜렷하게 구별되며 주식으로 쌀과 면을 먹는다. 또 채소와 과일 섭취가 많은 편이며, 젓갈과 같은 발효음식을 먹는다는 점에서도 닮은 점이 있다. 물론 차이점도 존재한다. 우리 팀은 커피 외에도 몇 끼 식사를 하면서 베트남의 식문화를 자연스럽게 체험할 수 있었다.

마담히엔(Madame Hien)

마담히엔은 19세기에 지은 스페인 대사관을 개조하여 만든 식당이다. 도심 속의 정원과 같은 느낌으로, 번잡한 거리와 고요한 식당 안이 매우 대조적이었다. 노란 건물에 알록달록한 식탁 그리고 2층 구조가 일반적인 베트남 경관과는 다른 모습이라 낯설게 다가왔다. 전채로 나온 거위 간을 난생처음으로 먹어 봤다. 엄청 고소했는데 많이는 못 먹을 것 같았다. 양이 적은 이유를 먹어 보고 나서 조금 이해할 수 있었다.

짜까라봉(Chả Cá Lã Vọng)

베트남은 영토의 동쪽에 남중국해를 끼고 있고, 육지 내에도 메콩강과 홍강 등 큰 강이 자리해 수자원이 풍부하다. 특히 일조 시간이 긴 남부 지역은 연간 1,600만 톤 이상의 쌀과 다양한 과일이 생산된다고 한다. 그만큼 다양한 요리 재료가 생산된다는 의미이다. 또한 주류인 베트남족을 비롯해 약 55개의 소수민족이 살고 있어 다양한 요리법을 즐길 수 있다.

저녁 식사를 하기 위해 베트남 학생들의 추천으로 짜까라봉으로 향했다. 생선튀김을 야채와 곁들여 쌀국수와 같이 먹었는데 주로 육류와 곁들여 먹던 쌀국수와는 또 다른 맛이 있

그림 2.3.5 | 마담히엔

그림 2.3.6 | 생선튀김과 함께 먹는 쌀국수

었다. 하노이 근교에서 재배된 싱싱한 야채와 베트남의 풍부한 수자원을 경험할 수 있었다.

따히엔 맥주거리(Tạ Hiện Street)

그림 2.3.7 | 한 잔에 250원이었던 맥주

하노이의 올드 쿼터에 위치한 일명 맥주거리인 따히엔 거리로 향했다. 사람들은 골목 양쪽에 빽빽이 놓인 목욕탕 의자에 앉아 맥주를 마시며 밤 문화를 즐기고 있었다. 베트남의 맥주 소비량은 연간 약 46억 달러로 베트남은 동남아에서 가장 큰 맥주 소비국이다. 아시아에서는 일본과 중국 다음으로 맥주 소비량이 많다고 한다.[8)9)] 양조 또한 프랑스 식민지 시절부터 이루어졌는데, 지금은 맥주를 동남아 등지로 수출하고 있다고 한다. 사이공, 333, 하노이 등 한국에서도 종종 접할 수 있는 브랜드들이 높은 점유율을 차지하고 있다. 맥주 대부분이 라거인데

8) KOTRA, 2012, 베트남, 동남아 최대 맥주 소비국.

9) KOTRA, 2015, 베트남 맥주시장, 틈새를 공략하라.

확실히 동남아 기후에는 에일보다 시원해 적절하다는 생각이 들었다. 한국에 비해 엄청나게 싼 가격에 양질의 맥주를 마실 수 있어 더욱 즐거웠다.

피비마트(Fivi mart)

베트남 거주민들은 재래시장을 선호하는 경향이 커서, 마트라는 개념의 장소를 찾기가 쉽지 않았다. 우리는 마트를 찾아 반가운 마음으로 기념품을 구매했다. 베트남 기념품으로 가장 인기 많은 것은 역시 커피다. 이 밖에도 쌀국수라면, 건망고 등 가공식품의 인기가 높다. 쌀, 커피, 차, 땅콩이 베트남의 4대 주요 생산 작물이자, 베트남 정부가 지정한 전략 품목인 만큼 실제 관광객이 선호하는 기념품 중에도 관련 제품이 많다. 또한 두리안, 망고, 망고스틴 등 이색적인 열대과일들이 저렴한 가격에 판매되고 있었다. 물론 우리는 마실 술도 많이 구매했다.

프랑스 식민 시기의 영향을 받은 건축경관

성 요셉 성당, 프랑스 총독 관저는 전통적으로 프랑스 식민 지배 시기의 유산을 잘 드러내는 건축물이다. 이런 것들을 통해서 당시 베트남이 프랑스에 의해 재위치전파를 받았다는 것을 알 수 있는데, 특히 두드러지는 것은 건축 양식의 전파이다. 이러한 경관은 식민 지배 시기의 유산, 즉 그로서의 상징성을 가지고 있다고 할 수 있다. 우리나라의 경우 역사바로세우기운동을 전개해 일본 식민주의 시대의 유산이었던 조선 총독부를 폭파하고 식민 지배에 대한 상징성을 내재하고 있는 것들을 제거하려는 경향이 있다. 하지만 베트남의 경우, 프랑스 식민 시대의 유물인 성 요셉 성당이나 프랑스 총독 관저가 베트남이 식민 지배를 받았다는 하나의 상징으로서 위치하고 있음에도 불구하고 이를 제거하지 않고 오히려 관광지로 이용한다. 프랑스 총독 관저는 현재 정부에서 귀빈들을 모시는 장소로 사용되고 있다.

성 요셉 성당(Saint Joseph Cathedral)

성 요셉 성당은 프랑스의 지배 영향으로 프랑스식 건축 양식이 보이는 대표적인 건물이다. 베트남의 주요 도시에는 프랑스 식민 시기에 지어진 성당이 하나씩은 꼭 존재한다고 한다. 성당 건물 자체뿐만 아니라 주변에도 유럽풍 레스토랑 및 카페, 부티크가 있어 프랑스 식민 시기의 흔적을 엿볼 수 있었다. 이른 아침에 한국의 지하철 탄 사람의 수만큼 많고 많은 오토바이들을 뚫고 콩 카페를 향해 이동하던 우리의 시선을 사로잡는 것이 있었다. 많은 사람들이 원을 이루며 북과 같은 악기들을 연주하고 춤을 추는 공연이었다. 정확히 무슨 행사를 하고 있었는지는 알 수 없었지만 웅장한 소리가 인상적이었다.

프랑스 총독 관저 또는 호찌민 관저(Khu di tích Phủ Chủ tịch)

식민 통치 시기 동안 프랑스 총독이 사용했던 관저는 당시 프랑스의 베트남 지배를 한눈에 잘 보여 준다. 베트남 해방 이후 1946년에 호찌민이 약 3개월간 이곳에 기거하다 건물이 너무 사치스러워 정원사의 집으로 옮겨 살았다는 일화가 있다. 현재까지 이 건물은 국가의 영빈관으로 사용되고 있다. 노란색의 큰 건물이 한눈에도 높은 사람이 사는 곳임을 확신하게 했다. 한편으로 호찌민이 국민들을 사랑하는 마음을 알 수 있었다.

그림 2.3.8 | 성 요셉 성당

그림 2.3.9 | 프랑스 총독 관저

이 외의 건축경관

호안끼엠 호수(Hoàn Kiếm)

하노이는 '호수의 도시'라고 불릴 정도로 크고 작은 호수가 많다. 우리도 이를 구경하기 위해 하노이에서 가장 유명한 호수인 호안끼엠 호수 주위를 돌았다. 호안끼엠은 한자로 환검(還劍)이라고 쓰는데, 중국이 베트남을 침략했을 당시 호수에 살고 있던 거북이가 준 검으로 외세를 물리쳤다는 전설이 내려와 지어진 이름이라고 한다. 계속된 외세 침략의 흔적이 호수 가운데의 탑과 사당으로 남아 있다. 우리가 방문했을 때, 마침 현지 방송국에서 베트남 전역에서 찍은 사람들과 자연의 모습을 사진으로 전시하고 있었다. 베트남 학생들의 설명을 들으며 간접적으로 베트남 전역을 체험하였는데, 위아래로 긴 나라답게 지역마다 다양한 모습으로 살아가고 있는 모습이 인상적이었다. 찰나의 순간을 담은 자연경관을 보며 놀라기도 하고 사진 속의 사람들을 따라 하며 더 재미있게 호수를 구경할 수 있었다.

호찌민 박물관(Hồ Chí Minh Museum)

일정이 예상보다 빨리 끝나 더위를 피해 에어컨을 찾아 호찌민 박물관에 들어갔다. 에어컨이 세지 않다 보니 금방 그 온도에 적응해 딱히 시원함을 느낄 수는 없었다. 베트남 학생들은 호찌민의 일대기를 교과서로 배운다고 한다. 호찌민이 책상에 앉아 있는 모습을 밀랍인형 형태로 전시하고 있었는데 진짜 같아서 깜짝 놀라기도 했다. 박물관 안에서 기념품도 구매했다. 근처에서 원뿔 모양의 전통 모자도 샀는데 베트남에서 가장 잘한 일이었다. 해를 가리기만 했는데도 더위를 피하는 효과가 엄청 좋아서 모자 덕을 톡톡히 봤다.

호찌민 묘소(Hồ Chí Minh Mausoleum)

호찌민 묘소는 호찌민이 1945년 베트남의 독립선언문을 낭독했던 역사적인 장소인 바딘 광장에 위치해 있다. 호찌민의 명성만큼이나 호찌민 묘소는 거대했다. 그 앞에서는 경찰들

그림 2.3.10 | 호찌민 묘소

이 흰 제복을 입고 지키고 있었다. 우리는 그들과 사진을 찍고 싶었지만 경비가 삼엄해 선을 넘어가면 총을 맞는다는 얘기를 들었다. '안에 정말 호찌민의 시신이 묻혀 있을까?', '왜 저렇게 크게 지어 놨을까?'라는 생각이 들었다. 묘소 앞에서 손으로 브이 자를 그리며 사진을 찍긴 했지만 남의 무덤 앞에서 사진을 찍는 것이 조금 꺼림칙하게 느껴지기도 했다.

마치며

세계 2위 커피 수출국인 베트남은 우리나라와 비슷하게 식민 지배의 아픈 역사가 있는 나라이다. 가장 대표적인 국가산업 중 하나인 커피는 프랑스 식민 시대의 유산이기도 하다. 하지만 국가 주도적인 육성을 통해 커피산업 자체를 그들 고유의 것으로 여기는 모습이 나타날 만큼 커피산업이 잘 발달되어 있는 모습을 볼 수 있었다. 로부스타종을 활용한 에그커피나 코코넛 커피 등 자신들의 독특한 커피 문화를 발전시켜 고유의 문화경관을 만들어 가는 모습도 확인할 수 있었다. 이 외의 식문화와 건축경관 또한 여러 문화권의 영향과 더불어 베트남 특유의 지역성을 보이고 있었다. 세계화 시대에 정보통신기술과 교통기술이 발달함에 따라 많은 국가들이 서로의 문화를 주기도 하고 받기도 한다. 타 문화를 적절히 받아들여 자국의 문화에 잘 녹인 베트남의 모습을 통해 다른 나라에서 받아들인 문화를 현지 사정에 맞게 적절히 융합하고 주체적인 소비를 하는 방법에 대해 생각해 볼 필요가 있지 않을까.

References

▷ 논문(학위논문, 학술지)

- 김다영, 2009, "베트남 커피 산업의 발전과 대내외적 영향 분석", 부산대학교 대학원 석사학위논문.
- 박영자, 1995, "농촌과 도시주부의 식문화의식에 대한 비교 연구", 수원대학교 교육대학원 석사학위논문.
- 정광중, 2005, "사우어(Carl O. Sauer)의 지리적 사상과 문화지리학", 論文集, 34, 21-39.

▷ 단행본

- 전경수 · 서병철, 1995, 통일사회의 재편과정: 독일과 베트남, 서울대학교 출판부.
- 한국문화역사지리학회, 2013, 현대 문화지리의 이해, 푸른길.
- 테리 조든 저, 류제헌 역, 2002, 세계문화지리, 살림.

▷ 보고서

- KOTRA, 2012, 베트남, 동남아 최대 맥주 소비국.
- KOTRA, 2015, 베트남 맥주시장, 틈새를 공략하라.

4

하노이와 이주지리: 베트남 이주 한국인의 이주 역사와 정착

이바로한 · 권민주 · 김성훈 · 이연주 · 이준희 · 하지연 & Tran Minh Hang · Nguyen Nhu Ngoc

대한민국에 체류하는 외국인이 2016년 7월을 기준으로 200만 명을 넘어섰다고 한다. 이는 2007년 100만 명을 처음으로 돌파한 이후 9년 만이며, 법무부에 따르면 2021년에는 300만 명을 넘어설 전망이다. 10여 년 전만 해도 세계 주요국 중에서 일본과 더불어 외국인 비율이 낮았던 한국[1)]은 최근 들어 급속히 외국인이 이주하면서, 절대적인 규모에서도 2018년 일본을 능가하였고 몇 년 뒤에는 현재 OECD 평균 수치인 5.7%를 넘는 5.8%를 기록할 것으로 예상된다(2018년 기준 4.6%). 장기 체류 외국인의 증가 이유는 중국인 체류자, 취업 외국인, 결혼이민자, 외국인 유학생이 늘었기 때문으로 분석되었다. 특히 제도적으로 2004년 고용허가제로 인해 3D 업종에 종사하는 단순기능 인력이 증가하고 2007년부터 방문취업제가 시행되면서 한국계 중국인이 급속히 늘은 것이 주요 요인으로 꼽힌다.

국내로 이주한 외국인과는 반대로, 해외로 이주한 한국인은 어느 정도 많을까? 2015년 기준으로 재외동포는 718만 4,872명[2)]으로, 국내 체류 외국인에 비해 3배 이상 많다. 해외 이주 한국인의 80%가량이 중국, 미국, 일본 3개국에 거주하고 있다. 중국과 일본의 이민

1) 아시아경제, 2008.08.24., "한국 외국인 노동자비율 OECD 최저". 여기서는 OECD 국가를 대상으로 외국인 노동자의 수를 구하였으나, 보통 외국인 노동자의 수는 전체 외국인의 수와 관련이 있다.

2) 외교부, 2015, 재외동포현황 2015.

자는 일제강점기라는 가슴 아픈 역사로 인해 한반도를 떠나야 했던 상황이 반영된 것이다. 미국으로의 이주에는 국내 경제상황이 큰 영향을 끼쳤다. 하지만 최근에는 한국 기업의 해외 진출 및 해외에서의 새로운 기회 확대와 같은 경제적 이유로 계속해서 재외동포가 증가하고 있다. 현재 동남아시아 지역으로의 단기 및 장기 이주가 주목받고 있는데, 특히 베트남의 증가세가 돋보인다. 2009년 대비 2015년의 베트남 내 한국인 증가율은 세계에서 한국인이 10만 명 이상 거주하는 9개국 중 1위이다.3) 주된 이유는 베트남에서의 사업 기회 증대와 베트남 내 투자 1위로 대변되는 활발한 경제 진출로 보인다. 한국과 베트남 사이가 '전략적 협력 동반자 관계'라는 점 또한 고려할 만하다.

본 답사는 한국인의 베트남 이주 현황을 알아보고, 이주 특징과 답사 지역인 하노이에 거주하는 한국인들의 실생활을 알아보고자 진행되었다.

이주에 대한 정의

본격적인 내용에 들어가기에 앞서, 이주에 대한 정의를 간략하게 정리하고자 한다. 우리는 세계화로 인하여 많은 외국인과 생활공간을 공유하게 되었다. 한국에서 태어나지 않은 사람들이 그들의 생활 터전을 한국으로 옮겨 와 살아가고 있으며, 우리는 이미 세계화를 거리의 인파, 상업경관, 직장, 심지어는 가정에서도 느끼고 있다. 자본의 국제분업이 활발해지는 추세로 인하여 이동하는 자본과 노동이 일으키는 사회정치적 문제가 세계 각국의 주요한 정치적 이슈가 되기도 한다. 특히 최근에는 동아시아 내부에서 국제분업이 활발하게 이루어지면서 베트남, 인도네시아, 필리핀 등 개발도상국에서 일본, 한국, 대만, 홍콩, 싱가포르 등과 같이 상대적으로 부유한 국가로 이동하는 이주노동에 대한 관심이 증가하고 있다.4)

3) 한국인이 많이 거주하는 국가를 1위부터 9위까지 나열하면 다음과 같다. 중국, 미국, 일본, 캐나다, 우즈베키스탄, 러시아, 호주, 베트남, 카자흐스탄 순서. 한국인 증가율 2위는 호주이다.

그럼에도 불구하고 국제적인 수준에서 보편적으로 받아들여지는 이주자에 대한 정의는 통일된 바가 없다. '이주'라는 용어는 기관에 따라 정의가 달라지지만 일반적으로 외부로부터 강제적으로 삶의 터전을 옮기는 경우와, 개인적 편의를 이유로 자발적으로 이주하는 경우를 모두 포함한다. 즉, 이 용어는 자신 혹은 가족의 더 나은 물질적·사회적 조건과 삶을 위해 다른 국가 혹은 지역으로 이동하는 사람들과 가족 구성원 모두에게 적용될 수 있다. 유엔에서는 이주한 이유가 자발적이든 자발적이지 않든, 그리고 이주 방법이 일반적이든 일반적이지 않든 외국에서 1년 이상 거주한 사람을 이주자로 정의한다. 이러한 정의에 따르면, 기업가나 관광객과 같이 짧은 기간을 여행하는 사람들은 이주자가 아니다. 그러나 상식적으로 이주는 농장에서 일하기 위해 혹은 농장물의 수확을 위해 짧은 기간을 여행하는 계절 노동자와 같은 단기 이주자도 포함한다. 국제이주법에서는 그 기간과 구성, 이유에 상관없이 국경을 넘었거나 혹은 특정 국가 내에서 사람이나 집단이 이동하는 등 어떤 형태의 인구 이동이든 포괄하는 개념으로 이주를 정의한다. 이는 난민, 이재민, 경제적 이주자 그리고 가족 재결합 등의 목적을 위해 이동하는 사람들을 포함한다.5)

이주의 유형을 분류하면 다음과 같다. 노동이주는 취업을 목적으로 모국에서 다른 국가로 이주하는 것6)으로 대부분의 국가에서 이민법의 적용을 받는다. 어떤 국가들은 타국으로 나가는 노동이주를 규제하거나 자국민들이 해외로 이주할 기회를 제공하기 위한 노력을 기울이기도 한다. 전문직 이주에 대해서는 국제적으로 합의된 정의가 존재하지 않으며 대개 두 가지의 중복된 의미를 가지고 있다. 가장 일반적인 용어로 고숙련이주자는 최소 2년의 고등교육을 마친 고학력자 성인을 뜻하며, 구체적으로는 고등교육, 전문직 경험, 특정 직종을 수행하는 데 필요한 조건을 갖춘 사람을 의미한다. 숙련이주자는 자신이 가진 기술로 유입국의 입국허가와 관련한 특별대우를 받는 이주민으로 체류기간, 직장 변경,

4) 채수홍, 2007, "귀환 베트남 이주노동자의 삶과 동아시아 인적 교류", 비교문화연구, 13(2), p.5.

5) 국제이주기구, 2011, 이주용어사전, p.66.

6) 국제이주기구, 앞의 책, p.35.

가족 재결합에 대한 제약이 적다. 결혼이주는 수반신청자로 분류되는데, 이는 타인의 우선 신청을 근거로 체류자격을 부여받을 수 있는 사람으로 보통 배우자나 미성년 자녀를 말한다.

이주에 대한 관심이 증가함에도 불구하고 동아시아 지역협력과 관련하여 이주노동을 다루는 기존의 시각에는 근본적인 한계가 있다. 기존의 시각은 대부분 이주노동을 경제와 안보의 차원에서 거시적·비경험적·기능적·실리적·국가-엘리트 중심적으로 다루고 있다. 국가와 자본이 경제성장을 위해 이주노동을 어떻게 활용할 것인지를 분석하는 것에만 머무르고 있는 것이다. 기존의 시각은 이주노동자가 이주노동의 경험을 통하여 형성하는 의식과 지역협력과의 관련성을 파악하지 못한다는 한계를 가지고 있다. 다시 말해, 동아시아 차원의 노동력 이동에 관한 기존 연구는 대부분 이주노동자의 이주동기와 원인을 사회경제적으로 분석함으로써 문화적 경험에 있어 베트남 이주노동자의 삶과 정치적 의미를 충분하게 설명하지 못하고 있다. 특히 동아시아 노동자들이 귀국 후에 갖는 정치경제적·사회문화적 경험에 대한 연구가 충분히 이루어지지 않았다.

베트남 내 재외동포 현황

재외동포란, 외국에 거주하는 동포를 일컫는 말이다. 재외동포는 재외국민과 외국국적동포, 즉 시민권자로 구분되며, 재외국민은 다시 영주권자와 체류자로 구분된다. 베트남에는 미국이나 호주와 같은 이민 제도가 없어 베트남 국적의 동포가 2명, 영주권자가 0명에 불과하므로, 베트남 재외동포는 곧 베트남 체류자로 볼 수 있다. 또한 베트남 재외동포의 관할 공관은 하노이에 위치한 주베트남 대사관과 호찌민에 위치한 주호찌민 총영사관 둘로 나뉜다. 우선 베트남 재외동포 수가 어떻게 변화해 왔는지 살펴보자.

우선 2002년 말부터 2014년 말까지 베트남 재외동포 수의 변화 추이는 〈표 2.4.1〉과 같다. 자세히 살펴보면, 2000년대 초반 베트남 재외동포 수는 1만 명이 채 되지 않았으나,

2000년대 중반까지 그 수가 급증하였다. 한편, 2000년대 후반 가파른 증가세가 꺾이며 2009년 초에서 2010년 말 사이 재외동포 수가 되레 감소하기도 했으나, 2010년대 중반에 일정 부분 증가세를 회복해 2014년에는 총 10만 8,850명에 다다랐다. 베트남 체류자의 상당수는 베트남에 진출한 한국 기업 근로자들로, 재외동포 수는 경제적 교역 상황의 영향을 많이 받는다. 예를 들어 평균적으로 남성 수가 여성 수에 비해 약 2배 많은데, 이 역시 베트남에 남성 인력을 필요로 하는 한국 기업들이 다수 진출해 있기 때문인 것으로 보인다.

〈표 2.4.2〉를 보면 2005년부터 2012년까지 한국-베트남 간 교역량이 전반적으로 꾸준히 증가해 왔음을 알 수 있다. 다만, 베트남 재외동포 수가 감소한 2009년에는 베트남 수출액 역시 전년 대비 감소했다. 이는 매년 수출액이 증가하는 추세에 유일하게 반하는 것으

〈표 2.4.1〉 베트남 재외동포 수 변화 추이

	구분		총계	증감률
	남	여		
2002년 말	4,744	2,077	6,821	
2004년 말	10,432	6,144	16,576	143.0%
2006년 말	33,949	19,851	53,800	224.6%
2008년 말	59,241	25,325	84,566	57.2%
2010년 말	58,360	25,280	83,640	(1.1%)
2012년 말	59,520	25,480	86,000	2.8%
2014년 말	72,150	36,700	108,850	26.6%

출처: 외교부, 2015, 재구성

〈표 2.4.2〉 한국-베트남 연도별 교역 현황(단위: 억불, 전년 동기 대비 %)

구분		2005	2006	2007	2008	2009	2010	2011	2012
수출	금액	34.3	39.3	57.6	78.0	71.5	96.5	134.6	159.5
	증가율	5.4	14.5	46.7	35.5	-8.4	35.0	39.5	18.4
수입	금액	6.9	9.3	13.9	20.4	23.7	33.3	50.8	57.2
	증가율	3.1	33.3	50.5	46.4	16.3	40.5	52.6	12.5
무역수지		27.4	30.7	43.7	57.7	47.8	63.2	83.8	102.3

출처: KOTRA

로, 수입액 전후 연도 증가율에 비해 낮은 수준이다. 이 시기 한국-베트남 교역이 일시적으로 감소함에 따라 베트남 재외동포 수 또한 감소한 것으로 추정된다.

베트남 내 한국인 이주의 역사[7)]

베트남에 한국인이 공동체를 이루고 살기 시작한 것은 일제강점기부터이다. 1945년 해방 당시 사이공(현 호찌민시)에만 약 2,000명의 한국인이 살고 있었다. 하지만 이들은 해방 이후 대부분 베트남 사회의 차별을 피해 귀국하거나 제3국으로 흩어졌고, 50명도 되지 않는 적은 수의 사람들만이 1950년대까지 베트남에 남아 있었던 것으로 보인다. 이들의 존재는 1960~1970년대 호찌민에 살았던 노인들의 증언과 외교관의 이야기를 통해 알 수 있는데, 이들 중 일부는 베트남 국적을 취득하여 현지인으로 살았으며 미국이나 호주로 건너가기도 했다.[8)] 이들을 베트남에 정착한 한국인의 원조라고 볼 수도 있지만, 이들은 현재 한국인 커뮤니티와는 완전히 다른 성격을 지닌다.

현재의 한국인 사회와 연속성을 가진 이민 1세대는 베트남전쟁 중에 호찌민 등 중남부 일원에 진출해 산 적이 있으면서, 베트남의 개방 정책 이후 다시 베트남으로 돌아와 살고 있는 사람들이다. 이들을 베트남 한국인 사회에서는 '원로'라고 부른다.[9)] 원로들은 베트남 전쟁 시기인 1964년에서 1973년 사이에 파병된 장병들과 함께 이곳으로 건너왔다. 원로들은 파병군인이 아니라 직장인이거나 사업가였다. 이들은 베트남 여성과 같이 살면서 '라이따이한'으로 통칭되는 자녀를 낳기도 하였다. 원로들은 베트남 현지에 강한 애착을 가지고 있으며 한국인 정착사의 상징적 존재일 뿐 아니라 한국인 사회에서 현지화가 가장 잘 되어 있는 자영업자로 인식된다.

---

7) 다음 내용은 전호균·오문현의 글로벌지역연구방법론 수업 레포트에서 허락을 받고 발췌하였다.

8) 채수홍, 2005, "호찌민 한국인사회의 사회경제적 분화와 정체성의 정치학", 비교문화연구, 11(2), p.109.

9) 채수홍, 앞의 논문, p.110.

베트남에서는 1987년 외국인 투자법이 제정된 이후, 1990년대부터 본격적으로 외국 자본에 의존한 경제성장을 추진하기 시작하면서 외국 자본의 대대적인 투자가 진행되었다. 한국 자본의 베트남 투자가 시작된 1992년부터는 대규모 프로젝트 위주의 투자가 대우, 삼성, 현대, 선경(현 SK), LG 등의 대기업들로부터 쏟아져 들어왔다. 특히 부산의 신발업체와 대구의 섬유업체 등 노동집약적 산업의 공장들이 베트남으로 이전해 왔다. 베트남 이민 2세대는 이와 같은 한국 자본의 베트남 이동이라는 맥락에서 형성되었다. 인프라 구축을 위한 개발 특수와 저렴한 노동력을 찾아 자본이 이동하면서, 한국의 인력이 호찌민과 인근지역으로 따라 들어온 것이다. 이러한 투자 열기에 힘입어 50명에 불과했던 호찌민 내 한국인의 수 또한 1996년에 이르러 5,000명을 넘기 시작했다. 이렇게 인구가 급증한 것은 기업 투자와 더불어 소비시장이 형성되면서 소규모 자영업이 활성화되었기 때문이다. 식당, 잡화점, 노래방 등의 자영업과 소규모 자본으로 무역을 하거나 시장을 타진하는 사람들도 많아졌다.[10] 베트남 경제성장에 힘입어 진출한 이민 2세대를 중심으로 한국인 사회는 급성장하였다.

한편, IMF를 거치면서 이주한 자영업자들은 투자가 위축되고 한국과 베트남을 오가는 유동인구가 줄면서 경영상의 어려움을 겪는다. 반면, 베트남 내 한국인의 수는 IMF 사태에도 불구하고 증가하는데, 이는 IMF로 인해 영세한 자영업자와 실업자가 한국으로부터 계속 유입되었기 때문이다. IMF 이후로는 한국의 자본투자가 이전과 달라졌다. 과거와 달리 신규투자는 줄고 기존 업체의 자본투자가 주를 이루게 되었는데, 이런 흐름은 한국 자본의 투자 증가가 한국인의 유입을 예전처럼 끌어내지 못했다는 것을 의미한다. 하지만 2001년 이후에도 한국인 수가 급증하게 되는데 소규모 자본으로 개인 사업을 운영하기 위해 건너오는 한국인들이 점점 많아졌기 때문이다.

10) 채수홍, 앞의 논문, p.112.

인터뷰 실시 및 분석

인터뷰 장소는 쭝호아Trung Hoà와 미딘Mỹ Đình으로 선정하였다. 두 지역을 연구 대상지로 설정한 이유는 두 지역이 하노이 내 한국인 밀집 지역이기 때문이다. 우선 하노이 내 한국인들의 증가는 2008년 삼성의 공장 이전과 더불어 연관 기업 및 하청 기업들의 이전에 따른 것이며, 현재 이주한 한국인 수는 2014년 말 기준으로 31,000명이다. 2015년 인구총조사에 따르면 강원도 인제군의 총인구가 29,260명이므로 이를 하노이의 한국인 수와 유사하다고 볼 수도 있다. 하지만 하노이 내 한국인은 생산활동과 소비활동을 담당하는 비교적 젊은 세대라는 점을 고려해 보았을 때, 하노이 내에서 이들이 집적하여 나타나는 경제활동은 그 규모가 상당하다.

답사 경로

답사 경로는 [그림 2.4.1]과 같다. 먼저 전반부에는 인터뷰 등 조별 주제와 관련된 활동을 먼저 수행하였고, 후반부에는 롯데센터 하노이 전망대나 하노이 올드쿼터, 맥주거리 등 하노이의 풍경을 보기 위한 여행을 하였다.

그림 2.4.1 | 답사 경로

인터뷰 장소 소개

쭝호아

쭝호아 지역은 1992년 베트남 수교 이후 한국인들이 집단으로 처음 정착했던 장소 중 하나로, 2000년대 초반에 개발되었다. 중심지에는 한국인 식당과 한국식 주상복합 아파트, 그리고 한국식 거리블록의 경관이 돋보인다. 구체적인 인터뷰 장소는 34 Hoàng Đạo Thúy, Cầu Giấy, Hà Nội이다.

미딘

미딘 지역은 2000년대 중반인 2007년 이후부터 개발되고 있는 하노이의 신도시 지역 중 하나로, 한국인들의 집단 거주지로 새롭게 떠오르고 있다. 현재 이곳에는 쭝호아 지역보다도 사람들이 더 많다. 구체적인 인터뷰 장소는 Phạm Hùng Nam, Keangnam, Mễ Trì, Từ Liêm, Hà Nội이다.

쭝호아와 미딘 지역 개괄

Cầu Giấy District에 속해 있는 쭝호아는 초기 한국인들의 집단 거주지 중 하나였다. 미딘의 경우 경남랜드마크72 건물의 맞은편에 위치해 있는 대규모 주상복합 단지로, 2001년 미딘송다라는 회사 주도의 개발이 이루어진 지역을 아우른다. 미딘의 완공과 확장에 따라 많은 한국인들이 쭝호아에서 미딘으로 이전하고 있다. 쭝호아와 미딘은 택시로 10분 정도의 거리로 떨어져 있다.

두 지역 모두 자녀를 가진 주재원들이 많이 입주해 있다. 또 높은 한국인 인구에 따라 식당, 마트, 미용실, 자녀 교육을 위한 학원 등의 편의시설이 잘 갖추어져 있다. 이처럼 쭝호아와 미딘 지역에 한국인들이 몰려 살게 된 것은 이주 초기에 하노이가 한인타운이 형성된 배경이라는 점과 한 번 형성된 한인타운을 중심으로 새로운 이주민들이 계속 누적되었기 때문으로 추정해 볼 수 있다. 하노이한인회 및 주베트남 한국상공인연합회KORCHAM의 단체 등 역시 쭝호아 지역에 위치해 있으며, 이 역시 쭝호아와 미딘이 하노이 내 한국인의 중심지로 작용함을 알 수 있다.

그림 2.4.2 | 쭝호아 지역 중심부 풍경. 한국식 주상복합 단지가 눈에 들어온다.

그림 2.4.3 | 미딘에 위치한 경남랜드마크72를 바라본 모습

그림 2.4.4 | 미딘에서는 한국어 간판을 많이 볼 수 있다.

그림 2.4.5 | 미딘 지역에 위치한 대규모 주상복합 단지. 유럽식 경관이 돋보인다.

총 2명을 심층 인터뷰하였다. 개인 신상 보호를 위해 이름은 가명 처리하였다.

김백남 씨는 40대 후반의 남성으로, 현재 쭝호아 지역에서 '쭝화부동산Bất Động Sản Trung Hoà'을 운영하고 있으며, 주로 베트남 하노이에 온 지 3년 이내인 한국인들을 대상으로 중개 매매 영업을 한다. 주요 취급 매물은 쭝호아와 미딘 등을 중심으로 한국인들이 선호하고 또 많이 거주하는 아파트 및 주상복합 단지이다. 한때 하노이한인회 사무국장을 2년간 역임하였으며, 이후 총무로 남아 있는 상태이다.

곽은주 씨는 40대 초반의 여성으로, 현재 미딘 지역에 있는 경남랜드마크72 B동 상가 5층에서 '더샘 에듀센터The Saem Education Center'를 원장(소장)의 신분으로 운영하고 있다. 이곳에서는 18개월부터 성인까지의 연령을 대상으로 언어, 스포츠, 과학, 미술 분야의 수업들을 진행한다. 2015년 12월에 현재 체제로 개편했고, 석우종합건설의 후원하에 저렴한 가격으로 프로그램을 운영한다고 한다. 일종의 '기업의 사회적 책임CSR' 활동이다. 주 수업 언어는 영어이며, 수강생의 다수는 한국인으로, 하노이에 거주하는 한국인 주부 및 학생들이 대부분을 차지한다.

Q. 거주지로 하노이를 선택한 이유

김백남: 2006년에 하노이에 정착하였다. 하노이 외 지역에는 거주한 적이 없다. 부동산

그림 2.4.6 | 김백남 씨가 운영하는 쭝화부동산 상점 간판

그림 2.4.7 | 곽은주 씨가 운영하는 더샘 에듀센터 입구

그림 2.4.8 | 김백남 씨와 인터뷰하는 모습

그림 2.4.9 | 곽은주 씨와 인터뷰하는 모습

그림 2.4.10 | 부동산 사무실에 걸려 있는 베트남 2050년 계획도

주: 부동산 사무실의 한 벽면에는 위와 같은 사진들이 있었다. 현재의 시가지보다 몇 배나 큰 개발지구가 예정되어 있는 모습으로 베트남의 웅장한 미래 청사진이 엿보인다. 앞으로 이곳에서 얼마나 많은 기회들이 창출될까?

그림 2.4.11 | 더샘 에듀센터에 붙어 있는 안내문

주: 베트남어로 된 안내문도 있지만 안타깝게도 한국어로 된 안내문이 대부분이었다. 이를 통해 더샘 에듀센터는 베트남인보다는 한국인들을 주 대상으로 영업하고 있음을 알 수 있다.

관련 사업의 일환으로 아시아 일대의 대도시 10곳(베이징, 광저우, 마닐라, 선양, 프놈펜 등)을 돌아다니다가 하노이의 시장성이 가장 좋아 보여서 정착하였다. 진입 당시 하노이 도시개발 청사진을 보고 '기회의 땅'이라 생각하였다.

곽은주: 2002년에 하노이에 정착하였다. 하노이 외 지역에는 거주한 적이 없다. 석우종합건설 직원으로 생활 터전이 베트남에 있는 남편과 결혼하면서 하노이로 이주하였다. 나 자신의 경제적 의사가 아닌 남편의 경제적 의사에 전적으로 따르면서, 그리고 여성이 일하기 어려운 하노이 현지의 사정으로 경력 단절을 경험했다.

→ 두 사람 모두 하노이에 정착한 지 10년이 넘었다. 즉, 초창기에 이주했다는 뜻이다. 그런데 이주하기 된 계기는 건설업과 간접적으로 관련이 있다는 점 외에는 대비된다.

Q. 구체적인 거주지와 직업 장소 선택 이유

김백남: 쭝호아는 전통적인 한국인 밀집지대이다. 초기에 미딘에도 잠깐 살았지만 개발이 진행 중인 신도시의 특성상 '많이 비어 보이는 경관'을 개인적으로 선호하지 않아서 다시 쭝호아로 이사하였다. 그리고 사업 활성화가 잘 안되다 보니 미딘보다는 지대가 좀 더 저렴한 쭝호아에 거주하게 되었고, 사업도 쭝호아 지역을 중심으로 운영하고 있다.

곽은주: 별다른 이유는 없다. 단지 석우종합건설의 사무실이 경남랜드마크72 근처에 있고, 현재 더샘 에듀센터가 입주한 곳이 원래는 석우종합건설의 건축 자재 전시장으로 활용되던 공간이었다. 이후 석우종합건설이 이 공간을 더샘 에듀센터에 내주게 되었다. 그리고 미딘은 현재 한국인들이 가장 많이 사는 곳이기도 해서 사업을 꾸리기에 가장 좋은 장소라고 생각하였다.

→ 거주지와 직업 장소는 가까웠다. 아직 하노이 광역권이 제대로 형성되지 않았음을 짐작할 수 있다.

Q. 한국 정부의 교민 지원

김백남: 부족하다. 한국 정부는 너무 경제적인 지원과 투자에만 치중하고 있다. 한인회 등 베트남이 외국인 단체에 우호적이지 않은 상황을 바꾸고 투자 1위 국가의 위상에 걸맞도록 베트남인의 한국 무비자 입국을 전격 허용하여, 베트남 내에 존재하는 한인회의 내실화를 도모해야 한다고 생각한다.

곽은주: 부족하다. 일본 정부는 현지 거류 주민들의 교육을 위해 교과서를 배포하기도 하는데, 한국 정부는 그런 지원이 부족하다. 대사관 직원의 수가 적고 업무량이 많아서 교

민들을 관리하기가 힘들다. 대사관과 베트남 경찰과의 협력도 부족한 실정이다. 따라서 교민들은 '자기의 앞길은 자기가 챙겨야 한다'라는 삶의 방식으로 살아간다.

→ 공통적으로 한국 정부의 교민 지원이 부족하다고 대답하였다.

Q. 생활 전반(언어생활, 문화생활, 식생활 및 주거생활)

김백남: 가족 내에서는 한국어를 사용한다. 사무실 직원들과의 대화는 영어를 주로 사용한다. 베트남어를 열심히 배워야 할 필요성을 느끼지 않는다. 대신 몸짓 등 비언어적 커뮤니케이션이 중요해진다. 하지만 베트남법상 외국인들이 주택 및 건물을 소유하는 게 금지되어 있어, 직접 주택 및 건물 소유자인 베트남인들과 대화해야 하기 때문에 베트남어를 사용하긴 한다. 그리고 문화시설이 전반적으로 부족하며, 기후가 더운 특성상 골프 등 아웃도어 문화생활이 힘들다. 여윳돈이 더 있는 경우에는, 15만 원으로 집안일을 전적으로 맡아 주는 가정부(하우스키퍼 제도)를 고용할 수 있다.

곽은주: 가족 내에서는 한국어를 사용한다. 베트남으로 이주하기 전에는 베트남어를 배우지 않았으며, 베트남에 와서는 책을 통해 간단히 학습한 정도라 현지인과의 전문적인 대화는 어렵다. 물건 구매 등 일상생활에서의 간단한 대화만 가능하다. 오랫동안 주부로 생활하기도 했고, 현재 사업도 베트남인이 아닌 한국인을 주 대상으로 삼고 있기 때문에 고급 베트남어에 대한 필요성이 그다지 높지 않다. 다만 요즘에는 베트남어를 배우고 오는 사례가 늘고 있다고 한다. 문화생활은 보통 하노이 도심으로 놀러 가거나 점심시간에 여유롭게 수다를 떠는 것을 주로 즐긴다. 그리고 교회 같은 종교시설을 통하여 사람들과 교류한다. (전반적으로 곽은주 씨의 생활환경은 김백남 씨에 비해 여유로워 보였고, 실제로도 여유로운 듯하다.)

→ 사업환경에 따라 베트남어 구사 정도가 다르다. 다만 기본 언어는 한국어이며, 영어도 많이 사용하는 편이다. 그리고 문화생활, 식생활 및 주거생활은 서로가 처한 상황(계층적 상황)과 성별에 따라 상이하게 나타나는 듯하다.

Q. 자녀 교육 및 향후 인생 설계

김백남: 자녀 교육에 대한 기본 방침은 '방목'이다. 자신들이 공부의 필요성을 스스로 자각하고 무엇을 하고 싶은지 알아 가야 한다는 뜻이다. 그리고 소위 '국영수'에 치중된 공부보다는 예체능 등 다양한 분야의 공부와 체험활동을 독려한다. 이주할 당시에는 환경의 불확실성 때문에 자녀들을 베트남으로 데리고 오는 것에 대해 주저했다. 현재에도 베트

남 현지 학교보다는 국제학교에 보내는 것을 선호한다. 자녀들이 한국에 돌아가서 대학에 진학하거나 공부하는 것을 반기지는 않고, 이는 자녀들도 마찬가지이다.

곽은주: (김백남 씨와는 달리) 자녀 모두 베트남에서 태어났다. 2000년대 초중반만 하더라도, 한국인들을 위한 교육 인프라가 구축되어 있지 않아서, 알음알음 한국인들끼리 과외를 하거나 학원을 다니는 등 최대한 한국적인 교육환경을 조성하기 위해 노력하였다. 개인적으로 한국을 왕래하면서 자녀 교육을 진행하였다. 국제학교를 선호하며, 현재 운영하는 교육센터에서 추가적인 교육을 하고 있다. 자녀들은 한국에 가서 공부하고자 하는 마음은 있으나 적극적이지 않고, 부모 입장에서는 반기지 않는다.

→ 개인적인 신념 및 고유 성격을 제외하고는 국제학교에 의지하는 등 기본적인 교육 방침은 비슷해 보였다.

Q. 교민 사회 커뮤니티를 바라보는 시선

김백남: 매우 부정적이다. 기본적으로 교민 사회 커뮤니티는 그 존재 자체가 11대 재베트남 하노이한인회장이 한인회 사이트의 인사말에서 언급한 바와 같이 "화합하고 단합하여 상호 아끼고 배려하는 교민 사회"를 만들어 가고, "교민들의 어려움이 무엇인지 필요로 하는 것이 무엇인지를 파악"하는 순수하고 이상적인 방향으로 나아가기보다는, 단지 정치적 행위, 일감 몰아주기, 상호 견제 등으로 범벅되어 있다. '건전한 커뮤니케이션 기반 형성'이 힘든 것이다. 예를 들어 베트남 교민 사회에서는 네이버 밴드 및 카카오톡을 이용하여 같은 아파트 단지 및 동종 사업 운영자들끼리 단톡방을 구성하는데, 정보의 교류가 일어나는 순수한 공간이라기보다는 누군가 자신을 비방하지 않을지 눈치를 보는 공간으로 전락한 것 같다. 그 결과 교민 사회는 분열되었으며, 하노이에만 '하노이한인회' 외에도 2~3개의 한인회가 존재하며 서로 다투고 있다.

곽은주: 부정적이지 않다. 비교적 생업 일선에서 떨어진 편이며, 이후 추진하는 사업 또한 영리사업이지만 CSR의 일환이라서, 교민 사회 커뮤니티가 딱히 문제점을 일으키고 있다고 생각하지 않는다. 그리고 SNS 단톡방이 적절히 활성화되었다고 보고, 이를 적극적으로 이용하여 '더샘 에듀센터'의 프로그램을 홍보하는 수단으로 활용하고 있다. 다만 간혹 교민 사회 네트워크의 구심점을 하는 한인회의 업무가 원활하게 작동하지 않아서 곤란한 상황에 처했던 한국인들을 목격한 경험이 있고, 교민 사회 커뮤니티가 한국인 수에 비해 규모가 작다고 생각한다. 그래도 최근에는 교민 사회가 양적·질적으로 팽창하고

있으며, 앞으로 더 좋아질 것이라고 생각한다.

→ 아마도 두 사람의 시선 차이가 매우 극명히 드러나는 부분일 것이다. 교민 사회 커뮤니티를 바라보는 시선이 매우 판이하다. 정확히 말하면 김백남 씨의 관점은 '처절한 생존의 투쟁 및 정치적 모략' 속에서 생성된 자연스러운 관점인 데 비해, 곽은주 씨는 비교적 멀찍이 떨어진 곳에서 밖을 보며 세계를 좋은 곳으로 바라본다고 할 수 있다.

Q. 향후 한국인들의 이주 성공 가능성

김백남: 성공 가능성이 낮다. 예를 들어 식당 300개 중에서는 10개가, 공공기관 200개 중에서는 50개가 성공할 정도로 성공률이 낮다. 전반적인 성공률이 10%가 안 된다. 내가 현재 몸담고 있는 부동산업에서도 40개 중에서 2~3개만 풍족히 살아가고, 나머지 업자들은 근근이 생계를 이어 간다. 어떤 이들은 "대학 등록금도 내기 힘들다"라고도 토로한다. 그럼에도 경제적 기회의 증대 때문에 이주 수요는 계속 있을 것이다.

곽은주: 포화 상태이지만, 베트남으로 이주하는 것을 말리지는 않을 것이며, 성공할 가능성도 어느 정도 있다. 다만 충분한 지원이 필요하며, 즉각적으로 베트남으로 와서 올인하는 것이 아니라 자기가 하는 직업 및 사업의 추진상황에 따라서 이주 확정 여부를 결정해야 한다.

→ 교민 사회 커뮤니티를 바라보는 시선과 비슷하게 한국인들의 이주 성공 가능성을 바라보는 관점도 상이하다.

인터뷰 내용으로 도출한 내용 및 소결론

일반적으로 재외동포를 생각하면, 모두가 동일한 속성을 가진 사람들로 바라보는 경향이 강하다. 하지만 잘 생각해 보면, 애초에 한국에서의 사회적 계층이 같다는 보장이 없으며, 비슷한 계층의 사람도 베트남에 가서 본인 인생의 여정에 따라 그 결과는 달라지기 마련이다. 즉, 그 속에서도 엄연한 계층 분화가 일어나고 있다. 그리고 자신의 개인적 경험에 따라 세상을 바라보는 인식 차이가 크다는 사실을 알게 되었다.

현재 한국인들의 이주는 문제 상황에 직면해 있다. 가장 큰 문제는 건전한 커뮤니티가 형성되어 있지 않다는 점이다. 커뮤니티는 분명히 존재하나, 커뮤니티 간 혹은 커뮤니티

내 구성원 간의 정확한 관계를 규명하기가 쉽지 않다. 즉, 구성하는 요소들 간의 갈등이 많다. 예를 들어 현지 적응이나 현지에서 사업적으로 실패한 사람들은 주재원들 및 다른 한국인들에게 피해의식을 갖기 쉽다. 이런 사람들이 많아질수록 '다른 한국인들을 속여서 이를 발판으로 재기하려는 의향'이 증가한다. 이처럼 모래알 같은 커뮤니티의 방향을 설정하고 발전시키기란 쉽지 않다. 결국 이해관계가 상충하기 때문에 건전한 커뮤니티의 형성이 어렵다.

물론 비공식적인 모임에서 업종은 다르더라도, 취미나 고향, 나이가 비슷한 사람들 간의 만남은 많을 것이다. 문제는 구성원들이 꾸준히 남아서 활동하는 모임을 찾기가 쉽지 않다는 점이다. 김백남 씨의 말에 따르면 30% 정도만이 꾸준히 활동한다고 한다.

그리고 카톡방이나 인터넷 카페로 구성된 커뮤니티의 경우에도, 순수한 목적으로 정보를 교류하기보다는 '사기를 치려는 의도'로 다른 사람들에게 접근하는 느낌이 많다고 한다. 다수의 한국인들이 정착에 실패했는데, 다른 사람들에게 한없이 우호적일 수는 없을 것이다. 이러한 장애요소가 베트남에서의 네트워크 형성을 방해하는 장애물이 되고 있다.

그러나 더샘 에듀센터와 같이 한국인들을 보조하는 시설이 등장하고, 이 외에도 자생적이고 자발적인 조직 및 공동체가 생겨나고 있다. 그리고 상당수의 한국인들 사이에서는 순수하게 우호적인 분위기가 형성되어 있다고도 한다. 전반적으로 아직은 한국인 이주 역사가 짧기 때문에 안정되지 않은 상태로 나타나는 과도기적 현상으로 보인다.

그리고 베트남에 거주하는 한국인들의 업종 분야 및 거래 대상자가 지나치게 한국인들로 국한되어 있다. 물론 건설업이나 제조업 등 대부분은 현지 주민을 대상으로 운영한다. 하지만 이런 사업을 영위하는 사람들도 일상생활에서는 한국인들의 비중이 더 큰 경우가 많다. 이는 비단 김백남 씨와 곽은주 씨뿐만 아니라, 두 사람의 인터뷰에서도 유추할 수 있듯이 다른 사람의 삶 또한 비슷한 경우가 많다. 즉, 베트남 내에 적극적으로 동화되어 살기보다는 '자신들만의 성'을 구축하여 산다는 점이다. 이 현상이 극대화된 사례 중 하나로, 경남랜드마크72를 구성하는 주거 건물 전체 900여 세대 중에 700여 세대가 한국인이라고 한

다.[11]

또한 주목할 점은 이주민들이 대도시에 지나치게 많이 거주한다는 것이다. 호찌민에는 61,498명이, 하노이에는 31,000명이 거주하여 전체의 85%가량이 대도시 두 곳에 거주한다. 대도시 두 곳의 인구 비율이 전체 베트남에서 20%에도 미치지 못한다는 사실로 미뤄 볼 때 한국인들이 대도시에 집중적으로 거주한다는 사실을 알 수 있다. 사실 이것은 어쩔 수 없는데, 일본의 경우에도 한국인들을 포함한 외국인들은 도쿄 및 오사카 등 대도시를 중심으로 많이 거주하며, 미국의 경우도 마찬가지이다. 보통 외국인들은 그 나라에서 '외국과 통하는 지점'을 중심[12]으로 유입되며, 먼저 이곳을 근간으로 삼았다가 점차 퍼지기 때문이다. 그리고 베트남은 서방 세계와 전면 수교를 한 지 30여 년도 안 되었기 때문에, 외국인들의 거점이 그만큼 취약하다. 따라서 비슷한 규모의 다른 국가에 비해 대도시 집중 현상이 더욱 심할 것이다. 결혼 또한 아직 역사가 짧긴 하지만, 현지 주민들과의 결혼 빈도가 무척 적은 점도 한 요인으로 판단된다. 향후 한국인들의 저변이 넓어지려면 베트남인들과의 교류가 확대되어야 한다고 생각한다.

안타깝게도 인터뷰 대상자가 2명에 불과하여 한국인 사회의 전반적인 모습을 그리기에 한계가 있었다. 하지만 두 사람의 입장 및 상황 차이가 드러난다는 점에서 제한된 분량의 인터뷰 내용으로도 상당히 충분한 정보를 이끌어 낼 수 있었다.

마치며

현재 베트남에 살고 있는 한국인의 규모는 전체 국가 중에서 10위권 안에 포함된다. 더군다나 일본, 중앙아시아 일대 고려인 등에서 재외동포 수가 줄어들거나 정체 중이고 미국,

11) 곽은주 씨의 발언에서 인용하였다.

12) 대개 이런 곳은 한 나라의 수도이거나 대도시이다. 인접국과 교류가 많은 나라는 국경 지역에 외국인이 많다.

중국 내 재외동포의 증가 속도가 둔화된 것에 비해, 베트남에서의 한국인 수는 빠른 속도로 증가하고 있다. 전통적으로 동남아시아 일대에서 가장 많았던 필리핀을 제치고 베트남이 1위로 올라섰다.

이로 인해서 베트남으로 이주한 한국인 사이에는 자연스럽게 네트워크 형성이 진행 중인 상태였으며 면담 및 사전 조사에서도 이를 발견할 수 있었다. 예를 들면 면담 내용에서 교회를 통한 교류가 있다는 사실을 바탕으로 종교 등의 공통점을 통해 개개인 간의 네트워크가 형성되고 있음을 알 수 있었다. 동시에 베트남으로 건너온 이주민들은 그들 사이에 만남의 장이 부족하다는 등의 문제를 실감하고, 이를 스스로 해소하기 위한 노력을 기울이고 있었다. 문화시설의 부재를 체감하여 이주민이 설립한 문화센터, 공동 자선행사 등이 그 예이다. 이러한 시설들이 자체적으로 성장하고 있음을 통해서 베트남 내에 한국인 이주민들의 네트워크가 지속적으로 발전하고 있는 추세라는 것을 엿볼 수 있었다.

하지만 네트워크의 형성에 장애물 또한 면담을 통해 확인할 수 있었다. 영주권 제도가 매우 까다로워 현재 0명을 기록하고 있는 영주권자의 수, 2명에 불과한 시민권자의 수, 그리고 사업상의 이유로 체류하는 사람의 수가 많은 베트남의 특성상 안정적인 커뮤니티 구축이 어려울 것으로 보인다. 베트남 현지 이주민들은 이에 대해 공통적으로 개인의 차원을 넘어선 공동체적 해답이 필요하다고 보고 있다. 물론 민간 차원의 한인회, 정부 차원의 대사관 등이 이미 존재하지만 베트남 현지의 응답자는 이들이 모두 충분히 기능하지 못한다고 답하였다. 이주민이 사회에 정착하기 위한 교과서 배부 등과 같이 제도적 지원, 한국인 커뮤니티의 소속감 형성을 위한 지원 등 다양한 수요가 나타나는 상황이다. 하지만 한인회는 대사관의 소관이라고 하며 문제를 회피하고, 대사관은 업무 과다로 이런 일은 신경쓰지 못한다며 충분한 지원이 이루어지지 못하고 있다. 이주민의 정착 실패는 이들이 속한 네트워크의 구성원 이탈뿐만 아니라 불신과 네트워크 자체의 붕괴를 촉발할 수 있다. 따라서 앞으로 성장하는 한국인 네트워크에 맞추어 거시적 차원의 활동이 가능한 단체 및 정부의 역할에 발전이 필요할 것으로 보인다.

▷ 참고 자료

베트남 영주권 제도

1. 국가명: 베트남사회주의공화국

2. 명칭: Permanent Residence Status

3. 형태: 카드(종이)

4. 유효기간: 10년(10년마다 갱신)

5. 신청자격 및 취득조건

- 신청자격
  - 베트남 조국 건설 및 보호에 공헌한 자 및 정부 훈포장 수여자
  - 베트남에 임시 거주 중인 과학자 또는 전문가
  - 베트남에 거주 중인 베트남 국민의 배우자, 자녀, 부모
  - 2000년 이전부터 베트남에 임시 거주 중인 무국적자
- 취득조건
  - 베트남 내 합법적 거주지 및 안정적 생활을 영위하는 자
  - 과학자 및 전문가의 경우 관련 장관, 기관장 등으로부터의 추천서
  - 베트남 국민의 가족의 경우 3년 이상의 베트남 거주

6. 수속절차

- 출입국관리국에 신청서 제출 → 공안부 장관 결정(최대 4개월 소요, 2개월 연장 가능) → 출입국관리국이 지역 관할 공안에 결과 통보 → 관할 공안이 신청자에게 서면 통보 → 영주권 카드 수령(3개월 내)
- 필요서류
  - 신청서, 범죄경력증명(한국), 대사관 공한, 여권 사본, 영주권 취득조건 입증서류, 베트남 가족 보증서

7. 효력상실사유(취소사유): 해당사항 없음

8. 부활 제도: 해당사항 없음

9. 포기 제도: 영주권 카드 반납(타국에 영주 목적으로 출국 시)

10. 신청기관 및 홈페이지: http://vnimm.gov.vn

11. 기타사항(최근 변동사항 및 특기사항): 영주권 유효기간 연장(3년→10년)

References

▷ 논문(학위논문, 학술지)

- 응웬 티 미 유엔(Nguyễn Thị Mỹ Duyên), 2012, "베트남 호찌민시의 해외 이주민과 그들의 생활공간 형성 및 이용실태", 창원대학교 대학원 석사학위논문.
- 전형권, 2008, "국제이주에 대한 이론적 재검토: 디아스포라 현상의 통합모형 접근", 한국동북아논총, 49, 259-284.
- 채수홍, 2005, "호찌민 한국인사회의 사회경제적 분화와 정체성의 정치학", 비교문화연구, 11(2), 103-142.
- 채수홍, 2007, "귀환 베트남 이주노동자의 삶과 동아시아 인적 교류", 비교문화연구, 13(2), 5-39.

▷ 보고서

- 국제이주기구, 2011, 이주용어사전.
- 외교부, 2015, 재외동포현황 2015.

▷ 언론 보도 및 인터넷 자료

- 아시아경제, 2008.08.24., "한국 외국인 노동자비율 OECD 최저".
- KOTRA, https://www.kotra.or.kr

Chapter 03

GEO-INSIGHT ON ECONOMIC ACTIVITIES

1

하노이와 경제지리: 한국–베트남 교류의 핵심, 베트남 북부의 경제 (교류의 대표 사례, 삼성전자 박닌성 공장을 가다)

이민재 · 양재석 · 진예린 · 김예진 · 송정우 & Bui Thi Thu Trang · Vu To Quynh

교통과 통신기술의 발달로 세계는 점차 좁아지고 있다. 2시간 만에 서울과 부산을 연결하는 KTX는 한국 사회를 반나절 생활권으로 변화시켰고 우리는 전 세계 어느 곳이든 하루면 닿을 수 있게 되었다. 지구 반대편의 누군가와 실시간으로 이야기를 나눌 수도 있다. 이러한 현상을 두고 많은 학자들은 진정한 지구촌 사회를 경험하는 시대가 도래했다고 말한다. 세계가 점점 더 좁아져 상대적 거리는 줄어들고 전 세계에 지리적 위치로 인한 차이는 없어질 것이라 예측하기도 한다. 다시 말해 '지리의 소멸'이 올 수도 있다는 이야기이다. 지리학을 공부하는 학생들로서 매우 반갑지 않은 예측이다.

그런데 과연 교통통신기술의 발달로 인해 전 지구의 지리적 위치의 차별성은 사라지는 것일까? 다행히도 많은 지리학자들은 세계가 좁아지고 국가 간 교류가 늘어난다고 하더라도, 지리학에서 논하는 개념인 입지와 거리, 공간 등의 중요성은 줄어지지 않고 오히려 늘어날 것이라고 주장하고 있다.

한국–베트남 교류 증가로 높아지는 베트남 북부의 경제지리학적 중요성은 이와 같은 지리학자들의 주장을 뒷받침하는 사례 중 하나이다. 최근 베트남은 풍부한 노동력과 낮은 임금 수준, 그리고 공산주의 영향으로 일정 교육 수준이 보장된다는 장점을 앞세워, 1986년 도이머이 정책 이후로 많은 국가로부터 해외직접투자를 받았다. 그 가운데 한국은 연간 1

억 달러 규모에 달하는 한국 정부의 지원을 기반으로, 대베트남 투자 1위국에 등극했다.

한국이 베트남과 경제협력을 강화한 배경은 경제지리학적인 개념인 '신국제분업NIDL: New International Division of Labor'으로 설명할 수 있다. 한 산업 내에서 개별 기업들이 입지에 따라 작업과 직업을 특화하는 공간분업의 한 형태를 경제지리학에서는 '산업부문 내 분업Intra-Sectoral Division of Labor'이라고 칭한다. 이러한 방식으로 공간분업이 발생하는 이유는 기업의 규모가 성장함에 따라 상이한 입지요소를 제공하는 서로 다른 지역에 서로 다른 기능을 수평적으로 배치하는 것이 효율적이기 때문이다. 예컨대 낮은 가격으로 다량의 생산 원료를 공급받을 수 있는 지역에는 생산 기능을 두고, 최첨단기술을 개발할 수 있는 고학력 개발자들을 다수 고용할 수 있는 지역에는 기업의 R&D 기능을 두는 것이다. '신국제분업'은 이러한 '산업부문 내 분업'이 다국적 기업에 의해 국제적으로 확대되는 경우를 가리킨다. 일반적으로 고부가가치를 창출하는 관리·통제, R&D 기능은 다국적 기업의 근거지에 입지하며, 상대적으로 저부가가치를 창출하는 생산 기능은 값싼 노동력을 제공할 수 있는 지역으로 입지한다.[1)] 이를 베트남 북부의 상황에 대입하면, 한국의 다국적 기업들이 관리·통제, R&D 기능은 한국에 배치하되 생산 기능은 노동력이 밀집한 베트남 북부에 배치하는 국제적인 분업을 진행한다는 이야기이다.

본 경제지리 조는 한국과 베트남의 경제 교류가 가장 활발히 이루어지는 베트남 북부 지역의 경제지리를 느껴 보고자 했다. 베트남의 경제는 어떻게 발전하였고 한국과 베트남은 어떻게 가까운 나라가 될 수 있었는지, 또 베트남 북부는 어떤 지리적 강점을 가졌는지 궁금했다. 이를 알아보기 위해 하노이 시내 남서쪽 참빛빌딩Charmvit Building에 위치한 KOTRA 하노이무역관을 방문해 인터뷰를 진행했다. 그리고 베트남 북부에서 일어나는 신국제분업이 가장 큰 규모로 가시화된 사례로 삼성전자 박닌성Bắc Ninh 공장을 방문하여 베트남 전 대사분, 삼성전자 상무분의 설명과 함께 공장을 직접 탐방하는 기회를 가졌다. 한

1) Hayter R., 1997, The Dynamics of Industrial Location: The Factory, the Firm and the Production System, Chichester: Wiley, pp.27-29.

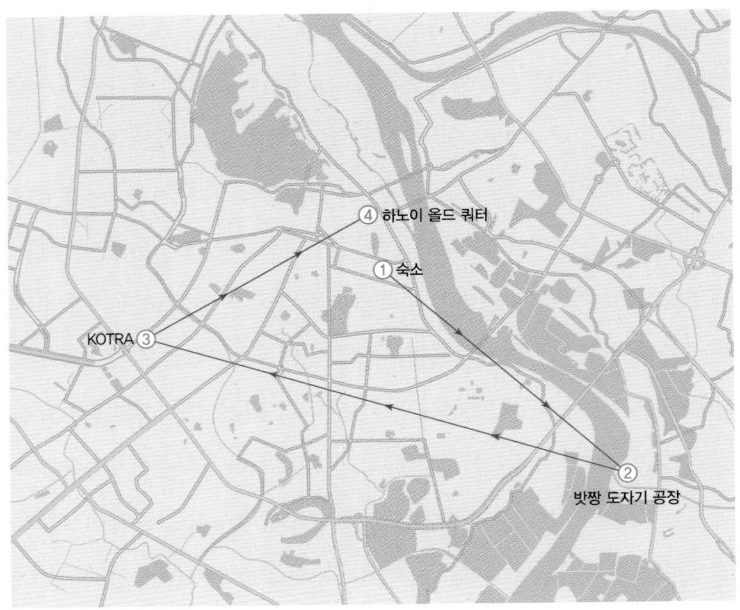

그림 3.1.1 | 답사 경로
주: 박닌성 공장은 전체 답사 인원과 별도 방문

편, 하노이의 전통 기업에 대한 탐방도 놓칠 수 없어, 시내 인근에 위치한 밧짱Bát Tràng 도자기 마을도 답사했다. 우리 스스로가 기획한 주제를 바탕으로 얻은 소중한 경험과 느낀 바를 이 책을 통해 공유해 보고자 한다.

베트남의 경제 개괄

베트남은 1986년 도이머이 정책 이후로 개혁, 개방을 추진해 왔으며, 현재 공산당의 지휘 아래 '사회주의 지향의 시장경제체제'를 추구하고 있다. 베트남 정부는 2007년 세계무역기구WTO에 가입하고, 2015년에는 환태평양경제동반자협정TPP에 참여하였다. 이후 대한민국, EU와 FTA를 타결하는 등 적극적인 대외 무역 개방을 지속하고 있다. 2015년 기준 베트남의 1인당 국민소득은 2,111달러 정도로 상당히 낮은 편이나, 9,170만 명에 달하는 인

그림 3.1.2 | 베트남의 풍부한 노동력을 잘 보여 주는 하노이의 출근길
출처: Dragfyre_Wikimedia Commons

구로 인해 총 GDP는 193조 달러 정도로 세계 47위에 올라 있다.2)

풍부한 노동력과 낮은 임금 수준, 그리고 공산주의의 영향으로 일정 교육 수준이 보장된다는 장점으로 인해 십여 년 전부터 베트남에 해외직접투자가 집중되어 왔다. 1988년부터 2016년 상반기까지 총 2,929억 달러에 이르는 외국인 투자가 이루어졌다. 투자의 대부분을 차지하는 것은 수출용 제조업 생산공장들이다. 2015년 기준으로 한국은 삼성, LG 등 수많은 기업들이 베트남에 진출하며 총 485.1억 달러를 투자해 대베트남 투자 1위국의 자리를 지키고 있다.

베트남 경제지표를 살펴보면 국가 경제가 수출과 수입에 크게 의존하는 경향이 나타난다. 제조업 생산공장이 많기 때문에 부품 원료를 수입하고 생산품을 도로 수출하는 식의 무역이 큰 비중을 차지하기 때문이다. 베트남 GDP 대비 수출 비중은 무려 83.8%에 달하며, 수입 역시 비슷한 수준에 이른다. 베트남에서 생산해 수출하는 대표적인 품목은 전화

2) 세계은행, 2015, "World Bank Open Data, Vietnam", data.worldbank.org.

기 및 부품, 섬유 및 의류, 컴퓨터, 전자제품, 신발 등이다.

풍부한 노동력과 다른 동남아 국가들에 비해 비교적 경직적인 임금 상승률, 그리고 거대한 소비시장으로 베트남의 성장 가능성은 무척 높게 평가된다. 각종 원조와 해외 기업들의 투자로 충분한 자본을 공급받은 베트남은 고도성장으로 나아갈 수 있는 유리한 고지를 선점했다고 볼 수 있다. 거기에다 베트남 사람들은 전반적인 소비 성향(전체 수입 대비 소비 비율)이 높아 내수시장을 잘 뒷받침한다는 점 역시 매력적이다. 실제로 베트남은 세계 금융위기 이후 꾸준히 5~7%대의 높은 성장률을 보이고 있다. 현재 베트남 정부는 경제성장 가속화를 위해 산업기반을 확충하고 자체적으로 기술력과 세계시장에서 경쟁력을 가진 기업을 육성하기 위해 많은 노력을 기울이고 있다.

대한민국과 베트남, 얼마나 가까울까?

동북아시아 끝자락에 위치한 우리나라와 인도차이나반도의 서쪽에 자리한 베트남은 지리적으로는 상당히 떨어져 있다. 역사책에 단골로 등장하는 중국이나 일본에 비해 우리에게 덜 친숙한 국가이기도 하다. 그러나 흥미롭게도 한국과 베트남은 문화적으로 많은 것을 공유하고 있으며 최근에 들어 경제적으로도 그 어느 때보다 가까워지고 있는 추세이다.

현재 한국과 베트남은 유례가 없는 경제 파트너이다. 베트남은 한국 기업들의 주요 생산기지 역할을 하고 있다. 한국의 기업들은 베트남에 양질의 일자리를 창출하였고, 한국 정부는 대규모의 국제원조를 제공하고 있다. 한국은 베트남에 투자를 가장 많이 한 국가이며, 삼성과 LG 그리고 그 하청업체들의 총생산액은 베트남 전체 GDP의 20%가 넘을 정도이다. 한국과 베트남의 교역은 해마다 빠른 속도로 늘어 한국의 베트남 수출은 227억 달러, 베트남에서 수입하는 규모는 98억 달러에 이른다. 대한민국은 베트남의 4대 수출국이자 2대 수입국이고, 베트남은 대한민국의 3대 수출국이자 8대 수입국이다.[3] 세계 무역시장의 큰손인 중국과 미국을 제외하면 한국과 베트남은 사실상 서로에게 가장 긴밀한 무역 파트

너인 셈이다. 교역뿐만 아니라 많은 한국 기업들이 베트남 정부가 시행하는 도로, 철도 등의 인프라사업, 건축사업 등을 맡아 진행하고 있다.

한국과 베트남은 문화적으로도 많이 닮았다. 우선 양 국가 모두 뿌리 깊은 유교 문화권이다. '효'로 대표되는 유교적 가족관이 보편적이며 한국의 '정'이나 중국의 '꽌시'와 비슷한 '꽌해'라고 하는 인간관계 중심의 문화가 발달했다. 두 나라 모두 교육열이 대단하다는 공통점이 있고 논농사나 젓가락 사용 등 생활 양식도 비슷하다. 이 때문에 베트남에 거주하는 한국 주재원들이나 교민들은 베트남에 쉽게 적응하며, 이곳에서의 삶에 매우 만족하는 경우가 많다고 한다. 상당수의 주재원들이 한국으로 다시 발령이 나면 이직이나 창업을 해 베트남에 눌러앉는 선택을 할 정도라고 하니 말이다. 마찬가지로 여러 국제결혼 사례 중에서도 특히 많은 베트남 이주여성들이 한국에서 결혼을 하고 가정을 꾸린 것을 보면 이와 같은 양국 간의 강한 문화적 유사성을 다시금 확인할 수 있다.

베트남 사람들이 한국에 대해 갖고 있는 이미지는 아주 좋은 편이다. 문화적 유사성과 더불어 아시아에서 큰 인기를 끈 케이팝, 경제원조사업(대한민국은 해외원조의 16~17% 가량을 베트남에 집중하고 있다) 등으로 인해 베트남 사람들은 한국에 대해 대체로 호감을 가지고 있다. 이러한 한국과 한국인에 대한 긍정적인 이미지는 최근 베트남 소비시장으로의 진출을 준비 중인 한국 기업들에게 매우 유리한 조건이다. 베트남 정부 역시 한국에 대해 좋은 감정을 가지고 있다. 베트남은 최근 몇 년 동안 한국의 몇 배에 달하는 원조를 제공한 일본보다 한국을 더 선호한다고 한다. 나아가 베트남 정부는 한국의 경제 발전 모델을 받아들여 성장을 꾀하고 있다. 북미, 유럽 국가들 혹은 이미 서구화가 높은 수준으로 진행된 일본에 비해 한국이 베트남과 문화적으로 유사해 베트남 정부와의 협력도 순조롭다. 이에 더해 과거 권위주의 정권을 경험해 본 한국 기업들이 국가 주도형 경제성장을 추구하는 베트남 정부와의 소통에 쏠쏠한 노하우를 발휘하고 있는 측면도 있다.

3) KOTRA, 2016, "베트남 경제·투자동향 및 진출환경".

베트남 북부 지역의 경제 발전 역사와 산업 현황

베트남의 지도를 보았을 때 한눈에 들어오는 특징은 영토가 남북으로 아주 길다는 점이다. 남쪽 끝과 북쪽 끝이 무려 약 1,650km나 떨어져 있어 남부 지방과 북부 지방은 서로 다른 문화가 발달했다. 북부는 중국 문화권의 영향을 크게 받은 반면, 남부는 참파, 크메르와 같은 동남아시아 문화권과의 교류가 잦았기 때문이다. 또한 남부는 제국주의 시대에 서구 열강들의 진출에 더 직접적인 영향을 받았으며, 20여 년에 걸친 남북 분단으로 정치체제가 갈라졌고 경제 발전의 양상도 달라졌다.

전통적으로 베트남 경제의 중심지는 남부의 호찌민시였다. 베트남 정부의 경제개방 정책인 도이머이 정책 이후 해외 기업들은 다른 지역에 비해 비교적 시장경제 경험이 있고 경제가 더 발전한 편인 호찌민을 중심으로 한 남부 지역에 입지하는 것을 선호했다. 따라서 초기 해외직접투자는 남부 지역에 집중되었다. 그로 인해 하노이와 인근 북부 지역은 남부 중심에 비해 경제적으로 낙후되었다. 2000년대 들어 베트남 정부는 북부 지방을 개발하기 위한 균형개발 정책을 실시하였다. 지방 정부들도 경쟁적으로 세금 감면, 토지 무상 제공 등의 혜택을 제시하며 해외 기업 유치에 나서면서 북부 지역의 경제는 상당 부분 개발이 진행 중이다. 그러나 2014년 기준으로 하노이시의 1인당 GDP는 3,000달러에 불과하여[4] 5,000달러 정도인 호찌민시에 비해 아직 꽤 낮은 수준이다.[5]

베트남 북부의 지역별 주요 산업을 살펴보면, 우선 하노이는 베트남의 수도로서 이전부터 소규모의 공업과 상업이 분야별로 고르게 발달한 모습이 나타나며 근교 농업도 이루어지고 있다. 최근에는 하노이시 외곽 지역에 외국 기업들의 대규모 산업 단지가 몰리고 있다. 하노이의 남쪽에 위치한 남딘Nam Định은 전통적으로 섬유산업이 발달한 도시로, 그 외

4) Asia Plus, 2016.12.11., "THE FACT ABOUT VIETNAM BUSINESS", http://www.asia-plus.net [2016.12.11.]

5) TUOI RE NEWS, 2014.12.19., "HCMC's per capita income reaches over $5,100 as GDP growth edges up".

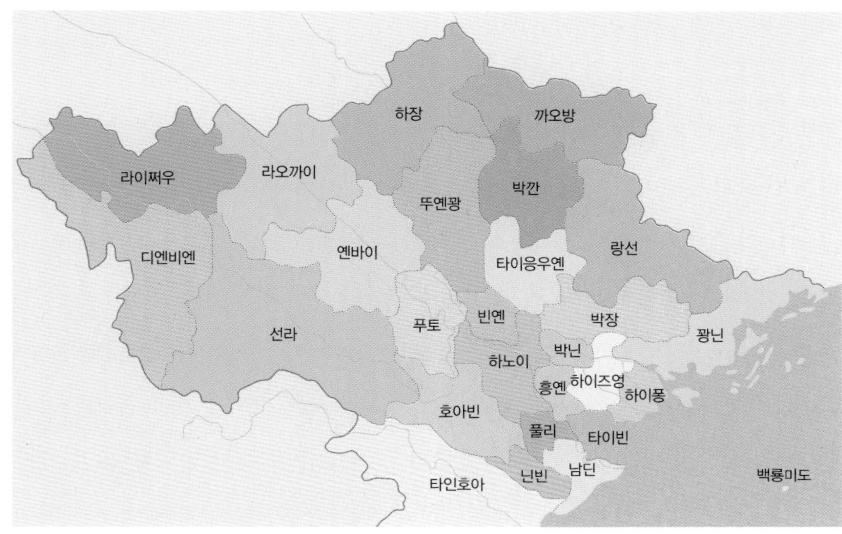

그림 3.1.3 | 베트남 북부 지도
출처: northern-vietnam.com

에도 기계업, 제조업 등 다양한 공장이 입지해 있다.6) 북부 삼림지대에는 예전부터 임가공 산업이 발달했으며 주로 항구 도시 하이퐁Hải Phòng을 통해 수출되었다. 베트남을 세계 조선 5대 강국으로 만든 조선업이 하이퐁과 인근 항구 도시들에 발달해 있다.7) 그리고 산간 지역의 열악한 교통 인프라에도 불구하고 하노이 북동쪽의 랑선Lạng Sơn, 북서쪽의 라오까이Lào Cai와 같은 국경 지역들을 통해 중국과의 국경 무역이 활발하게 전개되어 왔다.8) 1차 산업의 경우 남부의 비옥한 메콩 델타 지역에 비해서는 규모가 작으나 베트남 북부 삼각주의 남딘을 중심으로 한 농산물 생산이 많고, 하노이 주변 지역에서는 여느 대도시와 마찬가지로 근교 농업이 발달해 있다. 또한 북부 해안지대에서는 수출용 새우 양식업이 이루어진다.

6) 장준섭, 2014.03., "[경제풀이] 베트남 경제 이야기", 하노이한인회 소식지.
7) 박동욱, 2009.04.14., 베트남 세계 5대 조선강국의 허와 실, KOTRA 하노이무역관
8) 장준섭, 2014.03., "[경제풀이] 베트남 경제 이야기", 하노이한인회 소식지.

한국–베트남 경제 교류의 핵심, 베트남 북부

베트남은 비교적 잘 갖추어진 인적자원을 매우 저렴한 비용에 구할 수 있다는 강점을 바탕으로 최근 몇 년간 다국적 기업을 주축으로 한 해외직접투자의 핵심 지역으로 주목받았다. 경제 발전 초기에는 호찌민으로 대표되는 베트남 남부 지역을 중심으로 해외직접투자가 집중되었으나 최근 몇 년간 눈에 띄게 투자가 증가한 곳은 하노이를 중심으로 한 북부 지역이다. 현재 해외직접투자의 무려 70.6%가 북부 지역을 대상으로 이루어지고 있다.9)

특히 이러한 베트남 북부 지역의 투자 흐름을 주도하는 국가가 바로 우리나라인 점을 고려하면, 이 지역이 한국과 베트남의 경제적 대외 교류의 핵심 열쇠를 쥐고 있는 지역이라는 것을 쉽게 알 수 있다. 박닌성, 하이퐁시, 타이응우옌성 등과 같이 하노이에서 약 100km 이내 반경에 위치한 지방성들에 한국기업들의 진출이 눈에 띄게 증가하는 추세이다.10)

낙후 지역이었던 베트남 북부 지역으로 한국 기업들의 투자가 몰리게 된 이유는 무엇일까. 가장 먼저 중국과의 지리적 인접성을 들 수 있다. 한국의 최대 교역국이며 거대 시장을 가지고 있는 중국에 대한 한국 기업의 의존도는 아주 높은 편이다. 따라서 기업의 생산기지를 건설할 때 중국과의 거리는 매우 중요한 요소이다. 그런데 남북으로 길게 뻗은 영토 때문에 베트남 남부에서 중국까지 오가는 것은 매우 어렵다. 이뿐만 아니라, 베트남의 육로교통은 대규모 물류 이동을 효율적으로 해낼 수 있을 만큼 고도로 발전하지 않았다. 따라서 대중국 물류 이동의 거점지로 남부 지역은 큰 이점이 없다. 이에 반해 베트남 북부에서 중국은 훨씬 가깝기 때문에 공장에서 생산한 제품을 중국 시장으로 운송하거나 중국으로부터 부자재를 공급받기에 보다 유리하다. 일례로, 베트남 북부 박닌성에 스마트폰 공장을 건설한 삼성전자가 이곳을 낙점한 이유 중 하나도

9) KOTRA, 2016.09.29. "베트남 경제·투자동향 및 진출환경".

10) KOTRA, 앞의 보고서.

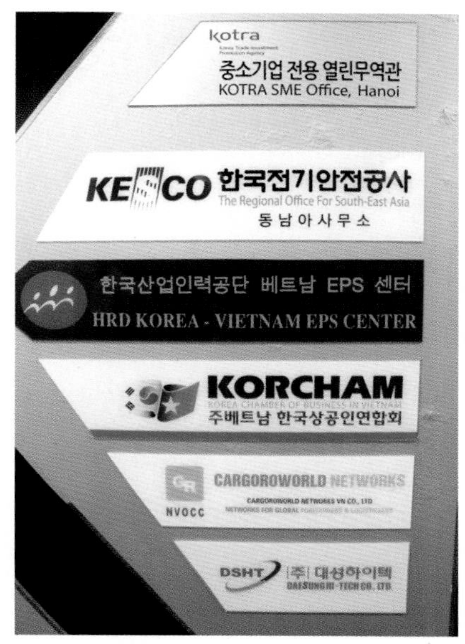

그림 3.1.4 | 참빛빌딩에 입주한 한국 기업과 사무소들

중국으로부터 부품을 받기 용이하기 때문이었다.

한편, 경제개방 이후 일찍부터 외국인 투자가 활발히 진행되었던 남부 지역에서는 이미 많은 다국적 기업이 진출해 있어 경쟁이 치열하고 우리나라 기업이 이 지역에서 절대 우위를 점하기 어렵다. 그러나 상대적으로 외국자본 유입이 뒤늦게 이루어진 북부 지역에서는 한국 기업이 선도자 역할을 하며 지역총생산에서 압도적으로 큰 비중을 차지한다. 이와 더불어 베트남 정부의 지원도 중요한 요인이다. 베트남 정부의 국토 균형개발 정책과 함께 북부 지역 지방 정부들도 경쟁적으로 다국적 기업의 생산공장을 유치하고자 시도하고 있다. 이에 따라 해외 기업이 지역에 투자할 경우 일정 기간 동안 무상으로 공장 부지를 이용할 수 있도록 허가하거나 관세 혜택을 부여하는 등의 다양한 지원을 아끼지 않고 있다. 일례로 삼성공장이 박닌성에 생산기지를 건설하기로 계약을 체결할 당시, 투자를 조건으로 베트남 정부 측에서 공장에서 공항까지 직행으로 도달할 수 있는 고속도로를 건설한 바 있다.

한국이 세계 해외직접투자 규모와 비중에서 1위를 차지하는 국가는 베트남이 유일하다. 2011년부터 2016년 6월까지 전체 해외직접투자 누계로 한국은 베트남에 약 485억 달러를 투자했다. 한국을 뒤이어 가장 많은 투자를 해 온 일본은 같은 기간 동안 약 398억 달러를 투자했다. 그중에서도 베트남 북부 지역만을 대상으로 투입된 자본을 추산하면 2016년 상반기 동안 한국의 베트남 투자 규모는 약 40억 달러를 기록했고 이는 전체 외국인 투자 중 35.3%를 점하는 수치이다.[11] 하노이 인근의 베트남 북부 지방성들 중에서도 우리나라 기업들의 최대 진출 지역은 지난 2008년 완공한 삼성전자 스마트폰 최대 수출기지인 옌퐁

공장을 비롯해 약 480여 개 한국 기업이 입지한 박닌성이다. 박닌성에 그간 투입된 자본은 60억 달러를 넘어섰다.12)

삼성 박닌성 공장을 다녀오다

먼 타국 베트남에서 'SAMSUNG'이라는 로고가 큼지막하게 박혀 있는 거대한 공장을 만나니 굉장히 반가웠다. 공장 안에는 여유로운 부지에 널찍한 거리를 두고 몇 개의 공장 건물들이 세워져 있었다. 삼엄한(?) 경비 속에 버스가 입구를 통과할 때부터 공장의 분위기는 압도적이었다. 부지의 주변 지역은 시내와 동떨어져 있어 굉장히 한적했는데, 건너편에 초코파이를 생산하는 오리온 공장이 있는 모습이 인상 깊었다. 이 지역은 베트남 정부가 전략적 산업 단지로 지정한 곳으로, 앞으로 삼성과 오리온을 넘어서 이곳에 자리 잡는 한국 기업의 수와 규모는 더욱 커질 것으로 보인다.

공장을 구경하기에 앞서 삼성공장에 대한 설명을 듣기 위해 대형 회의실에 50명이 넘는 지리학과 사람들과 삼성 관계자들이 둘러앉았다. 감사하게도 우리 일행에게는 임원들이 직접 설명을 진행해 주셨다.

2008년 삼성은 하노이 인근 박닌성에 SEVSamsung Electronics Vietnam(삼성전자 베트남 법인)를 설립했다. 삼성 베트남 제1공장이 있는 SEV는 하노이 시내의 중심부에서 직선거리로 대략 40km 떨어진 곳에 위치한다. 제조 과정에서 지리적으로 근접한 중국으로부터 부품을 조달할 수 있다는 점 그리고 하노이 지역에 고속철도와 공항 같은 교통체계가 발달했다는 점이 이러한 입지의 요인으로 작용했다. 2014년에는 제2공장인 SEVTSamsung Electronics Thai Nguyen(삼성전자 베트남 타이응우옌 주식회사)가 가동을 시작했다. SEVT는 삼성이 세계에서 운영하는 스마트폰 공장 중 최대 규모로, 비유하자면 축구장 18개가 2

11) 서울경제, 2016.11.03., "'베트남은 기회의 땅'… 中企 진출 러시".

12) 한국일보, 2016.10.16., "삼성전자, 공장 3곳에 직원 10만 명 고용… 베트남의 최대 수출기업".

층으로 쌓여 있는 크기이다. SEVT보다는 작지만, SEV 또한 엄청난 크기를 자랑한다. 34만 평 정도 되는 SEV의 부지를 삼성 SDI, 전자, 디스플레이가 나누어 쓰고 있다.

삼성 박닌성 공장에는 4만여 명이 근무를 하고 있다. 여기에 직원 채용도 활발히 이루어지고 있다. 6만여 명이 근무하고 있는 타이응우옌 공장의 하루치 식재료를 계산해 보았을 때, 박닌성 공장에서는 하루에 쌀 9톤, 고기 4.5톤, 채소 7톤을 포함하여 25톤 이상의 식재료가 소비되고 있다.13) 설명을 해 주신 관계자께서 매일 수만 마리의 닭이 이곳 직원들을 위해 희생된다고 우스갯소리처럼 한 말은 사실 삼성공장의 엄청난 규모를 짐작케 한다.

2008년에 처음 삼성이 이곳 박닌성에 들어왔을 때는 당시 유행했던 코비폰이나 가로본능폰 등의 휴대전화를 저가로 생산하기 위해서였다. 이후에 스마트폰이 출시되면서 인력 수급이 좋은 박닌성 공장 또한 스마트폰을 주 생산품으로 변환했으며, 이제는 이곳에서 타국으로 부품을 수출하기에 이르렀다. 카메라, lcd, 지문 인식 도구 등 스마트폰을 구성하는 절반 정도의 부품을 삼성 베트남 공장에서 제조해 한국 공장으로 수출하고 있다.

삼성과 베트남 – 삼성은 왜 베트남을 선택했을까?

신국제분업으로 인해 하나의 제품을 생산하는 데 있어서 국경의 장벽이 없어지고 수많은 국가의 자취가 녹아들게 되었다. 또한 기업이 분업을 함께 할 국가를 자유롭게 선택하는 것이 가능해졌다. 그렇다면 삼성전자는 수많은 국가 중에서 왜 하필 베트남을 중요한 투자국으로 선택한 것일까?

앞서 KOTRA에서 언급한 베트남의 투자 요인과 삼성 측에서 언급하고 있는 투자 이유는 여러 면에서 상통하고 있다. 중국이 급속히 발전함에 따라 인건비가 높아지면서, 중국보다 노동비가 저렴한 동남아 국가들로 많은 기업들이 공장을 옮기는 추세이다. 단순히 인건비

13) 삼성뉴스룸, 2016.08.02., "하루치 식재료만 40톤! '베트남 속 삼성전자' SEVT 구내식당에 가다".

가 낮다는 점을 넘어서 베트남은 높은 출산율과 중위연령이 30대 초반일 정도로 풍부한 노동력을 지니고 있다. 삼성전자 임원의 말에 따르면, 삼성이 베트남에서 1년에 5만 명을 채용하고 있는데 이는 한국과 같이 고령화되고 있는 사회에서는 힘든 일이라고 한다. 낮은 인건비도 베트남으로 공장을 옮긴 것에 있어서 부인할 수 없는 이유이지만, 한국의 노동력 부족을 베트남은 보완할 수 있다는 것이다. 실제로 스마트폰 제조공장 내부를 견학하면서 마주친 직원들 중에는 우리와 비슷한 또래로 보이는 젊은 여성들이 다수를 차지하고 있었다.

지리적인 인접성 또한 한국의 기업 진출에 있어서 베트남이 가지는 큰 장점이다. 해외투자로 인해 양국을 오가야 하는 기업인들은 비행 시간과 시차가 적을수록 편하다. 보통 비행 시간이 6시간이 넘어가면 힘들다고 하는데, 베트남은 비행기로 4시간에서 5시간밖에 걸리지 않는 데다가 시차가 두 시간밖에 나지 않아 두 국가를 번갈아 가는 일에 큰 무리가 없다. 이 외에도 베트남은 공산당 1당체제로 대통령이 보통 5년의 임기 후에 재임을 하여 정치적 지속성이 좋고 다른 동남아 국가에 비해 정치 상황이 안정되어 있어 기업이 투자하기에 적절하다. 문화가 비슷한 것도 하나의 요인이 된다. 베트남의 아침 공기가 한국과 비슷하다는 이유로 투자를 결정하는 경우가 있을 정도이다. 이처럼 인건비뿐만 아니라 여러 다양한 요인들이 삼성의 베트남 투자에 영향을 주었음을 확인할 수 있다.

베트남에 위치한 삼성의 누적 매출은 334억 달러로, 이 중에서 약 90%는 수출이 차지하고 있다. 이 기간 베트남의 전체 수출 1,621억 달러 가운데 삼성이 무려 21%를 기여하고 있다. 삼성전자의 연간 휴대폰 판매량 중 절반은 베트남에서 생산된다. 삼성과 그 자회사들은 박닌성에서 4만 명이 넘는 근로자는 물론 수백 개의 외국 부품공급업체의 소득을 담당하고 있다. 삼성전자가 들어오기 전 완전한 농촌이었던 이곳에 2,000개에 가까운 호텔과 음식점이 새로 문을 열었을 정도로 삼성은 지역경제에 막강한 영향력을 가지고 있다. 현재 박닌성의 1인당 GDP가 베트남 전체 평균의 3배인 점을 고려했을 때, 삼성전자는 박닌성의 지역경제 활성화에 크게 기여하고 있다고 볼 수 있다.[14)]

박닌성을 넘어 베트남 전체에서도 국부의 크나큰 비중을 담당하고 있는 삼성은 베트남에서 특별한 대우를 받고 있다. 베트남 정부는 삼성전자가 베트남 경제에 미치는 긍정적 영향을 고려하여 공장 부지 34만 평을 무료로 제공했다. 또한 삼성은 베트남에서 최초 4년간 법인세 면제와 이후 12년간은 최소 세율인 5%를 적용받는다. 우리나라의 법인세와 비교했을 때 삼성은 베트남 진출로 연간 7,000억 원의 비용을 절약한 셈이다.15) 삼성전자는 내수용 부품에 대한 수입 관세에서도 혜택을 받았다. 베트남은 이와 같은 각종 경제적인 혜택뿐 아니라 고위 간부들을 통해 삼성전자에 대한 지지를 보여 주고 있다. 2010년 삼성 박닌성 공장의 누적 수출실적 10억 달러 기념식에는 베트남 부총리와 장관 등의 인사들이 참석했고, 이날 삼성전자 IM부문 사장은 "그동안 총리와 장차관 등 베트남의 각 부처 고위 인사들이 이 공장을 방문해 생산 현황을 직접 둘러보고 애로사항을 청취하는 등 적극적인 지원을 한 덕택으로 생산법인이 조기에 안정화 단계에 접어들었다"라고 말했다.16) 2016년 초 베트남 정부는 SEV의 R&D센터 설립을 허가하고 50년간 임대료를 면제해 주었으며, 삼성전자는 이를 통해 하노이에 3억 달러(한화 약 3,500억 원)를 투자하고 1,400여 명의 인력을 새로이 고용할 예정이다.17) 이처럼 베트남 정부와 삼성은 윈윈하는 협력적 파트너로서 긴밀한 관계를 유지해 나가고 있다.

마치며

베트남은 연 6~7%대 성장을 꾸준히 이어 왔으며 향후 몇 년간은 이와 같은 추세가 이어질 전망이다. 경제개방 이후 많은 선진국으로부터 투자를 유치하고 있는 베트남은 저개발

14) 서울신문, 2016.10.12., "'밥줄 끊길라'… 갤노트7 쇼크에 베트남 휘청".

15) 경향신문, 2014.07.14., "삼성의 베트남 투자와 일자리 문제".

16) 연합뉴스, 2010.09.17., "삼성 베트남 휴대전화 생산법인 수출 10억 불 달성".

17) 연합뉴스, 2016.03.24., "베트남, 3억달러 규모 삼성전자 R&D센터 설립 승인".

국가 단계를 지나 비교적 안정적인 성장세에 접어들었다는 평을 받고 있다. 선진국과 개발도상국의 발전격차가 걷잡을 수 없을 만큼 커져 가는 시기에 베트남의 성장세는 더욱 돋보인다.

고속 성장 중인 베트남이 앞으로도 꾸준하게 경제성장을 이루어 낼 수 있을 것인가에 대해 여러 입장이 존재한다. 베트남의 경쟁력을 높이 평가하는 전문가들은 베트남이 현재와 같이 개방 정책을 확대하면서 자체 경쟁력을 키운다면 동남아시아의 경제성장을 주도할 만큼 크게 발전할 수 있다고 이야기한다. 더불어, 앞서 수차례 이야기한 바와 같이 베트남은 다른 국가들에 비해 풍부한 양질의 노동력을 보유한 강점이 있기 때문에 투자가 끊이지 않을 것이라고 전망한다. 이뿐만 아니라, 베트남 내에서도 아직까지 개발되지 않은 지역이 많아 투자가 더욱 확대될 여지도 많다.

한편, 현재까지 베트남의 경제 발전을 추동해 온 원동력이 앞으로도 오랫동안 충분한 힘을 발휘할지에 대해 아직은 불투명하다는 평가도 존재한다. 베트남 경제성장의 지속가능성이 물음표로 남는 까닭은 현재의 경제지표를 통해서 추론할 수 있다. 베트남 경제의 상당 부분은 해외부문에 의존하고 있다. 더군다나 수출액의 약 70% 이상은 베트남 자국기업이 아닌, 베트남에 투자한 다국적 기업에 의해 이루어지고 있다. 또한, 베트남에서 자력으로 수출하는 제품은 세계시장에서 경쟁력이 낮은 편이다. 예를 들어 쌀 생산을 주축으로 한 농업부문, 혹은 공업 분야에서도 섬유·신발산업과 같은 노동집약적 산업 이상으로 두각을 나타내는 산업이 드물다. 해외기업 공장에 부품을 조달하는 중소기업도 극히 적어 대부분의 공장들은 부품을 다른 곳으로부터 수입하는 것이 일반적이다. 이러한 현상을 비관적으로 바라보는 전문가들은 베트남이 자국의 역량으로 경제를 이끌어 나가고 있다기보다 해외 기업이 주도하는 제품생산에 노동력을 제공하면서 몸집을 불리고 있는 것에 가깝다고 진단한다. 이와 같은 한계를 파악하고 베트남 정부 역시 자국 경제의 지속가능성을 높이기 위해 자국 산업을 육성하는 데 노력하고 있다.

베트남이 본격적으로 경제성장에 박차를 가한 지는 결코 오래 지나지 않았으며 아직 먼

그림 3.1.5 | 경제지리 조 단체 사진

미래를 단정적으로 예측하기는 어렵다. 다만 하루가 다르게 성장을 거듭하고 있는 현재와 같은 급변기에 어떠한 정책을 시행하고 어디로 나아갈 것인지 결정하는 일들이 향후 더 먼 미래의 베트남을 만들 것은 분명하다. 따라서 보다 신중하고 합리적인 정책을 바탕으로 사회 기반을 점검하고 내실을 다진다면 베트남은 동남아시아의 강자로서 입지를 굳히고 더 나은 미래를 그릴 수 있을 것이다. 과연 이 중요한 기로에서 베트남은 앞으로 어떠한 행보를 보일지, 많은 개발도상국들의 새로운 경제 모델로 자리 잡을 수 있을 것인지 궁금해진다.

하노이의 전통산업 마을, 도자기 마을 밧짱 기행기

• 소개

하노이의 3대 전통 마을이라고 불리는 도자기 마을 밧짱(Bát Tràng)은 하노이의 중심 공항인 노이바이 국제공항으로부터 동으로 10km, 남으로 25km 정도 떨어져 있다. 자동차를 이용할 경우 공항에서 약 50분 정도가 소요되며, 하노이시 자럼(Gia lam) 거리에 속해 있다.

그림 3.1.6 | 수제 작업으로 진행되는 도자기 채색 작업

밧짱은 실크의 반푹 마을, 목공의 동끼 마을과 더불어 하노이의 3대 전통 마을로 불린다. 14세기경부터 도자기를 만들어 온 것으로 알려져 있으며, 한때 수천 개의 가마에 불을 지필 정도로 번창하였으나, 현재는 많이 쇠락한 것으로 전해진다. 주민 대부분이 도자기와 관련된 직업을 가지고 있고, 마을 전역에는 도자기를 파는 상점과 도자기를 만드는 공장이 뒤섞여 있다. 마을 내부에 위치한 도자기 박물관은, 14세기부터 내려온 밧짱의 도자기들과 그것이 지닌 역사에 대해 설명해 준다. 오래된 마을답게 마을의 골목골목은 미로처럼 복잡하게 연결되어 있고, 마을 곳곳에는 도자기 공예를 체험해 볼 수 있는 공방들이 위치해 있다.

• 여정

호텔에서 출발한 후, 우리는 둘로 나뉘어 밧짱으로 가는 택시에 올랐다. 가는 길에는 베트남의 풍경이 한눈에 펼쳐졌다. 풀을 뜯고 있는 물소 무리와 그 사이로 지나가는 자동차들, 낡고 닳은 건물들과 건너편의 높다란 빌딩들. 우리는 그 광경을 보고 나서야, 비로소 베트남이 성장 중에 있는 나라라는 사실을 실감하기 시작했다.

택시에서 내린 후, 우리는 지도가 있는 마을 입구에 다시 모였다. 길을 걷는 순간순간 수도 없이 많은 오색찬란한 도자기들이 우리의 시선을 잡아 끌기 시작했다. 밧짱의 거리에는 개발도상국의 낡은 골목과 그 사이를 메우는 화려한 도자기들이 함께 어우러져 있었다.

베트남의 도자기가 생활의 필요를 메우기 위해 발달했기 때문일까? 밧짱의 도자기들은 우리나라의 청자, 백자와는 다른, 신비한 매력을 가지고 있었다. 한편으로는 기괴하지만, 한편으로는 눈을 뗄 수 없는, 오묘한 매력을 가진 도자기였다.

우리는 길가에 있는 한 도자기 공장 안으로 들어갔다. 어수선한 분위기와 작은 의자, 쪼그려 앉아 있는 사람들은 이곳에 오기 전 우리가 가지고 있던, 밧짱의 공장에 대한 상상들을 완전히 뒤집어 놓았다. 좁고 높은 건물, 층층이 앉아 도자기를 만드는 사람들, 효율성을 높이기 위한 분업화 과정과 일일이 손으로 만들어 내는 도자기들. 공장에 다녀온 후, 나는 마음이 심란해졌다. 기계가 찍어 낸 공산품과는 다르면서도 그렇다고 장인이 만들어 낸 예술품도 아닌, 몇 시간이고 같은 작업을 반복해서 만들어지는 도자기들이 생각났다. 이들 중 다수는 상표를 바꿔 유럽의 제품인 것처럼 해외로 팔려 나간다고 한다. 도예라는 편협한 시각으로 도자기를 바라봤기 때문일까, 솔직한 마음으로 나는 실망을 금치 않을 수 없었다. 옛날의 전통을 이어 가지 못한 채 제대로 된 기업으로 탈바꿈하지도 않은 밧짱의 모습에, 나

그림 3.1.7 | 밧짱의 한 공장에 쌓여 있는 수많은 도자기

는 왠지 과도기를 겪고 있는 베트남의 현재 모습이 떠올랐다.

이후, 우리는 신기하게 생긴 자동차를 타고 공장을 떠났다. 외형 없이 뻥 뚫린 자동차는 하노이의 더운 공기를 식히기에 충분했고, 마음속의 답답함을 날리는 데도 더할 나위 없었다. 우리는 밧짱 골목골목을 누비며 시장이 포진해 있는 지역으로 나아갔다.

차에서 내리자마자 우리는 더운 공기에 휩싸였다. 그리고 그보다 더욱 빠르게 호객행위의 목표가 되어 버렸다. 우리는 맨 처음 우리에게 다가온 아주머니들을 따라 한구석의 도자기 공방 속으로 들어갔다. 말은 통하지 않았지만, 아주머니들은 외국인 관광객을 많이 상대해 보신 듯 능숙한 솜씨로 우리에게 물레 다루는 법을 가르쳐 주기 시작했다. 많은 시행착오 끝에 각자의 도자기가 완성되고, 우리는 도자기가 구워지는 동안 주변 시장을 구경하기로 마음먹었다.

시장에서는 다양한 종류의 공예품들이 진열되어 있었다. 각종 애니메이션의 캐릭터를 본뜬 것부터 우리나라에서는 볼 수 없었던 커다란 크기의 도자기까지, 한 가게 안에서도 어떤 종류의 도자기들이 진열되어 있는지 완전히 파악하기 힘들 정도로 각양각색의 도자기들이 진열되어 있었다. '골목에 빼곡히 들어선 가게들에는 얼마나 많은 종류의 도자기들이 있을까?' 하지만 이런 생각은 이내 머릿속에서 사라지고 말았다. 다음 가게에 들어서자, 눈앞에는 다채로운 도자기들, 그러나 처음 보는 모양이 아닌, 이전 가게와 똑같은 모양의 도자기들이 가게 안을 채우고 있었다. 가게 하나하나가 자신만의 특색을 지닌 것이 아니라, 마을의 공장에서 대량 생산된 도자기들을 단지 판매하기 위해 들여오고 있었다. 그러니 하나같이 똑같은 도자기들을 지녔으리라. 수십, 수백 개에 달하는 가게들이 모두 똑같은 도자기를 팔 것이라는 추측이 머릿속에 떠오르는 순간이었다. 그래서일까. 우리는 얼마 안 가 도자기가 구워지는 시간에 맞춰서 시장 구경을 끝마치고 공방으로 돌아왔다.

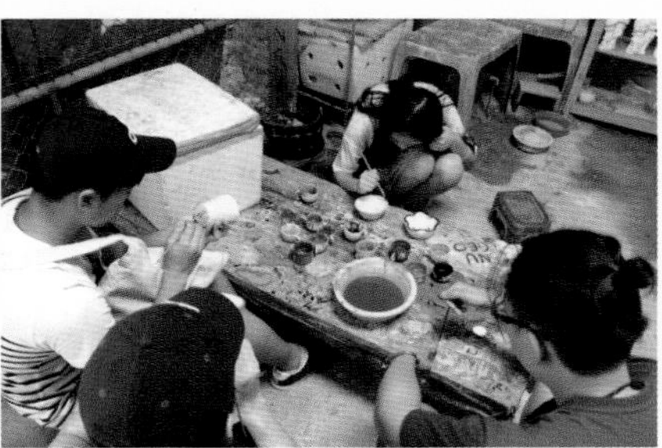
그림 3.1.8 | 밧짱 도자기 마을에서 도자기 만들기 체험을 하는 조원들

차를 타고 마을의 입구로 돌아오는 길은 시원한 바람에 마음을 들뜨게 했다. 도자기 마을 밧짱에서의 여정은 분명 아쉬움이 많이 남는 시간이었지만, 남아 있는 아쉬움은 불어오는 바람에 날려 보내고, 골목을 누비며 발견할 수 있었던 성장 중인 도시만의 특색, 그 특유의 혼잡함과 즐거움 속에서 우리는 밧짱에서의 여정을 정리했다.

References

▷ 단행본

- Hayter R., 1997, The Dynamics of Industrial Location: The Factory, the Firm and the Production System, Chichester: Wiley.

▷ 보고서

- KOTRA, 2016, 베트남 경제·투자동향 및 진출환경.
- 박동욱, 2009.04.14., 베트남 세계 5대 조선강국의 허와 실, KOTRA 하노이무역관.

▷ 언론 보도 및 인터넷 자료

- 경향신문, 2014.07.14., "삼성의 베트남 투자와 일자리 문제".
- 삼성뉴스룸, 2016.08.02., "하루치 식재료만 40톤! '베트남 속 삼성전자' SEVT 구내식당에 가다".
- 서울경제, 2016.11.03., "'베트남은 기회의 땅'… 中企 진출 러시".
- 서울신문, 2016.10.12., "'밥줄 끊길라'… 갤노트7 쇼크에 베트남 휘청".
- 세계은행, 2015, "World Bank Open Data, Vietnam", data.worldbank.org
- 연합뉴스, 2010.09.17., "삼성 베트남 휴대전화 생산법인 수출 10억 불 달성".
- 연합뉴스, 2016.03.24., "베트남, 3억달러 규모 삼성전자 R&D센터 설립 승인".
- 장준섭, 2014.03., "[경제풀이] 베트남 경제 이야기", 하노이한인회 소식지.
- 한국일보, 2016.10.16., "삼성전자, 공장 3곳에 직원 10만 명 고용… 베트남의 최대 수출기업".
- Asia Plus, "THE FACT ABOUT VIETNAM BUSINESS", http://www.asia-plus.net [2016.12.11.]
- TUOI RE NEWS, 2014.12.19., "HCMC's Per Capita Income Reaches Over $5,100 as GDP Growth Edges Up".
- Wikimedia Commons, https://commons.wikimedia.org/wiki/File:Hanoi_Traffic_Ba_Dinh_Dist..jpg

2

하노이와 교통지리: 오토바이의 나라, 베트남 교통의 현재와 미래

김대환 · 범원석 · 염인수 · 구본혁 · 백승재 · 정혜인 & Ngo Phuong Thao(Amy) · Ho Huyen Trang

오토바이의 천국이라 불리는 베트남에서는 대부분의 국민들이 오토바이를 개인 교통수단으로 이용하고 있다. 출퇴근 시간 하노이의 도로를 가득 채운 오토바이들은 독특한 장면을 만들어 낸다. 프랑스 식민 지배하에서 벗어나기 위한 독립전쟁과 베트남전쟁으로 인해 대부분의 교통 인프라가 파괴된 이래, 저렴한 오토바이는 베트남 국민들에게 가장 효율적인 교통수단으로 자리 잡게 되었다. 그리고 오토바이의 대중화는 1986년 베트남 공산당의 최고기관인 전당대회에서부터 추진한 도이머이 정책을 통해 진행되었다.

하지만 오토바이 대중화는 베트남 경제 발전으로 인한 도시화, 인구집중 현상과 맞물려, 크나큰 교통혼잡과 대기오염 등의 문제를 야기하였다. 2014년 기준으로 일평균 25명이 교통사고로 사망하고 있다고 한다. 실시간으로 대기오염지수를 제공하고 있는 웹사이트에 따르면 하노이시의 대기오염은 현재 세계 최고 2위를 기록하고 있다.[1)]

현재 베트남 정부는 이러한 문제의 해결책으로 교통 인프라 구축을 최우선 국가정책으로 제시했다. 그리고 이를 추진하기 위한 자금 조달 방편으로 적극적인 해외자본유치 정책을 추진하고 있다. 경제수도인 호찌민과 정치수도인 하노이를 잇는 남북고속도로 건설은

1) 실시간 대기오염 농도 측정 사이트, http://aqicn.org

이러한 정책의 상징적인 예시라 할 수 있다. 이러한 베트남의 개방경제 정책에 해외의 많은 국가들뿐만 아니라 우리나라 기업들도 교량, 도로건설 등 각종 교통 인프라 사업에 적극적으로 뛰어들고 있고, 정부 차원에서도 공적개발원조ODA: Official Development Assistance를 통해 많은 도움을 주고 있다.

이처럼 현재 베트남에 있어 도로교통 문제는 무엇보다 시급한 국가 현안이며, 이에 대한 다양한 연구와 분석이 필요한 시점이다. 이러한 필요성에 의해 우리 조는 이번 답사에서 베트남의 도로교통체계 현황과 전망 분석을 주제로 선정하게 되었다.

이번 답사에서 우리 조의 목표는 현재 베트남 정부가 실시하고 있는 도로교통 인프라 정책의 실효성을 전망해 보는 것이다. 이를 위해서는 현재 베트남의 도로교통 현황은 어떠한지, 정부에 의해 어떤 정책들이 시행되고 있는지, 이에 대한 국민들의 의견은 긍정적인지 혹은 부정적인지 조사하는 일이 필요하다. 따라서 이번 답사에서는 베트남의 교통이용 분담 현황 및 정부 정책에 대해 사전 조사를 거친 뒤, 현장에 가서 인터뷰를 통해 현지인들의 의견을 들어 볼 예정이다. 하지만 답사 일정이 현지에서는 4일만 머무를 뿐이어서, 관심분야를 조사할 시간이 한정적이었다. 답사 장소도 하노이로 한정되어 있었다. 따라서 현지답사는 하노이 시내에서 본 도로교통 모습과 시내 대중교통을 중점으로 진행했다. 이와 관련하여 현재 베트남에 진출하여 정부와 함께 도로교통 인프라 구축에 협력하고 있는 세계은행 관계자, 하노이 도시철도 공사를 담당하고 있는 포스코건설 관계자들을 인터뷰했다.

베트남 교통체계 현황

베트남은 기본적인 교통 인프라 공급 면에서 저개발국가 평균치에 미달하고 있으며, 도로와 철도교통을 비롯한 전 분야의 인프라시설이 비효율적으로 공급되어 있다. 세계경제포럼의 2014~2015 글로벌 경쟁력지수에 따르면, 베트남의 인프라 수준은 144개국 중 81위로, 특히 도로(104위), 항만(87위), 항공(87위) 등 교통부문에서 전반적으로 매우 열악하다.

2014년 베트남의 교통수단별(도로, 항공, 항만) 여객수송 분담률을 비교해 보면, 도로교통이 73.2%로 압도적인 1위를 차지하고 있고, 수송 분담률 순서는 '도로 > 항공 > 항만'임을 알 수 있다(〈표 3.2.1〉). 같은 조건으로 교통수단별 화물수송 분담률은 '항만 > 도로 > 항공'순이며 항만수송 분담률이 75.9%로 절대적인 우위를 점하고 있음을 알 수 있다.

도로교통이 여객수송 분담률의 절대적 우위를 점하고 있는 현상은 비단 베트남만의 특징은 아니다. 우리나라 역시 여객수송 대부분을 도로교통이 담당한다. 그러나 주목할 점은 베트남의 오토바이 여객수송 분담률이다. 베트남에서 도로를 이용하는 교통수단으로는 오토바이와 자동차, 버스가 있는데, 그중에서도 오토바이는 베트남 사람들이 가장 많이 사용하는 교통수단이다. 2005년 하노이시에서 오토바이의 여객수송 분담률은 71%인 반면, 베트남 정부가 활성화시키기 위해 노력한 버스의 여객수송 분담률과 최근에 상승하고 있는 자동차의 여객수송 분담률의 합은 27%에 불과했다.[2] 2015년까지도 오토바이의 수송 분담률은 꾸준히 증가하였는데, 한아도시연구소의 자료에 따르면 오토바이의 수송 분담률은 매년 약 13%씩 증가했다고 한다. 2013년에 등록된 오토바이 수는 약 3,900만 대로 100명당 오토바이 수는 43대에 도달했고, 이 수치는 계속해서 높아지고 있다. 비정상적으로 많아진 오토바이 수와 이용으로 최근 베트남에서는 환경 및 교통 문제가 논란이 되었다. 이에 베트남 정부 측에서는 정책적으로 오토바이 수를 제한하기 위한 방안을 모색하고 있다.

〈표 3.2.1〉 2014년 베트남의 교통수단별 화물수송 분담률과 여객수송 분담률

	도로교통	철도교통	항공교통	해운교통	합계
2014년 화물수송량 (단위: 백만 톤)	47,877.4	4,297.2	530.4	167,243.5	219,948.5
화물수송 분담률	21.7%	1.9%	0.2%	75.9%	100%
2014년 여객수송량 (단위: 백만 명)	96,765.6	4,481.9	28,312.8	2,555.9	132,116.2
여객수송 분담률	73.2%	3.3%	21.4%	1.9%	100%

2) 정원준, 2006.03.23., 베트남 하노이시, 신규 교통시스템 도입결정, KOTRA.

도로 인프라

남북으로 1,600km에 걸쳐 길게 뻗은 국토를 가지고 있는 베트남은 지리적 특성상 사람과 물자의 이동과 관련해 도로 인프라의 규모와 그 수준이 중요하게 작용할 수밖에 없다. 물류의 75%가 도로를 통해 운반되고 있는 실정이고, 인적 이동 역시 작게 보면 도시 내의 오토바이 이용에서부터 크게 보면 고속도로까지 가장 많은 국민들이 가장 큰 비중으로 이용하고 있는 것이 바로 도로이다. 그러나 그 인프라 상황이 매년 역동적인 경제성장을 이루는 베트남의 상황을 뒷받침하지 못하고 있다는 평가를 받고 있다. 구체적으로 살펴보면, 현재 베트남 도로의 총 길이는 약 22만 2,179km로 도로망이 전국에 걸쳐서 비교적 조밀하게 개설되어 있긴 하나 대부분 좁고 포장 상태가 불량하다. 국도는 84%, 지방도로는 54% 정도만이 포장되어 있고 농촌 지역은 14% 정도만 포장되어 있어 사실상 차량 접근이 어려운 수준이라고 한다. 포장된 도로마저도 노후화된 편이고 전쟁 중 피해를 입은 경우도 많아 전체의 2/3 정도가 유지 및 보수가 시급한 상황이다.

항공 인프라

베트남의 국내선 항공은 국적항공사인 베트남항공과 제트스타퍼시픽항공, 비엣젯항공 그리고 바스코 등이 맡고 있는데, 대부분은 베트남항공에 의해 이루어지고 있다. 한편 국제선 항공은 베트남항공, 대한항공 및 아시아나항공을 포함하여 전 세계 50개 항공사에 의해 운항되고 있다. 국내선 항공은 20개 도시를 상호 연결하는 17개 노선이 있으며 하루 647편이 운항되고 있다. 도로교통에 뒤이어 여객수송 분담률 2위를 차지하고 있는 항공교통은 향후 20년간 수요가 연평균 7~8% 늘어날 것으로 예측되고 있는 실정이다. 그러나 여객 수 증가세에 비해 공항정비가 뒤따르지 못해 항공수송 능력 향상이 매우 시급한 과제로 비춰지고 있다.

항만 인프라

약 3,260km에 달하는 해안선을 보유한 베트남은 해상운송업 발달에 좋은 조건을 갖추고 있어 현재 베트남의 전 산업 분야에서 이용도가 빠르게 증가하고 있다. 베트남의 수출입 물동량의 92%가 해상 항을 통해 이루어지고 있고 물동량은 계속해서 빠른 속도로 증가하고 있어 교통 인프라와 더불어 항만 인프라도 베트남의 경제 발전에 큰 영향을 미칠 것으로 보인다. 베트남은 총 114개의 항만이 있고 주요 항만으로는 북부의 하이퐁항, 중부의 다낭항, 남부의 사이공항이 있다. 대부분의 항만이 낮은 수심과 항행 안전상의 문제로 컨테이너선 등 대형선박의 접안이 어려워 베트남의 지역별 거점항구로 화물처리가 편중되고 있는 실정이다.

베트남은 왜 도로교통에 집중하는가?

현재 베트남은 정치수도와 경제수도가 남북으로 분리되어 있다. 정치수도인 하노이는 북쪽에 있으며 경제수도인 호찌민은 남쪽에 위치해 있다. 두 도시 간의 교류를 위해서는 남북을 이동하기 위한 정비된 도로교통체계가 필수적이며, 현재 진행되고 있는 남북고속도로 공사가 이를 반증한다.

또한 베트남 내 여객수송 분담률에서 도로교통은 다른 교통수단을 압도한다. 이는 달리 표현하면 베트남 국민들의 주요 이동수단이 도로교통임을 의미한다. 문제는 이러한 집중 경향이 시간이 지남에 따라 해소되기보다는 더욱 심화되고 있으며, 그에 따라 높은 수송 분담률과 미비한 인프라 간의 마찰이 사회적 이슈로 부각된다는 점이다. 특히 이러한 마찰이 주로 대기오염과 교통사고의 형태로 나타남에 따라 베트남 내의 사회적 비용은 증가하고 있다.

[그림 3.2.1~2]에서도 볼 수 있듯이 운전자들과 행인들 대부분이 교통정체에 의한 공해를 피하고자 마스크를 착용하고 있다. 2014년 기준으로는 하루 24~25명, 한 해에 약 9,000명이 교통사고로 목숨을 잃는 등3)4) 도로교통과 관련된 베트남의 사회적 비용은 만만치

그림 3.2.1 | 퇴근 시간대의 하노이 시내 도로

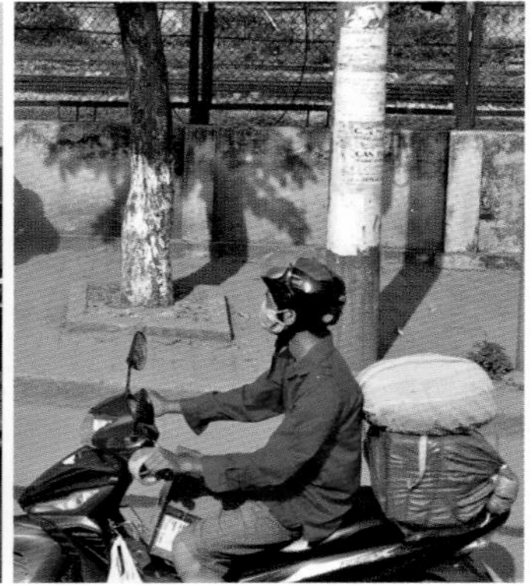

그림 3.2.2 | 마스크를 착용한 운전자

않다. 이에 따라 베트남 정부는 도로교통 인프라사업을 국가의 중심사업으로 선정함으로써 사회적 비용을 줄이고자 노력하고 있다. 이처럼 베트남 내에서는 여타 교통수단에 비해 도로교통이 갖는 의미나 영향력이 지대하며, 이는 베트남의 주요 도시 내에서 특히 강하게 나타난다. 따라서 베트남의 주요 도시 중 하나인 하노이 시내의 도로교통체계와 대중교통 부분을 다루려고 한다.

하노이 시내의 대중교통체계는 크게 두 가지 측면으로 요약될 수 있다. 압도적인 수의 오토바이, 미비한 교통 인프라와 대중교통시스템이 그것이다. 이러한 오토바이의 대중화와 부족한 교통 인프라가 유발하는 문제들을 살펴보면, 통계적으로 교통사고 사망의 85% 이상이 오토바이 이용자이며, 오토바이에서 발생되는 공해물질도 일반 자가용의 5배 이상이다. 또한 차선을 따라 주행하는 차량과는 달리 오토바이는 자유로운 주행이 가능하여 심각한 교통체증의 주요 원인이 되고 있다. 이뿐만 아니라 오토바이 운전자들에게 최적화된 하노이의 도로 인프라는 현재 베트남 정부에서 추진하고 있는 대중교통시스템과 사륜차 정착에 장애요인이 되고 있다.

---

3) 국제뉴스, 2015.01.07., "베트남, 2014년 교통사고 사망자 9천명".

4) 한국의 경우 2014년 교통사고 사망자 수는 4,792명이다.

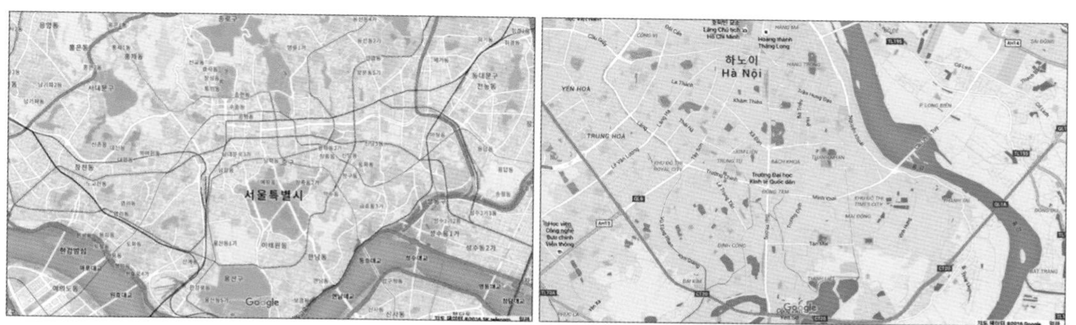

그림 3.2.3 | 동일 축척상의 서울(왼쪽)과 하노이(오른쪽)의 도로 비교
출처: maps.google.com

서울의 도로망 및 대중교통시스템과 간단히 비교만 해 봐도 하노이의 수준이 열악함을 알 수 있다. 서울의 경우 9개의 지하철 노선과 경전철을 보유하고 있으며, 많은 교통량을 소화할 수 있도록 고속도로가 설치되어 있다. 반면에 하노이의 경우 지하철은 아직 없으며 고속도로 노선도 부족해 보인다. 면적에서 하노이가 서울의 5배 이상의 규모임을 고려할 때, 이 같은 도로망과 대중교통시스템은 비교적 매우 부족한 수준이라고 할 수 있다. 또한 시내의 도로와 도시구조 역시 오토바이에 최적화되어 형성됨에 따라 대중교통인 버스와 자동차가 정착되기 힘든 현실이다.

하지만 한 단계 높은 산업 국가로 발돋움하기 위해서는 이륜차에서 사륜차로의 변화, 대중교통의 발전이 필수적이다. 이러한 필요성에 의해 현재 시행되고 있는 베트남 정부의 정책들을 살펴보면, 주로 국내적이기보다는 대외적인 정책들이다. 하나의 예로 2007년 세계무역기구WTO의 가입과 아세안상품무역협정ATIGA: ASEAN Trade in Goods Agreement에 의한 수입관세율 인하와 같은 요인은 베트남 내의 수입차 절대량의 상승에 많은 영향을 미쳤다. 이에 대응하여 베트남 정부는 자국 내의 자동차산업을 보호·육성하기 위해 자동차 공장 투자 기업에 세제혜택과 부지 인센티브를 제공하는 등의 정책을 펴고 있다.5) 이는 베트남

5) Nguyên Tân Dung 총리가 발표한 '2025년 베트남 자동차 산업 발전전략 및 2035년 비전'에 따르면 베트남은 2035년까지 자국 내 자동차 생산 153만 대를 목표로 한다.

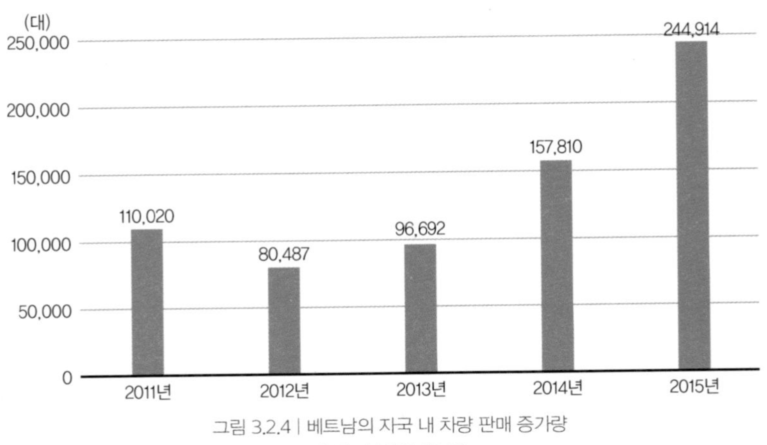

그림 3.2.4 | 베트남의 자국 내 차량 판매 증가량
출처: 신선영, 2016

국민들의 소득 향상과 함께 자동차 소비를 촉진하는 요인이 되었으며(그림 3.2.4),6) 이륜차의 축소 및 사륜차의 대중화, 즉 모토라이제이션Motorization을 추동하고 있다.

각종 국책사업은 사륜차 정착을 위한 도로 인프라사업 및 버스와 전철로 구성된 대중교통시스템사업에 그 초점이 맞춰져 있다. 최근 베트남 정부는 2020년까지 교통 인프라 확충을 위한 500억 달러 투자계획을 발표했으며, 이 중 64%가 도로에 투자될 예정이다. 이 투자금액들은 주로 고속도로에 배정이 되는데, 이 도로들에서는 이륜차 통행이 제한되며, 도시 간, 도시 내의 접근성을 높여 줌에 따라 사륜차 정착에 기여할 것으로 보인다. 이뿐만 아니라 위 도로들을 중심으로 전 국토에 걸쳐 운행노선이 구축되는 간선급행버스체계Bus rapid transit사업도 진행되고 있으며, 하노이시와 같은 중심도시에는 경전철과 버스를 중심으로 하는 대중교통시스템사업이 진행되고 있다. 본 연구의 답사 일정에 포함되어 있는 포스코건설 경전철 공사도 이러한 국책사업의 일환으로 진행되는 것이다.7)

6) 신선영, 2016.01.26., 2015년 베트남 자동차시장, 역대 최고 판매실적 달성, KOTRA.

7) 하노이시에서는 현재 8개의 지하철 노선을 계획하고 있다. 이를 통해 오토바이 운전자의 수를 줄이고, 버스와 함께 하노이시의 교통정체를 해소하고자 한다. 특히 베트남의 지하철들은 주로 경전철로 계획되고 있는데, 이는 비용적인 측면에서 저렴하

이처럼 베트남은 현재 교통체계의 근본적인 변화를 도모함으로써, 사회적 손실과 비용을 줄이고 한 단계 높은 산업 국가로 발돋움하고자 노력 중이다. 하지만 현재 이러한 베트남의 변화시도는 예상만큼의 효과를 가져오기가 쉽지 않을 것이라는 전망이 우세하다. 대표적으로 이륜차의 경우, 단순히 도로를 정비하고 교통체계가 발달한다고 하더라도 한동안 베트남의 주요 운송수단으로 계속 이용될 것이다. 왜냐하면 베트남 국민들의 삶과 도시의 양식이 이륜차에 결속되어 있고, 이륜차가 갖는 기동성이 현재 베트남 국민들에게 커다란 강점으로 자리 잡고 있어, 시내 대중교통에 의해 빠르게 대체되지 않을 것이기 때문이다. 이뿐만 아니라 베트남의 기존 국책사업은 대부분 ODA나 국제개발협회IDA: International Development Association로부터의 차관을 바탕으로 이루어져 왔으나, 2017년부터 베트남이 그 대상에서 제외됐다. 따라서 자금 형성에도 차질이 빚어질 것이라 전망하고 있다.8)

현장 답사는 베트남 정부의 정책과 위에서 본 정책에 대한 논쟁을 확인하는 부분에 중점을 두고자 한다. 이를 위해 베트남 정부와 협력하여 프로젝트를 수행하고 있는 세계은행의 담당자로부터 국책사업의 계획 및 한계에 대한 인터뷰를 실시하기로 하였다. 또한 베트남 정부로부터 경전철 공사를 수주한 포스코건설 관계자를 인터뷰하여 경전철 역사 건설현황 및 진행에서의 어려움을 살펴볼 예정이다. 마지막으로 하노이 시내에서 현지인들을 인터뷰하여 실제 주민들의 정책에 대한 인식과 생각을 알아보고, 하노이 시내의 이륜차 및 대중교통을 실제 이용해 봄으로써 현지 도로교통체계의 전망과 개선점에 대해 생각해 보고자 한다.

다는 경제적 이유와 하노이의 지하수위가 높아 지하공사가 힘들다는 지리적 이유에서 비롯된다.

8) 세계은행 오정은 인터뷰(2016.09.30.)

자율연구 답사 경로 소개

[그림 3.2.5]는 답사 이틀째 자율연구의 답사 경로이다. 조에서 설정한 연구목표를 달성하기 위하여, 다양한 이동수단을 활용하여 하노이의 교통 상황을 직접 느껴 보고자 하였다. 답사를 진행할 때에는 택시, 버스, 오토바이, 도보 등으로 이동하였다. 자유일정의 경로는 주제에 맞게 다양한 교통수단 이용과 관련 장소를 방문하는 방향으로 설정했다. 출발은 ① 란비엔 호텔Lan Vien Hotel에서 택시를 타고 ②하노이 기차역으로 이동하여 역 주변을 살펴본 후 기업 인터뷰를 위해 ③포스코건설 지사로 이동하였다. 인터뷰를 마친 후에는 포스코건설 관계자분들의 배려로 차량을 지원받아 ④떠이호Tây Hồ로 이동하여 점심 식사를 하고 주변에 있는 카페에서 휴식을 취하며 현지 학생들과 인터뷰를 진행하였다. 이후에는 ⑥호안끼엠Hồ Hoàn Kiếm 호수 방면으로 가려 했으나 직선으로 연결된 버스노선이 없는 관계로 ⑤롯데센터를 거쳐 이동하였다. 저녁에 도착한 호안끼엠 호수 주변에서 식사를 하고 근처에 있는 따히엔 맥주거리로 이동해 자유일정을 마무리하는 시간을 가졌다. [그림 3.2.5]의

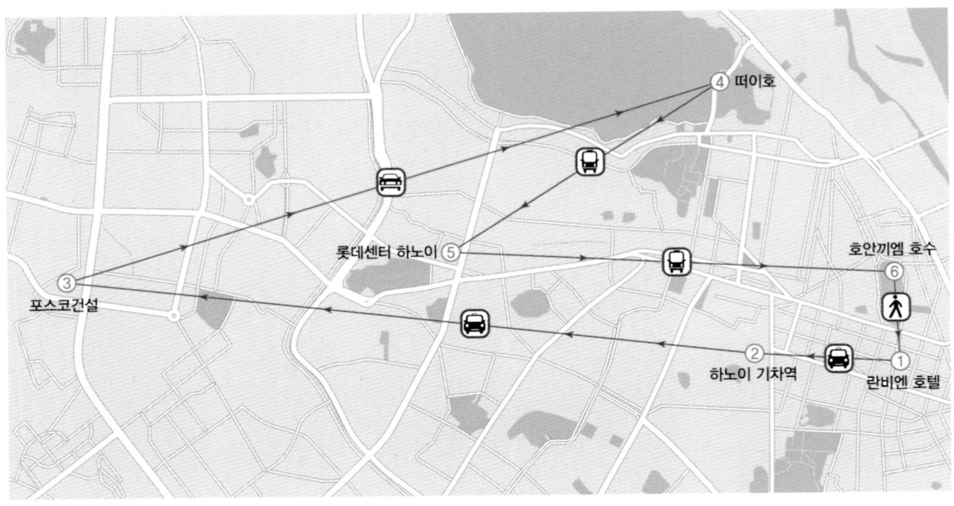

그림 3.2.5 | 답사 경로

시내교통 체험은 앞에서 제시한 자유일정 답사 경로의 순서에 따라 작성되었다.

하노이 베트남국립대학교 학생들과의 교류

그림 3.2.6 | 따히엔 맥주거리에서 조원들과 함께

하노이에 도착한 첫째 날 점심을 먹고 바로 이동한 곳은 하노이 베트남국립대학교였다. 서울대학교와 하노이 베트남국립대학교의 학교 간 교류 차원에서 각 조가 베트남 학생들과 함께 자유일정 답사를 다닐 수 있도록 기회를 마련해 주어 현장에서 큰 애로사항 없이 계획대로 답사를 진행할 수 있었다. 우리 조에 배정받은 Amy와 Trang은 자유일정 날 아침부터 저녁까지 함께 우리와 이동하였고, 현지에서 우리가 익숙하지 않은 베트남어와 베트남 문화로 인해 곤경에 처하지 않게 현지인 친구이자 가이드 역할을 해 줬다.

시내교통 체험

택시

자유일정 답사 날 우리가 처음 이용한 교통수단은 택시였다. 사전 조사를 할 때 택시를 이용하게 되면 업체를 잘 확인하라는 주의를 여러 번 받았기 때문에 혹시나 피해를 보지는 않을까 걱정이 들었지만, 베트남 현지 대학생들의 도움으로 택시를 타는 데에는 큰 문제가 없었다. 택시는 이동거리에 따라 요금을 부과하는 부분에서 우리나라와 비슷했고, 콜택시도 있어서 우리는 콜택시를 이용하여 이동하였다. 조원 6명과 현지 대학생 2명, 총 8명이

그림 3.2.7 | 택시 외부 모습

주: 택시는 대부분 초록색으로, 눈에 잘 띄는 색이었다. 우리가 탄 택시는 7인승으로 준대형급 차량이었으나, 조원이 더 많았기 때문에 꽉 차게 앉아야만 했다.

그림 3.2.8 | 택시 내부 모습

주: 시내의 승용차는 대부분 도요타, 폭스바겐 등 외제차들이었다. 이러한 외국계 기업들은 베트남에 생산공장을 두는 등 활발하게 활동하고 있다.

한 차에 탈 수 있을 만큼 넓은 대형 택시를 탈 수 있었고, 하노이 도시 내에 이러한 준대형 택시가 적지 않다는 것을 확인할 수 있었다. 우리나라 택시처럼 카드 결제기가 있어 다른 교통수단과는 달리 택시 운영은 우리나라와 크게 다르지 않음을 느낄 수 있었다.

우리는 택시를 타고 숙소에서 출발하여 하노이 기차역을 방문한 뒤, 인터뷰 예정 장소인 포스코건설 지사까지 이동했다. 택시를 타고 이동하면서 구도심에서 교외 쪽으로 빠져나가다 보니 구도심이 굉장히 복잡하다는 것을 알 수 있었는데, 도로가 비좁고 많은 오토바이들이 바로 옆으로 지나다녀 부딪히지는 않을까 걱정이 들었다. 하지만 하노이 시민들은 이러한 교통 문화에 익숙해서인지 오토바이를 타고 능숙하게 차 옆을 지나가고 앞을 가로질러 가기도 했다. 교통사정으로 인해 생각보다 이동이 빠르지는 않았지만 택시는 비교적 편리한 교통수단이었다. 한편 도심에서도 택시를 잡는 모습들을 보니 아직 하노이에는 택시정류장의 개념이 존재하지 않는 것 같았다. 현 베트남의 정책대로 사륜차를 중심으로 교통사정을 개선할 때 택시정류장을 설치한다면 교통에 도움이 될 수 있겠다는 생각이 들었다.

기차

주로 하노이에서 호찌민 등 장거리를 이동할 때 이용되는 기차를 일정상 직접 타고 이동해 볼 수는 없었지만, 역 안에 들어가서 양해를 구한 후 비어 있는 열차에 들어가 앉아 볼 수 있었다. 택시를 타고 역 앞에 주차를 한 뒤 역의 전경을 보았는데, 구도심에 위치해 있고, 역 자체가 매우 낡아서 내부를 공사 중인 상황이었다. 역 앞의 도로는 넓지 않았고 상권 역시 낙후된 듯한 느낌을 받았다. 역사 앞에는 간단하게 쌀국수를 먹을 수 있을 정도의 작은 점포와 열차에서 내린 승객을 태우려는 '쌔옴Xe om(베트남 오토바이 택시)' 기사들만 보였다. 우리나라의 전철역에 비유하자면 경인선의 '급행이 서지 않는 역' 정도의 느낌이었다. 이러한 작은 규모의 역에서 전국 방방곡곡으로 향하는 열차가 운행된다는 것이 놀라웠다. 역사 안으로 들어서자, 파란색과 붉은색으로 칠해진 열차를 볼 수 있었다. 색의 조화가 잘 되어 있고, 채도가 높은 두 색을 위주로 꾸며진 열차는 동화 속에 나올 것 같은 느낌을 많이 주었다. 우리나라의 표준궤 열차와는 다른 협궤 열차이기 때문에 열차의 크기가 작은 것도 이러한 느낌에 일조했다고 생각되었다. 베트남의 철도는 프랑스 식민지 시기의 유산으로 남아 있고, 큰 변화 없이 유지·보수되고 있다는 조사를 한 상태에서 방문했는데, 선로가 상당히 오래된 양식이라는 것을 알 수 있었다. 현재 베트남은 도로교통 분야의 개선에 집중하고 있지만 남북으로 길게 연결된 베트남 국토의 형태, 인도차이나반도와 중국을 연결하는 위치상의 이점을 생각한다면 향후 철도교통과 관련된 분야에 대해서도 지원이 필요

그림 3.2.9 | 하노이역 선로 전경

주: 나무로 된 선로에 물이 고여 있는 등 노후화된 모습을 볼 수 있다. 하지만 이 작고 오래된 역에서 전국으로 향하는 많은 열차가 나가고 들어오고 있다고 한다.

그림 3.2.10 | 하노이역 전경

주: 사진 하단이 역 앞 광장이자 주차장의 전부이다. 주변이 오래된 구도심이기 때문에 확장에 무리가 있을 것으로 예상된다. 내부 공사 중인 모습도 확인할 수 있다.

할 것으로 보인다.

열차에 들어가 보니 내부 시설은 생각보다 양호했다. 물론, 열차의 등급에 따라 일부 칸은 나무로 된 의자가 있기도 했지만, 우리가 앉아 본 칸은 시설 측면에서는 우리나라에 크게 뒤지지 않았다. 그리고 우리나라와는 달리 남쪽에서 북쪽까지 열차로 이동할 경우 장시간이 걸리기 때문에 침대칸도 있었다. 열차 내의 화장실의 경우 쾌적하지는 않았지만 사용하는 데 큰 문제는 없어 보였다. 비록 직접 기차를 타고 여행을 하지는 못했지만, 하노이역에 오지 않았다면 만화 속에 나올 법한 기차를 보지도 못했을 것이다. 나중에 기회가 된다면, 느리지만 나름의 매력이 있는 베트남 종주 열차를 타 보고 싶다는 생각이 들었다.

버스

포스코건설에서 인터뷰를 마치고 기업 측에서 떠이호까지 차량을 지원해 준 덕분에 택시를 새로 불러야 하는 수고를 덜 수 있었다. 하노이시의 특징 중 하나는 호수가 많다는 것인데, 그중에서도 가장 큰 호수가 바로 떠이호이다. 떠이호를 배경으로 점심 식사와 커피 한 잔을 즐긴 후, 호수 위의 쩐꾸옥Chùa Trấn Quốc 사원을 구경하고 버스를 타 보기로 했다. 베트남 학생들은 버스를 타는 것을 좋아하지 않았는데, 그 이유를 물어보니 혼잡하고 소매치기의 위험도 있기 때문이라고 하였다. 하지만 우리의 계획상 시내버스를 탈 필요가 있었고, 베트남 친구들이 있어 큰 어려움은 없을 것 같아, 떠이호부터 호안끼엠 호수까지 버스를 타고 이동하였다.

베트남의 버스가 우리나라와 다른 점은 버스 내에 요금을 징수하는 직원이 별도로 있다는 것이었다. 기본적으로 직원에게 돈을 지불하면 버스표를 받는 시스템이었는데, 우리나라처럼 카드로 결제하는 사람들도 있었다. 카드 결제의 경우 우리나라처럼 자동으로 요금이 결제되는 시스템이 아니라 단순히 직원에게 현금으로 결제하는 것을 카드단말기를 통해 대체하는 수준이었다. 매우 인상적이었던 부분은 직원이 요금 징수만 하는 것이 아니라, 노약자들을 대신하여 앉아 있는 승객들에게 양보를 요청하기도 한다는 것이었다. 베트

그림 3.2.11 | 베트남 버스 체험

주: 버스의 내부 또한 우리나라와 큰 차이가 없었다. 버스를 타는 모습에서 우리나라와 달랐던 점은 버스 안에서 서 있을 때 정면을 보고 서 있는다는 것이었다. 맨 밑은 베트남의 버스표이다.

남이 유교 문화의 영향이 강하다는 이야기를 들었는데 직접 보니 체감이 되는 것 같았다.

버스운행시스템은 하차할 곳에서 벨을 누르는 방식으로 우리나라와 크게 다르지 않았다. 교통 상황이 좋지 않아 오토바이로 인한 급정거가 잦았고 경적이 자주 울리는 등 약간의 불편함이 있었다. 또 버스 간 환승이 되지 않아 버스를 갈아타는 경우, 요금을 한 번 더 내야 하는 것도 아쉬운 부분이었다. 버스 노선이 없어서 떠이호에서 호안끼엠 호수를 가는 데에도 한 번 갈아타야 했는데, 심지어 갈아타는 지점은 떠이호에서 처음 출발할 때보다 호안끼엠 호수에서 더 먼 곳이었다(앞의 답사 경로 참고). 그리고 버스가 유턴해서 가는 경우도 매우 빈번했다. 추측건대 버스의 노선이 부족한 데 비하여 갈 곳은 많고, 좁은 도로에서 넓은 도로로 합류할 때 해당 방향으로 바로 진행할 수 없기 때문인 것 같았다.

종합하면 현재 베트남의 시내버스체계는 한국과 비교해 본다면 버스를 타는 것 자체에는 큰 차이가 없었지만 노선 등의 시스템이 제대로 구축되어 있지 않은 부분이 아쉬웠다. 이러한 불편함을 생각하면 문전연결성이 매우 뛰어난 오토바이에 익숙한 베트남 국민들에게 대중교통의 확대가 얼마나 큰 변화를 줄 수 있을지 궁금해졌다. 베트남 정부에서 대중교통을 통해 하노이 시내의 교통체증 문제를 해결하고자 한다면 도로의 정비도 필요하겠지만 대중교통시스템의 정비도 병행되어야 할 것으로 보인다. 한편 버스에는 대우사의 로고를 볼 수 있었는데, 우리나라의 중고차를 들여와서 시내버스로 운용하는 것으로 예상된다.

오토바이

베트남에서 오토바이를 이용할 수 있는 방법은 두 가지가 있다. 개인 소유의 오토바이를 타는 것과 쌔옴을 이용하는 것이다. 위험해 보이기도 하고 가격 흥정에 어려움이 있을 것 같아 우리는 Amy와 Trang의 오토바이를 타 보기로 했다. 개인용 오토바이는 대부분 스쿠터 형태이기 때문에 시내에서 속도를 내는 일은 없었지만 그럼에도 도시 내 주변을 자동차가 아닌 오토바이로 이동한다는 것이 굉장히 편리하고 빠르게 느껴졌다. 오토바이를 탈 때 반드시 헬멧을 착용해야 돼서 관련된 규정이 있는지 Trang에게 물어보니 헬멧을 쓰지 않으면 경찰에게 처벌을 받는다고 했다. 그리고 복잡한 교통사정으로 인하여 속도를 내지 못하는 것도 있지만 규정상 제한속도가 40km/h로 설정되어 있어서 그 이상으로 속도를 내지 못한다고 했다. 무질서하게 보이는 오토바이 이용 문화와 대조적으로 오토바이에 대한 안전규정은 철저하게 지켜지는 것 같아 놀라웠다.

저녁 늦은 시간대여서 차가 막히는 일은 없었지만 두 친구들에 따르면 좁은 도로로 인해 많은 오토바이와 자동차가 몰리는 출퇴근 시간대는 이로 인한 교통체증이 심각하다고 했다. 하지만 오토바이를 타 보니 베트남의 좁은 도로를 감안하면 택시나 노선이 부족한 버스에 비해서는 오토바이가 가장 편리한 교통수단이라는 생각이 들었다.

그림 3.2.12 | 오토바이 체험

인터뷰를 통해 알아본 베트남의 교통과 문화

우리 조는 총 세 번의 인터뷰를 포스코건설, 세계은행, 현지인의 순서로 진행하였다. 다음은 인터뷰에서 주고받은 주요 질의응답들을 Q&A 형식으로 재구성한 것이다. 가장 먼저 방문했던 포스코건설에서는 하노이 시내에 건설 중인 모노레일 공사에 대해, 세계은행에서는 베트남 정부의 교통인프라 정책과 이와 관련된 세계은행의 협조에 대해, 두 베트남 학생과는 현지인으로서 느끼는 베트남 교통체계에 대한 인식과 만족도에 대한 인터뷰를 실시하였다. 마지막으로 각 인터뷰별로 느낀 바에 대해서 간략하게 적어 보았다.

인터뷰1: 포스코건설(이환세 현장소장, 임철환 공무팀장)9)

Q. 베트남이 하노이에 도시철도(경전철)를 건설하는 이유와 공사 개요에 대한 간략한 설명을 부탁드려요.

베트남에서는 현재 하노이시 내부에 오토바이로 인한 도로교통 혼잡의 해결책으로 도시철도사업을 진행하고 있다. 관련 사업이 완료되면 정부 측에서 오토바이 이용을 줄이고 대중교통 이용을 늘리는 정책을 진행할 계획이라고 한다. 현재 포스코건설에서 담당하고 있는 경전철 공사는 파일럿Pilot으로 시작하는 명칭에서 알 수 있듯이 하노이에서 처음으로 건설하고 있는 경전철 공사다. 하노이시에 총 8~9개의 도시철도 노선을 계획 중인데, 이 중 3호선의 지상역사 8개를 짓는 것이 포스코건설이 담당하고 있는 업무이다. 현재 공정률은 28% 정도이다(2016년 8월 31일 기준).

Q. 중전철이 아닌 경전철을 건설하는 이유는 무엇인가요?

지형적인 이유와 비용적인 측면 두 가지가 있다. 우선 지형적인 이유는 지반이 약한 것도 있지만, 더 큰 문제는 지하수위가 높다는 데 있다. 비용적인 측면에서의 이점은 건설하는 비용이 덜 든다는 것이다. 경전철의 경우 중전철보다 지상이나 고가 위에 건설하는 것이 용이하다. 특히 지상에 건설할 경우 지하로 건설하는 비용에 비해 1/5도 들지 않는

9) 포스코건설 이환세, 임철환 인터뷰(2016.09.29.)

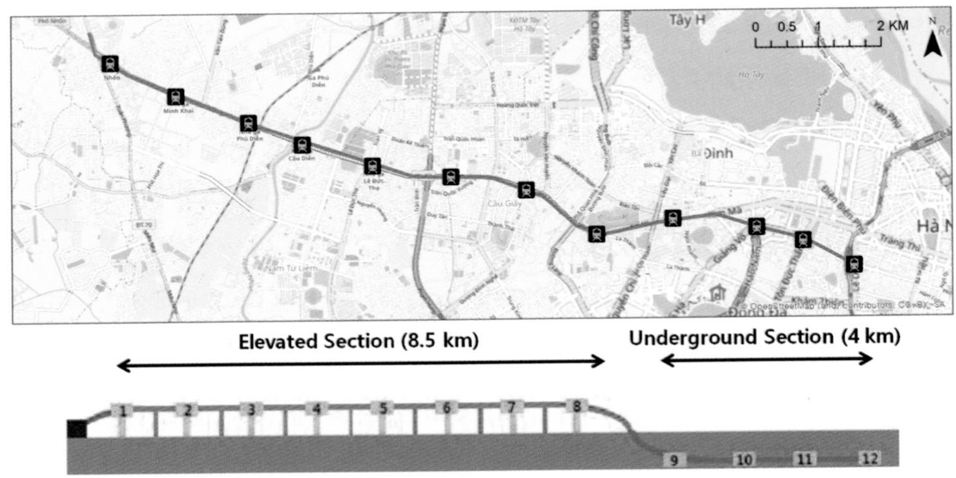

그림 3.2.13 | 하노이 도시철도 3호선 공사 경로
출처: 포스코건설 내부자료

다. 하지만 현재 구도심에는 기존 주거 인구가 많아 지상의 공사가 용이하지 않다. 따라서 구도심 쪽은 지하로 공사가 이뤄지고 있다. 하지만 이는 영구적인 해결책이 아니다. 오히려 향후 지상에 설치된 것으로 인해 도로교통의 비효율성이 발생할 수 있다고 생각한다.

Q. 사업 진행과 관련하여 어려운 점이나 베트남에서 볼 수 있는 특징은?

현재 공정률이 예상보다 나오지 않고 있다. 역사 공사이다 보니 궤도, 시스템 인터페이스 등이 중요한데 관련 공구들이 아직 합류되지 않았고, 설계 관련하여 다른 기관들과 협의가 이뤄져야 하는데 제대로 진행되지 않아 사업 진행에 다소 어려움이 있다. 베트남의 경우 인민을 최우선으로 하기 때문에 공사가 이뤄질 경우 이와 관련하여 설명회와 공청회가 이뤄져야 하고 여기에서 의견을 조율하고 모든 계약서에 서명을 받아야 한다. 따라서 많은 시간이 소요되는데, 이러한 부분은 오히려 우리나라보다 더 철저하게 지켜지는 부분인 것 같다.

Q. 위 사업과 관련하여 한국 정부의 협조는?

아쉬운 부분 중 하나인데 계약을 진행하는 과정에서 한국 정부가 직접적으로 도움을 주는 부분이 부족했다. 외국 업체들은 고부가가치사업을 할 수 있도록 자국 정부에서 관련

그림 3.2.14 | 임철환 공무팀장 브리핑

그림 3.2.15 | 포스코건설 관계자분들과의 기념촬영

느낀 점

처음 인터뷰 섭외 요청을 할 때에는 대하기가 상당히 어려웠는데, 직접 방문하여 인터뷰를 해 보니 굉장히 반가웠고 포스코건설 측에서 이번 인터뷰 관련하여 공사 브리핑 등 많은 준비를 해 준 것 같아 감동을 받았다. 해외에서 활동하고 있는 한국 기업을 보니 국제 사회에서 한국의 위상이 높다는 것과 동시에 아직 정부 차원에서 지원이 부족한 부분이 있다는 것도 알게 되었다. 또, 서울과 다른 지형적 특징 때문에 지하철이 많이 발달하지 못한 것을 보며 지형적 특성이 교통에 미치는 영향과 베트남의 문화적인 요소나 행정적인 특성이 교통 인프라 구축, 나아가 국가 발전에 중요한 요소로 작용하고 있음을 느낄 수 있었다. 인터뷰를 통해서 책이나 인터넷 자료 등으로는 알기 힘든 정보와 이야기를 들을 수 있어서 인터뷰의 중요성에 대해서 새삼 깨달았다.

지원을 많이 해 준다. 그러나 우리나라의 경우 아직 그러한 역할을 해 주지 못해 고부가가치사업 분야에 뛰어드는 것이 쉽지 않으며, 상대적으로 낮은 부가가치의 산업을 하게 된다. 그리고 이 경우 베트남이나 중국 업체와 가격경쟁을 해야 해서 또 다른 어려움을 겪게 된다.

인터뷰2: 세계은행(Senior Transport Economist 오정은)10)

Q. 세계은행은 어떤 일을 하는 곳인가요?

개발도상국에 대한 경제적 원조와 기술적 원조 크게 두 가지 일을 한다. 경제적 원조는 국가가 도시철도 건설이나 도로 건설사업 등 인프라 구축 사업에 있어서 자금을 지원하는 것이다. 세계은행 그룹에서 베트남에 대한 자금의 지원은 주로 두 개 기관을 통해 이

10) 세계은행 오정은 인터뷰(2016.09.30.)

뤄진다. 국제개발협회IDA와 국제부흥개발은행IBRD: International Bank for Reconstruction and Development이 그것이다. IDA는 국민소득 2,000달러 미만의 국가나 전후복구 중인 국가(이 기준은 매해 달라질 수 있음)에게 완전한 지원금을 주거나 무이자 혹은 저이자로 자금을 지원한다. IBRD의 경우 중간 정도의 국민소득을 갖는 국가들을 대상으로 국제 금융시장에서 대출하는 것이나 국채를 발행하는 것보다 저금리로 자금을 지원한다. 기술적 원조는 해당 사업이 주변 환경에 어떤 영향을 미치는지 평가하는 것과 해당 사업을 하는 데 있어서 유지, 관리, 운영하는 측면에서 어떻게 해야 하는지 기술적인 조언을 하는 것이 해당된다.

Q. 세계은행에서 바라본 베트남의 상황은?

베트남은 2017년까지 IDA를 받을 수 있는 상태이며 이후에는 IBRD로 전환해야 한다. IBRD의 경우 IDA보다는 높은 금리가 책정되고, 별도의 여러 가지 조건들이 요구된다. 따라서 이전과 달리 정책 추진에 따른 비용이 커질 것으로 예상되며, 이에 따라 베트남은 과거와 달리 교통 인프라 구축 사업에 있어서 선택적인 접근을 해야 한다.

Q. 베트남의 행정에 있어서 특징과 한계점이 있다면?

베트남에서 정책을 수행하기 위해서는 국민들의 정치적 지지가 필수적이다. 매우 중요한 안건이라도 지지를 받지 못한다면 이뤄지지 않을 수 있다. 그리고 베트남 국내법상 교통 인프라 구축 사업 진행에 있어서 주민들에 대한 보상규정이 미비한 경우가 있는 데 비해, 세계은행은 이전과 동일한 생활수준 유지 등의 정확한 보상이 담보되어야 지원이 이루어질 수 있기 때문에 법적인 측면에서 충돌이 발생하기도 한다. 한편, 아직 사업 진행에 있어서 타당성 조사나 평가가 부족한 부분이 있고 사업 진행 시 중요한 부분에서는

느낀 점

인터뷰 장소인 사무실에 가 보니, 포스코건설과는 다소 분위기가 달라 업무에 있어서 차이가 있다는 느낌을 받았다. 특히 직원 구성에 있어서 한국인들이 거의 보이지 않았다. 인터뷰를 해 보니 사전 조사를 통해서 알아본 것 이상으로 세계은행이 하고 있는 일이 다양하고 세밀하다는 것을 알 수 있었다. 세계은행은 단순한 은행 업무만이 아닌 개발도상국과의 행정적 협력을 통해 국가 발전에 기여하고 있었다. 베트남의 경우 빠르게 성장하고 있는 개발도상국가 중 하나로서, 지금까지와는 달리 자본을 활용함에 있어 선택과 집중이 필요한 시점에 있는 것으로 보였다. 이번 인터뷰로 세계은행과 같은 국제기구의 역할의 중요성과 함께 우리들이 활동할 수 있는 영역이 더 넓다는 것을 알았고, 세상을 보는 안목이 조금이나마 성장했다는 생각이 들었다.

그림 3.2.16 | 세계은행 관계자와의 인터뷰
주: 세계은행 인터뷰는 담당자분의 일정에 맞춰, 답사 셋째 날에 별도로 진행하였다.

부서 간 통합이 이뤄지지 않는 경우도 있다. 이러한 부분은 비단 베트남만의 문제라기보다 개발도상국들이 전반적으로 갖고 있는 한계점으로 보인다.

인터뷰3: 현지인(하노이 베트남국립대학교 재학생 Amy, Trang)11)

Q. 다른 장소로 이동해야 할 때 어떤 교통수단을 이용하나요? 그 이유는 무엇인가요?

Amy: 주로 전기 오토바이를 이용한다. 왜냐하면 경유를 필요로 하지 않아 비용이 저렴하고 보다 환경친화적이기 때문이다. 먼 거리가 아닌 이상 늘 오토바이를 이용하는데 빠르고 편리하기 때문이다. 사실 대중교통은 거의 이용하지 않는다. 시간도 많이 걸리고 출퇴근 시간대의 버스는 매우 혼잡하고 좌석도 없으며 소매치기에 항상 유의해야 해서 피곤하다. 또한 택시는 가격이 비싸고, 현재 베트남에는 짧은 거리를 이동하기 위한 기차가 존재하지 않는다고 생각한다.

11) Amy, Trang 인터뷰(2016.09.29.)

Trang: 도시 내를 이동할 때 주로 오토바이를 이용한다. 왜냐하면 버스에 비해 빠르고 편리하기 때문이다. 버스는 기다리는 시간이 길고 소매치기를 당할 위험이 있다. 더군다나 오래되어 위생적이지도, 미관상 아름답지도 않다. 하지만 버스 요금에는 만족하고 있다.

Q. 왜 사람들이 오토바이를 좋아한다고 생각하나요? 만약 저렴한 가격이 이유라면 자동차의 가격만 내릴 경우 자동차를 이용하게 될 거라고 생각합니까?

Amy: 모든 사람이 오토바이를 좋아한다고 생각하지는 않는다. 오토바이를 이용하는 이유는 현재 그것이 우리가 선택할 수 있는 최선이고, 대중교통이 충분히 편리하지 않기 때문이다. 나는 오토바이가 끊기 힘든 습관 같은 것이라고 생각한다. 또, 현재 베트남의 도로는 자동차를 이용하기에는 너무 좁다. 여전히 좁은 골목들이 많고 차는 이곳들을 지나갈 수 없다. 내 생각에는 오토바이 역시 그렇게 싼 편은 아니다. 사실 버스를 이용하는 것이 훨씬 저렴하지만 현재 베트남의 대중교통이 편리하지 않다고 느끼기 때문에 오토바이를 이용하고 있다. 따라서 오토바이의 가격을 올리거나 자동차의 가격을 내리는 것만으로는 현재 문제가 해결되지 않을 거라 생각한다. 교통 인프라를 확충하는 것이 우선과제이다.

Trang: 나는 베트남 사람들이 오토바이를 좋아한다고 생각하지 않는다. 현재 베트남의 도로는 매우 좁고 차나 버스로 이동하기에 충분한 공간이 많이 부족하다. 또 자동차를 위한 주차장도 거의 없고 자동차 가격은 매우 비싸다. 도로 바로 주변에 상점들이 많은 것도 문제라고 생각한다. 따라서 선택의 여지가 없이 오토바이를 이용하게 된다.

Q. 현재 베트남 정부의 교통 문제에 대한 정책에 제시할 의견이 있나요?

Amy: 나는 거의 매일 교통체증을 겪는다. 왜냐하면 일부 사람들이 자기 마음대로 운전을 하고 빨간불이 켜진 상태에서도 가 버리거나 무질서하게 차선 간 이동을 하기 때문이다. 나는 정부가 교통체계 정비를 위해 더 많은 교통경찰을 배치해야 한다고 생각한다. 교통법 위반자에 대한 강력한 처벌을 만들어 일부 사람들에게 교통법 준수에 대한 경각심을 주어야 한다.

Trang: 베트남에는 현재 지하철이 없는데, 지하철이 생긴다면 매우 편리할 것 같고 많이 이용할 것 같다. 사실 오토바이는 조금 위험하다고 생각한다. 따라서 정부가 대중교통 인프라 확충에 많은 노력을 기울였으면 한다. 그러면 오토바이로 인한 문제는 저절로 해결될 수 있다고 생각한다.

〈느낀 점〉

기업 인터뷰에서는 교통체계 공급자의 입장을 들을 수 있었다면, 베트남 현지인과의 인터뷰는 수요자인 베트남 국민들이 현재 대중교통체계에 대해 갖고 있는 생각을 보다 명확하게 알게 해 줬다. 국민들이 실제로 겪고 있는 불편함이 무엇인지, 특히 버스 타는 것을 제안했을 때 급변하는 베트남 친구들의 표정을 보며 버스 이용의 불편함을 체감할 수 있었다. 그리고 대중교통을 이용해 봄으로써 베트남의 대중교통 인프라가 열악하다는 사실을 직접 느낄 수 있었다. 한편 하나의 문화로 자리 잡은 오토바이 이용이 현재 정부의 교통 정책만으로 바뀔 수 있을까 하는 의문도 들었다. 중요한 것은 실제 문제를 겪고 있는 국민들과의 소통인 것 같다.

마치며

우리 조는 답사 전 계획한 대로 베트남의 교통체계 현황에 대해 알아보고 베트남 정부가 최우선 과제로서 진행하고 있는 교통인프라 확충 정책들에 대해 조사해 보았다. 그 과정에서 베트남의 도로교통, 대중교통 현황을 직접 눈으로 보고 체험해 보았으며, 이 주제에 관련된 기업들 및 현지인 학생들과 인터뷰를 진행하였다. 그 결과 우리 나름대로 도출한 몇 가지 결론을 통해 베트남의 현 교통체계에 대해 평가해 보고 앞으로의 변화는 어떠할지 전망해 보고자 한다.

베트남은 현재 GDP 성장률이 ASEAN 회원국 중 가장 높은 수치를 기록할 것으로 예측되며 다른 개발도상국에 비해 매우 높은 편에 속해, 국제적으로 많은 관심을 받고 있는 국가 중 하나이다. 이러한 국제적 위상에 비해 국내적으로 상당히 낙후된 교통 인프라를 가지고 있는 현재 상황은 조금은 아이러니하게 느껴지며, 베트남이 지금보다 발전된 국가로 나아가기 위해서는 교통체계의 중요성에 대한 인식 제고와 그에 맞는 조치가 있어야 할 것으로 판단된다.

이에 따라 베트남 정부는 현재 오토바이로 인해 발생하는 교통 문제를 해결하기 위해 노력하고 있다. 그리고 그 일환으로 하노이와 호찌민을 잇는 남북고속도로 건설과, 하노이 모노레일 건설을 추진하고 있다. 또한 오토바이 수를 줄이기 위해 자동차에 부과되었던 높은 세금들을 낮추고, 대중교통 및 교통체계 인프라 구축에 많은 자본을 투자하고 있다. 하지만 우리가 도로교통을 직접 체험해 보고 현지인들과 인터뷰를 나눈 결과, 현재 베트남의 도로는 자동차 및 버스가 이동하기에 매우 열악한 환경을 가지고 있었다. 도로가 좁을 뿐만 아니라 도로 주변에서 장사를 하고 있는 상점들이 많았고, 도로교통체계를 무시하고 무질서하게 운전하는 사람들도 자연스럽게 눈에 띄었다. 이러한 문제의 가장 큰 원인은 대중교통 인프라가 미비하여 오토바이를 대신할 선택권이 없다는 것이다. 따라서 최우선 과제는 대중교통 인프라의 확충이 되어야 하며, 도로를 넓히고 교통경찰을 늘리는 등의 제도적 개선이 추가적으로 필요하다.

베트남 정부는 현재 국내 자본만으로는 이러한 정책 비용을 감당할 수 없어 해외 자본을 적극적으로 유치하여 활용하고 있다. 그러나 경제적으로 일정 수준 성장한 베트남은 이제 조건 없는 차관을 받을 수 있는 기준을 넘어섰다. 따라서 앞으로는 주어진 예산을 보다 효율적으로 운영하기 위한 정책이 요구된다. 즉, 도로교통체계 인프라 정책을 실시함에 있어서도 선택과 집중이 필요하게 된 것이다. 이러한 정책들을 효과적으로 수행하기 위해서는 현재 교통 문제들을 직접 느끼고 있을 베트남 국민들과의 대화가 필수적이다. 따라서 베트남 정부가 실제 국민들이 겪는 불편과 개선에 대한 의견에 귀를 기울이고 베트남 문화 및 환경에 맞는 정책들을 펼쳐 나간다면, 국내외적으로 안정된 기반하에 지속가능한 성장을 할 수 있을 것으로 기대된다.

답사 개인소감

- 김대환: 국내답사와 달리 해외답사는 늘 새로운 환경과 문화를 접하게 된다는 설렘이 있다. 지금껏 살아온 공간, 문화에서 벗어나 이질적인 타국의 분위기를 느끼는 것은 언제나 즐겁다. 베트남은 특히나 공산당이라는 사회주의체제가 유지되고 있는 나라이기에 출발하기에 앞서 설렘뿐만 아니라 두려움도 있었다. 하지만 예상과는 달리 따듯하고 부

드러웠던 사회 분위기 덕분에 나 역시 편하게 답사를 즐길 수 있었다. 차 없는 거리 행사로 호안끼엠 호수 주변에서 이뤄졌던 거리공연들, 경주라도 하듯 도로를 가득 채운 오토바이들, 국민 커피라는 달짝지근한 하이랜드 커피를 마셔 본 경험까지, 베트남만의 문화를 제대로 느끼고 온 것 같아 좋다. 여행 내내 유창한 베트남어로 가이드이자 좋은 친구가 되어 준 Amy와 Trang에게 고맙다는 인사를 전한다!

- 범원석: 작년 4월경에 베트남 여행을 다녀왔지만 그때와는 전혀 다른 경험이었다. 관심 분야의 주제를 설정하여 관련된 것을 중점으로 답사를 다니다 보니 부족한 시내버스 노선과 같은, 전의 여행을 다닐 때에는 보이지 않았던 것들이 보였다. 또 하노이 베트남국립대학교 친구들과 교류하며 같이 보낸 자유일정 시간 동안 서로의 문화적 차이를 알아가는 즐거움도 얻을 수 있었다. 가장 중요한 것은 같은 학과의 친구들과 함께 추억을 쌓아 갈 수 있다는 점이었다. 이번 답사를 통해 함께 보낸 시간이 오랜 시간 잊히지 않을 것 같다. 유일하게 아쉬웠던 것은 답사 기간이 짧아 함께 보낸 시간이 너무 빨리 지나갔던 점이랄까…
- 염인수: 사전 조사를 하고, 베트남 내의 관계자들 및 현지인들을 인터뷰하면서 흥미로운 사실을 발견했는데, 바로 교통 인프라사업의 핵심 목표 중 하나인 오토바이 감축에 대해서 대부분의 사람들이 회의적이라는 것이다. 하지만 더욱 흥미로운 사실은, 이들 모두가 베트남의 도약을 위해서는 오토바이 감축이 필수적이라고 생각한다는 점이다. 이처럼 베트남의 교통체계는 필요성과 현실적 한계들이 부딪히는 영역이며 앞으로 몇 년간은 핫이슈가 될 것이기 때문에, 주목할 필요가 있다고 생각한다. 과연 베트남이 교통체계를 성공적으로 전환할지, 아니면 지금의 이륜차 교통체계를 어느 정도 유지하며 산업적 도약을 이룰지 자못 기대된다. 물론 전자가 되었든 후자가 되었든, 흥미로운 사실이라는 점은 부정할 수 없을 것이다.
- 구본혁: 답사는 언제나 즐겁고 보람찬 것이다! 학과 선후배들과 함께 여름방학 때부터 준비했고, 현지에서 베트남 학생들과 자율답사를 진행하면서 더욱더 가까워질 수 있는

행복한 시간이었다. 답사를 통해 지역을 연구하는 것도 의의가 크지만, 사람을 만나고 즐거워하는 것의 소중함은 학과답사가 아니고서는 경험하기 어려운 일이다. 그만큼 뜻 깊은 답사였고, 자료집 작성까지 힘써 주신 답사 총책임자 양재석 선배와 교통지리 조장 김대환, 범원석 선배들께 무한한 감사를 표한다.

- 백승재: 베트남에 꼭 가 보고 싶었는데 갈 수 있는 기회를 만들어 주셔서 감사하다. 베트남은 너무나 젊은 국가였다. 시장엔 활기가 넘치고, 호수에서도 어린아이들이 뛰어다니는 모습을 보니 앞으로 발전 가능성이 무궁무진하겠다는 생각이 들었다. 외국에 나갈 때마다 음식에 적응을 못할까 봐 걱정을 많이 하는데, 현지시장에서 먹은 쌀국수는 정말 너무나 맛있었다. 하지만 식당에서 먹은 음식들은 입에 맞지 않아서 배고픔을 참고 돌아다니기도 했다. 이번 답사를 통해 가장 관심 있는 교통 분야를 조사할 수 있어 기뻤고, 정말 좋은 조원분들을 만나 행복했다. 하지만 가장 좋았던 것은 책만 보고서는 쉽게 얻을 수 없는 공간을 보고 해석하는 능력을 답사를 통해서 약간이라도 길렀다는 점이다. 새내기 지리학도로서 이런 능력을 약간이라도 얻을 수 있는 기회를 주신 지리학과 모든 구성원분들에게 감사의 인사를 올린다.
- 정혜인: 사전 조사와 평소 베트남 교통에 대해 알고 있는 것들로 베트남의 도로 상황 하면 가득 찬 오토바이와 교통 신호가 잘 지켜지지 않는 혼란한 모습이 떠오른다. 답사를 통해 그 모습을 실제로 보니 정말 베트남의 특징적인 모습이라고 할 만큼 그 기억이 머릿속에 오래도록 남는다. 이렇게 혼란스러운 교통체계에도 불구하고 나름의 규칙과 질서가 있다는 베트남 현지인들의 말을 들으니 '무질서 속의 질서'라는 말을 체감할 수 있었다. 그리고 현지인들도 현재의 교통체계에 대해서 심각성을 자각하고는 있지만, 오토바이가 가지는 경제적 이점과 편리한 이동성 등 때문에 쉽게 다른 교통수단을 이용하지는 못한다는 말에서 베트남의 교통 문제에 현실과 이상 간의 괴리가 있음을 느낄 수 있었다.

References

▷ 보고서

- 신선영, 2016.01.26., 2015년 베트남 자동차시장, 역대 최고 판매실적 달성, KOTRA.
- 정원준, 2006.03.23., 베트남 하노이시, 신규 교통시스템 도입결정, KOTRA.

▷ 언론 보도 및 인터넷 자료

- 국제뉴스, 2015.01.07., "베트남, 2014년 교통사고 사망자 9천명".
- 베트남 통계청, http://www.gso.gov.vn
- 실시간 대기오염 농도 측정 사이트, http://aqicn.org
- VIETNAM AUTOMOBILE MANUFACTURERS' ASSOCIATION(VAMA), http://vama.org.vn/

3

하노이와 유통지리: '슈퍼'가 들어왔다! 동남아의 '베이비' 베트남의 유통업계 발달

박채연 · 박재진 · 양규현 · 박규원 · 고관음 · 장진범 & Bui Thi Ngoc Hanh · Nguyen Thi Tam Oanh

아직도 성장 중인 어린 시장, 베트남

거의 10년 전인 2010년, 유명 컨설팅 기업인 맥킨지앤드컴퍼니McKinsey&Company가 아시아에서 가장 '어린' 시장으로 베트남을 지목하였다. 시장 상황, 인구 비율, 경제 성장률 등 산업 전반을 살펴보면 베트남은 아주 어리고 빠르게 성장하는 아기와 같다는 것이다. 베트남의 경제활동인구는 전체 인구의 60% 이상으로 그 비율이 매우 높으며, 인구 구성 연령이 대체로 낮고 인구 성장률도 높다. 도시화율, 인프라 발전 가능성, 그리고 2000년 이후 매년 6% 이상을 유지하는 경제 성장률 등을 포괄적으로 평가했을 때 베트남은 아주 좋은 해외 진출 대상지가 된다.

베트남의 경제시장은 현재 개발도상국에서 선진국으로의 전환이 이루어지고 있는 단계라는 평가를 받는다. 여러 사업부문 중에서 우리 조는 베트남의 유통업계에 주목하기로 했다. 근대적인 유통판매 형태인 슈퍼마켓이 비약적으로 성장하며 재래시장과 시장 점유율 싸움을 벌이고 있기 때문이다. 국내외 학계에서는 이미 예전부터 베트남의 유통업계에서 붐boom이 일어날 것이라고 예고하며 다양한 보고서와 논문을 발표하였다. 이것은 비단 베트남에서만 일어나는 일은 아니며 전 세계의 개발도상국 전반에서 관찰되는 현상이다. 우리나라도 물론 이러한 과정을 겪었다. 성장 가능성이 무궁무진한 베트남의 유통업계에도 '슈퍼'가 들어오고 있다.[1)]

우리 조는 베트남에 진출한 베트남의 유통업계 현황과 함께 해외자본 유입의 실태를 알아보기 위해 답사 전후로 많은 준비를 하였다. 경제 진출과 관련된 내용이기에 경제지리에 속하는 주제라고도 할 수 있겠지만, 해외 진출을 할 때에는 문화적인 요소도 무시할 수 없다. 해외 진출은 사실 한 국가의 지리 전반을 포괄적으로 알아야 가능한 것이라고 생각한다. 우리는 자유연구 일정 중에 현지 롯데마트와 재래시장 등을 방문하였다. 그 과정에서 함께한 베트남 친구들 오안Oanh, 한Han과도 친해지고, 베트남 현지의 문화도 가까이에서 느껴 보는 등 즐거운 시간을 가질 수 있었다.

출국하기 약 한 달 전, 우리는 롯데마트 해외사업전략팀 베트남 담당의 마정욱 과장님을 직접 만나 인터뷰를 하였다. 베트남에서 4년간 주재원 생활을 하고, 현재는 롯데마트 본사에서 일을 하고 계신 분이다. 또한 마정욱 과장님의 도움으로 베트남 현지에서는 롯데마트 하노이점의 니엔민투안Nguyen Minh Tuan 점장님을, 구양미 교수님의 도움으로 HS F&B의 김은수 팀장님을 직접 만나 인터뷰와 매장 방문을 진행하였다. 이 자리를 빌려 답사 전후로 많은 도움과 조언을 주신 분들께 감사의 말씀을 드린다.

---

1) Maruyama, M., and Trung, L. V., 2007, Supermarkets in Vietnam: Opportunities and Obstacles, Asian Economic Journal, 21(1), pp.19-46; Minten, B., and Reardon, T., 2008, Food Prices, Quality, and Quality's Pricing in Supermarkets versus Traditional Markets in Developing Countries, Review of Agricultural Economics, 30(3), pp.480-490; Figuié, M., and Moustier, P., 2009, Market Appeal in an Emerging Economy: Supermarkets and Poor Consumers in Vietnam, Food Policy, 34(2), pp.210-217; Breu, M., Salsberg, B. S., and Thanh Tu, H., 2010, Growing Up Fast: Vietnam Discovers the Consumer Society, McKinsey Quarterly August, pp.1-5; Gorton, M., Sauer, J., and Supatpongkul, P., 2011, Wet Markets, Supermarkets and the "Big Middle" for Food Retailing in Developing Countries: Evidence from Thailand, World Development, 39(9), pp.1624-1637; Reinartz, W., Dellaert, B., Krafft, M., Kumar, V., and Varadarajan, R., 2011, Retailing Innovations in a Globalizing Retail Market Environment, Journal of Retailing , 87(SUPPL. 1), pp.S53-S66.

베트남의 유통업계 현황

전통시장 쩌(Chợ)

인구의 75%가 재래시장이나 골목시장과 같은 전통시장을 이용할 정도로, 베트남에서는 재래시장의 유통업계 점유율이 압도적인 상황이다. 지붕이 있는 건물 내에서 판매되는 제품보다는 길거리나 야외에서 판매되는 식의 야외상권이 더욱 발달되어 있다. 점포 없이 오토바이 뒷바퀴 위에 가판을 올려 두고 장사를 하는 일도 비일비재하다. 길가에 돗자리를 펴고 물건을 내놓으면 그것으로 점포 마련은 끝난 것이다. 이것은 비단 식재료와 같은 중간재뿐 아니라, 도시락이나 음료와 같은 최종재의 교환 지점에서도 마찬가지다.

이러한 전통시장 혹은 '쩌'들에서 가장 많이 판매가 되는 품목은 신선함이 생명인 식재료들이다. 하지만 그렇다고 시장에 식품 구역, 의류 구역 등의 점포 구획이 엄격하게 이루어져 있는 것은 아니다. 베트남에서 가장 흔한 시장 형태는 '바자bazaar'에 해당하는데, 이는 한 시장 안에 모든 유형의 판매점과 판매 품목이 혼재하는 상태를 일컫는다. 이러한 바자 형태의 시장은 소비자 입장에서는 매우 비효율적일 수 있다.2) 권장가격도 없을뿐더러

그림 3.3.1 | 베트남 골목시장 풍경

원하는 제품을 좋은 품질과 저렴한 가격에 사기 위해 시간을 낭비하거나 흥정을 하는 등의 비용을 감수해야 하기 때문이다. 함께 답사를 다녔던 베트남 학생들에 따르면 제품 가격이 명시가 되어 있다고 하더라도, 흥정을 해서 더 저렴하게 구입하는 것이 좋다고 한다. 특히 단위가 큰 베트남의 화폐인 동dong에 익숙하지 않은 외국인을 상대로 사기가 자주 일어나 조심해야 한다. 여타 국가보다 많은 '0'의 개수를 잘못 보거나, 색이 비슷한 화폐를 잘못 지불하는 등의 실수를 하는 경우도 많다. 특히나 한국인은 부유한 관광객이라는 인식 때문에 '작은 액수에도 크게 연연하지 않을 것'이라 여겨진다고 한다. 한국의 1,000원이 베트남에서는 20,000동 정도가 되니 계산을 하면서도 저렴한 물가로 인해 금액을 과소평가하게 될 위험성도 언제나 존재한다. 그러니 외국인처럼 전통시장에 익숙하지 않은 사람의 입장에서 이러한 시장은 관광이 아닌 이상 방문이 망설여지는 곳일지도 모른다.2)

한곳에 다양한 업태가 혼잡하게 모여 있는 바자가 존재하면서도, 점포가 매우 산발적으로 또한 소규모로 임의의 장소에서 매매가 이루어진다는 것 또한 베트남의 전통적인 유통체계의 큰 특징이다. 이러한 작은 점포들을 이용하는 고객은 자전거나 오토바이에서 내리지 않은 상태에서 돈만 지불하고 물건을 받아서 바로 출발하는 경우도 드물지 않다. 함께 답사를 다닌 베트남 학생들에 따르면, 이렇게 골목마다 어디에서나 찾아볼 수 있는 작은 매대들이 베트남 일상 문화의 큰 부분을 차지한다고 한다. 냉장시설이 세대마다 충분히 보급되지 않은 탓에, 매일 오전 사람들은 집 근처 골목에서 파는 식재료들을 사서 바로 요리를 해 먹는다. 규모의 경제를 취하기보다는, 당일에 필요한 것만 소량으로 구입해서 바로 소비하는 문화가 자리 잡은 것이다.

현지인들의 수요를 뒷받침하는 것 외에 관광객을 겨냥한 시장도 있다. 이러한 시장들은 우리나라의 시장과 그 모습에 큰 차이가 나지 않았다. 방문했던 시장 중 하나인 쩌동쑤언Chợ Đồng Xuân은 다양한 식재료와 생필품은 물론 찻잔, 커피, 엽서와 같은 기념품도 취급하

---

2) Maruyama, M., and Trung, L. V., 앞의 논문.

그림 3.3.2 | 쩌동쑤언의 중앙건물 전경

그림 3.3.3 | 쩌동쑤언을 구경하는 조원들

였다. 하지만 쩌동쑤언 역시나 바자의 특징이 엿보이는 곳이었다. 기념품점에서 물건을 고르는 관광객과, 신발이나 기성복을 구입하는 현지인이 양옆 가게에 드나드는 것을 쉽게 볼 수 있었다. 기념품점이 다수 입점한 쩌동쑤언의 중앙건물에서 조금만 걸어 나가면 마치 서울 남대문시장의 고등어조림 골목과 비슷한 모습으로 여러 음식점들이 즐비해 있다. 오안과 한은 이곳에서 종종 식사를 하거나 간식거리를 사 먹으며 시간을 보낸다고 했다. 시장 내에 있는 이런 작은 음식점에서는 즉석에서 음식을 조리하여 제공하는데, 사람이 어찌나 많은지 아무리 가게를 돌아다녀도 조원 여섯 명과 동반 학생 두 명이 식사를 할 수 있는 식당이 없어 결국 발을 돌려야 했다. 이러한 음식점들은 저렴하면서도 맛이 좋아 현지인들이 자주 찾는다고 한다. 더 깔끔하고 고급스러운 식당은 관광객이나 고소득층만 갈 수 있고, 중산층은 자주 가지 못하는 곳이라고 한다.

베트남 하노이에는 쩌동쑤언이나 전통적인 골목시장과 같이 여러 가지 품목을 취급하는 종합시장도 있지만, 꽃이나 공예품과 같은 특정 품목의 도매만을 전문으로 하는 시장도 여럿 있다. 방문했던 곳 중 쩌홈Chợ Hôm은 동반했던 학생들도 한 번도 가 본 적이 없는 시장이었다. 학생들이 주로 놀러 가는 번화 지역도 아니고, 쩌홈의 특성상 일반 소비자가 많이 찾는 곳도 아니기 때문일까? 쩌홈은 하노이에 있는 전통시장 중의 하나로, 원단 도매로 유명한 곳이다. 쩌홈은 복층시장으로 3층까지 있는데, 2층과 3층에는 원단을 취급하는 가게

들밖에 없었다. 또한 가게들은 매우 밀도 있게 공간을 점하고 있어 이동이 어려웠다. 옷을 만들고 수선하는 일을 전문으로 하는 업자들이 직접 원단을 보고 구매하러 올 만큼 쩌홈은 도매시장의 역할을 제대로 수행하고 있었다.

쩌동쑤언이나 쩌홈이나 대형시장들은 주력 품목과 무관하게 모두 지상층과 그 주변에 여러 가지 음식과 과일을 파는 가게들을 배후상권으로 두고 있었다. 특히, 유동인구가 많은 곳을 중심으로는 간식거리를 바구니에 넣어 파는 아주머니들이 많이 있었다. 흥미로운 것 중 하나는 이러한 대형시장들 근처에 당구장이나 PC방과 같은 오락시설도 있었다는 점이다. PC방에서는 한국에서와 같이 사람들이 컴퓨터 게임을 즐길 수 있는데, 데이터 전송 속도상의 한계로 인해 고사양의 게임을 즐기지는 못한다고 베트남 학생들이 알려 주었다.

베트남의 전통시장들은 이러한 거래 기능과 오락시설 제공뿐 아니라 종교적인 역할도 한다. 대체로 시장의 외진 곳에는 시장의 번영과 안정을 비는 사원이 마련되어 있는데, 이는 사원이 전통시장의 한 요소로서 자리매김하고 있음을 보여 준다. 동행했던 학생들은 이러한 사원이 대부분의 전통시장에 하나씩은 존재한다고 알려 주었다. 이는 베트남의 전통 신앙과 불교가 함께 나타난 관습으로 보이는데, 베트남에서도 역시나 전통 문화가 종교와 연관성이 있다는 것을 알 수 있었다.

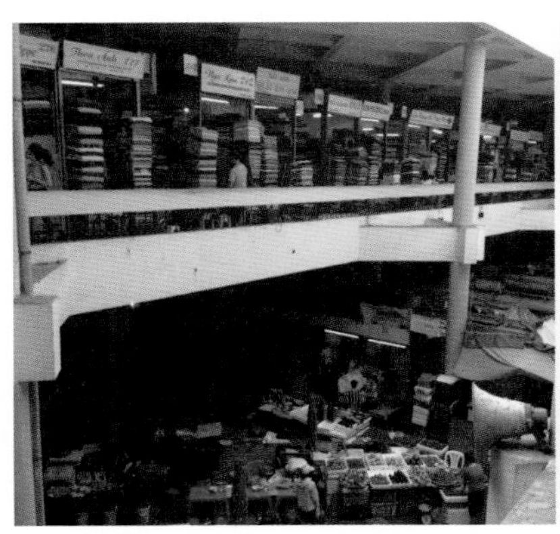
그림 3.3.4 | 쩌홈의 과일 노점상과 원단 가게들

그림 3.3.5 | 쩌홈의 안녕을 비는 사원

베트남의 전통시장들은 그 규모가 크든 작든, 모두 인근에 거주하는 사람들에게 식재료와 생필품을 제공하는 시장으로서의 기능을 제공한다. 또한 하노이라는 도시 전체의 스케일에서는 상권의 집적지로서의 기능도 하고 있다. 무엇보다 전통적인 골목시장들은 거주지와의 인접성이 큰 이점으로 작용하여, 현지인들이 이러한 전통시장들을 식재료 공급원으로 인식하고 있다는 것을 알 수 있었다. 더 좋고 저렴한 것을 찾기 위해 불필요한 시간을 낭비하려 하기보다는, 집과 가까운 곳에서 그날그날 필요한 것을 바로 사 오는 문화가 지배적인 것이다.

대형 유통업체의 습격

사실 베트남이 현대적인 유통업체들을 받아들인 지는 오래되지 않았다. 오늘날에도 가공식품이 아닌 식재료 구입의 경우에는 전통시장의 점유율이 압도적으로 높다는 의견이다. 이에 따라 외국계 유통업체들은 많은 경우 가격 안정성, 품질 보장 등을 내세우며 늘어나는 중산층을 겨냥한 고급화 전략을 취하고 있다.3) 계속되는 경제성장으로 젊은 인구층의 선호는 기성세대와 다른 방향으로 변화하고 있으며, SNS와 인터넷의 발달로 외국 문화에도 쉽게 노출되고 있다. 개발도상국에 산다고 해서 선호와 취향이 선진국에 사는 사람들과 달라야 할 이유는 없다. 베트남에서는 더욱 세련되고 고급스러운 것을 소비하고자 하는 사람들이 늘고 있고, 본인의 경제적인 능력을 벗어난다 해도 과시나 자기만족 등을 위해 품질 좋은 물건을 구입하기도 한다.4)

하지만 이러한 변화에도 불구하고 제도나 기반시설의 측면에서 보자면 베트남에서 대형 유통업체의 존재는 조금은 낯선 것이다. 외국자본의 유입이 문화적으로는 친숙한 현상이라고 해도, 많은 현지인은 아직까지는 전통시장을 선호한다. 주변 동남아시아 국가와 비교

3) Gorton, M., Sauer, J., and Supatpongkul, P., 앞의 논문.

4) Figué, M., and Moustier, P., 앞의 논문.

했을 때에도 베트남의 전통시장 이용 비율이 가장 높다. 습하고 더운 기후 조건에도 냉장고 보급이 잘 되지 않아 당일에 바로 먹을 것만 사 두는 문화가 보편적이기에, 일반 소비자들은 굳이 대형 유통업체를 통한 규모의 경제를 취하지 않는다.5) 그렇다면 전통시장의 점유율이 압도적인 상황에서 다른 형태의 유통업체는 그대로 후퇴해야만 하는 걸까? 그렇지 않다. 전통시장의 점유율이 이렇게 높은 것은 오히려 다른 업체들의 입장에서 좋은 것이라는 평이 있다. 그만큼 점유율을 끌어올 수 있다는 뜻이기 때문이다. 무엇보다 베트남의 전통시장은 바자 형태로 인해 업태가 상당히 혼재되어 있다. 대형 유통업체들은 바자에서 오는 여러 불편과 비용을 제거해 주는 역할을 할 수 있을 것이다.

대형마트 대부분이 해외기업에서 들여온 것이라는 사실은 그리 놀랍지 않다. 프랑스계 기업에서 운영하는 빅씨Big C, 일본계 기업의 이온Aeon도 모두 외국자본으로 베트남에 진출한 이후 성공적으로 동화가 된 유통업체들이다. 하지만 최근 들어, 해외자본뿐 아니라 현지 기업들과 정부 투자의 역할도 중요하게 생각해야 한다는 주장이 일고 있다. 베트남은 농산물 유통업계가 그다지 고도화되어 있지 않고 매우 영세하기에, 미흡한 기반시설을 나라에서 보완해야만 전통과 근대를 모두 포괄한 동반성장이 가능하다.6) 대형마트는 전통시장의 요소가 더 많이 보일수록, 그리고 거주지와 인접할수록 더 인기가 많은 것으로 드러나기도 하여, 대형 유통업체들이 영세 농민들에 대한 납품 허브hub로 기능해야 한다는 의견도 있다.7) 베트남을 비롯한 동남아시아 전반에서 현재 일어나고 있는 전통시장에서 대형 유통업체로의 전환에 공통적으로 제기되는 주장은, 거주지 근처에서 물건을 쉽게 구입할 수 있는 소규모의 네이버후드neighborhood형 점포들이 필요하다는 것이다.

5) Minten, B., and Reardon, T., 앞의 논문.

6) Reardon, T., Timmer, C. P., and Minten, B., 2012, Supermarket Revolution in Asia and Emerging Development Strategies to Include Small Farmers, Proceedings of the National Academy of Sciences, 10931, pp.12332-12337.

7) Maruyama, M., and Trung, L. V., 앞의 논문.

해외자본의 유입

여러 진출 장벽들

외국기업이 베트남에 합법적으로 진출하기 위해서는 매우 까다로운 절차를 겪어야만 한다. 국가 전반에 대해 어떠한 영향력이 있을지에 대한 경제 파급 평가를 거쳐야 하며, 현지 기업과 기관들의 반대를 무릅써야 하는 경우도 많다.8) 2007년 세계무역기구WTO에 가입하면서 베트남에도 드디어 100% 순 외국자본의 기업이 진출할 수 있게 되었다. 그 이전에는 반드시 현지기업과의 협력을 통해서만 진출이 가능하였다. 하지만 자유무역의 문이 열린 이후에도 그 절차가 매우 까다롭고, 외국기업을 상대로 수수료를 과다 청구하거나 자금 횡령을 일삼는 등의 방식으로 정부가 부를 축적하고 있다. 이 때문에 외국기업들의 입장에서는 단순히 시장성만을 보고 베트남에 진출하는 것을 망설일 수밖에 없었다.

언어 장벽도 무시할 수 없다. 외국기업이 베트남에 진출하고자 할 경우 현지 기관이나 공무원들과는 당연히 베트남어로 의사소통해야 한다. 하지만 베트남어를 할 줄 아는 외국인도 그리 많지 않기에, 통역 과정에서 많은 비용이 발생한다. 물론 정부나 행정기관이 아닌 다른 기업체와는 영어로 편하게 소통할 수 있다고 한다. 초기 정착 단계에서는 본사 직원이 어렵게 베트남어를 배우거나 베트남어와 본사가 위치한 나라의 언어 모두에 능통한 사람과 함께 현지 진출을 하였다. 하지만 사업을 확장하면서 점진적으로 현지인의 인력 구성 비율을 늘리고 완전히 인수인계를 한 이후에는 본사 직원 없이 운영하기도 한다.

아직 기반시설이 확충되지 않았다는 점도 하나의 큰 장벽으로 작용한다. 건설업에 대한 외국자본의 투입이 날로 증가하고 있지만, 아직까지는 선진국에 비해 많이 미흡한 상태이다. 그렇기 때문에 시장성 지표만으로는 완벽한 투자지일지라도 함부로 투자를 할 수 없다. 베트남 진출은 아이템item이 아닌 플랫폼platform 싸움이라는 의견을 보이는 투자자도

8) Breu, M., Salsberg, B. S., and Thanh Tu, H., 앞의 기사.

있다. 외국기업을 상대로 한 횡포로 악명이 높기 때문에, 현지인 차명이라는 대체안과 같은 무모한 방법을 써도 불이익을 받지 않으면서 정부규제를 완벽하게 벗어날 방법이 없다. 본사 국가와는 다른 이러한 기준들이나 관습 때문에 많은 외국 투자자들이 발을 돌리게 된다.

외국계 기업의 현지화 전략

베트남 국토는 위아래로, 즉 북쪽과 남쪽으로 길게 뻗어 있으며 도시들이 대부분 작은 규모로 분포하고 있다. 이러한 지리적 특성은 기업 운영을 더욱 어렵게 하는 면이 있어, 대부분의 외국기업은 초기에는 수도인 하노이 혹은 경제적으로 가장 발달한 호찌민에만 진출한다. 그 이후에 중소도시들을 중심으로 점진적인 침투 전략을 펼치는 것이 보편적이다.

베트남에 입점하는 외국 기업들은 외국 기업임을 전면적으로 내세우기보다는 현지화를 위한 노력을 많이 한다. 외국계 대형마트들에도 외국인보다는 현지인 직원이 압도적으로 많다. 외국인 직원은 진출 초기가 아닌 이상은 거의 없다고 보면 된다. 이러한 특성은 인력뿐 아니라 입점 상품에 있어서도 나타난다. 유통업체에 입점하는 상품은 거의 베트남 상품으로, 고객 대부분이 현지인이기 때문에 외국 상품은 매우 적다. 예외적으로, 각 대형마트는 다른 경쟁업체와 차별성을 두기 위해 자국 브랜드의 상품을 판매하기도 한다. 예를 들어 일본계 기업인 이온은 일본 제품을, 한국의 롯데마트는 한국 제품을 판매한다.

하지만 고도의 현지화는 자칫 위험할 수도 있다. 한 국가에서 외국계 기업으로 영업을 한다는 것은 기업의 운영 능력과는 무관하게 국가 이미지에 의해서도 매우 큰 영향을 받기 때문이다. 예를 들어, 롯데마트는 한국의 국가 이미지가 좋아지는 분위기가 생기면 한국에서 온 업체임을 밝히는 방향으로 마케팅을 하고, 한국에서 인기 있는 상품을 잠깐 가져다가 팔기도 한다. 베트남과 중국이 남중국해를 두고 갈등을 벌이던 2014년에는 베트남인들이 중국계 기업 직원을 살해하는 사건도 있었다. 정세에 따라 외국계 기업 직원을 상대로 한 살인사건도 발생하기 때문에, 고용주의 입장에서는 정치적인 흐름에 더욱 민감하게 반응하게 된다. 그렇기 때문에 외국 투자자는 경제 현황 혹은 매장 운영의 측면만을 볼 수 없으며, 국제정치에도 꾸준히 관심을 가질 수밖에 없다.

또한 유통업체의 입장에서는 베트남 현지의 주요 교통수단인 자전거와 오토바이를 매장 운영에 있어 반드시 고려해야 할 것이다. 대부분의 선진국과는 교통체계의 양상이 다른 베트남이기에 진열 상품만을 현지화한다고 성공적인 진출이라 할 수는 없다. 게다가 대형마트는 애초에 베트남에서 보편적인 시장의 형태도 아니기 때문에 여러 문화적 요소를 고려하여 더욱 신중한 전략을 펼쳐야 한다. 대형마트를 방문하는 사람이라면 누구나 장을 본 다음 물건을 들거나 어딘가에 실어서 집에 가지고 가야 한다. 자동차를 타고 장을 보러 가면 트렁크에 물건을 실으면 되지만, 베트남에서는 도로 위에서 자동차를 거의 찾아볼 수 없다. 베트남의 주요 운송수단인 자전거나 오토바이의 수납공간은 제한적이기 때문에, 유통업체들은 모두 이에 맞춘 전략을 취해야 한다. 자동차 보급이 보편화된 선진국에서는 카트cart를 크게 만들어서 소비 욕구를 자극하는 것이 유리한 전략이다. 하지만 베트남에서는 오히려 오토바이 바구니나 가방 안에 들어갈 정도의 양만 담을 수 있는 작은 바구니를 비치하는 것이 전략이다. 장바구니가 너무 크면 산 물건을 모두 집에 가져갈 수 없을 것이라는 생각에 소비 욕구가 줄어들기 때문이다. 따라서 베트남의 대형마트들은 우리가 흔히 아는 대형 카트가 아닌, 장바구니에 바퀴를 달아서 손잡이로 잡아끄는 캐리어carrier 형태의 카트를 비치한다.

그림 3.3.6 | 롯데마트에 비치된 캐리어형 카트

외국기업들이 현지화를 성공적으로 한 공(功)도 물론 있겠지만, 본질적으로 베트남에서는 외국자본의 진출에 거부감이 그다지 크지 않은 상태이다. 제조업으로 특화된 나라도 아니기 때문에, 생필품의 대부분은 외국에서 완제품의 형태로 수입을 해서 들여온다. 외국자본의 해외직접투자 비율도 70%에 육박하고 있다. 펜이나 공책과 같은 학용품에서부터 대형 건설자본까지, 외국자본은 국가 전반에 침투한 상태이다. 매우 높은 소비 성향도 큰 요인으로 작용하고 있다. 또한 유통체계가 고도화되고 쇼핑몰들이 발달하면서 젊은 층의 충동구매 비율도 높아지고 있다.9) 베트남의 성장이 이렇게나 빠른 데에는 국가 전반의 경제 성장도 한몫을 했겠지만, 소비를 즐기는 베트남인들의 트렌드도 크게 기여하지 않았을까?

배달시장의 성장 가능성

현재 베트남에서는 온라인 상거래e-commerce 도입을 위한 절차가 진행되고는 있지만 아직 완전한 도입은 이루어지지 않았다. 우선 베트남에는 아직 표준적인 신용거래시스템이 마련되어 있지 않아서 온라인 결제 방식을 도입하기가 어려운 상황이다. 모든 거래의 80% 이상이 현금 결제로 이루어지고 있기 때문에, 카드 결제는 대형마트나 체인점에서만 한정적으로 가능하다. 이 때문에 아무리 온라인 상거래를 통해 주문을 받고 배달을 하게 된다 하더라도, 금액을 지급할 방법은 마땅치 않다. 선진국에서는 지극히 보편적인 결제시스템이 이렇게 미비할 경우 외국 유통업체의 효과적인 진출은 어려워진다.10)

배달 과정 자체가 걸림돌은 아니다. 오토바이 등을 이용한 배달체계는 비교적 잘 마련되어 있기 때문에 주문을 받은 이후 소비자에게 전달하는 과정에는 큰 어려움이 없을 것으로 보인다. 다만, 현재로서는 배달원과 직접 현금을 주고받는 방식으로만 결제가 가능하다는 문제가 있다. 신용거래시스템이 구축되기 전에 일단 배달원 자체에 대한 신용 보장이 우선적으로 필요한 상황인 것이다. 온라인 결제시스템만 안정적으로 보장이 된다면 배송체계가 잘 마련되어 있어서 시장성은 꽤 좋을 것으로 보인다. 베트남은 SNS 이용이 매우 활발한 국가이고 인터넷망도 비교적 잘 구축되어 있기 때문에 파급 효과는 빠르게 나타날 것이다.

---

9) Tuyet Mai, N. T., Jung, K., Lantz, G., and Loeb, S. G., 2003, An Exploratory Investigation into Impulse Buying Behavior in a Transitional Economy: A Study of Urban Consumers in Vietnam, Journal of International Marketing, 11(2), pp.13-35.; Yu, C., and Bastin, M., 2010, Hedonic Shopping Value and Impulse Buying Behavior in Transitional Economies: A Symbiosis in the Mainland China Marketplace, Journal of Brand Management, 18(2), pp.105-114.

10) Reinartz et al., 2011

그림 3.3.7 | 롯데센터 하노이 앞에서의 단체 사진

그림 3.3.8 | 롯데마트 하노이점 입구

한국계 기업의 베트남 진출

롯데그룹의 베트남 유통업계 진출

롯데그룹의 롯데마트는 2006년에 본격적으로 베트남에 진출하였다. 마트뿐 아니라 영화관 롯데시네마, 패스트푸드점 롯데리아 등 입점 업체가 다양하다. 진출 과정에서 롯데그룹은 자회사 브랜드만 들여온 것이 아니라, 여러 한국기업들의 허브hub 역할을 하고 있다. 롯데센터 하노이 건물 내에는 여러 한국계 기업의 매장, 은행, 사무실들이 있다.

수도인 하노이에는 롯데마트 하노이점과 동다Đống Đa점 두 곳의 점포가 있다. 하지만 현재 롯데마트는 수도인 하노이 말고도 베트남 전체를 진출 대상지로 보고 있다. 해외 진출을 하게 될 경우 대부분 수도로 진출을 하게 되는데 베트남은 사회주의 국가이기 때문에, 하노이보다는 경제적으로 발전한 호찌민에 먼저 2006년 진출을 했다. 그 이후 북부, 중부, 남부의 세 거점을 두고 점포 확장 중에 있다. 현재 전국에는 총 13개 지점이 있지만 추후 30개까지 늘릴 계획이다. 아직까지 베트남의 경제성장은 호찌민을 근거지로 한 남부 지역을 중심으로 이루어지고 있지만, 북부의 하노이 역시 전망이 좋다고 한다.

현지 롯데마트에서 수익성이 좋은 상품은 대체로 어린이 장난감, 미세모 칫솔, 물티슈, 생리대와 같이 베트남에서는 좋은 품질을 찾아보기 힘들거나 보급이 잘 되지 않은 제품들

그림 3.3.9 | 통큰블록을 설명하는 점장님

그림 3.3.10 | 점장님과의 단체 사진

이다. 특히 롯데마트 PBPrivate Brand 상품들을 중심으로 판매를 하고 있는데, 이는 기업에서 자체적으로 생산하는 제품을 말한다. 장난감 중 하나인 '통큰블록'은 한국에서 직접 수입을 해 오지만, 모든 입점 상품을 수입해 오는 것은 아니다. 입점 상품 중 오리온과 농심 제품들의 경우에는 현지에 공장이 있어서 바로 수급이 가능하다. 한국 롯데마트 제품들과 가격은 비슷하게 형성을 했는데도, 베트남 현지에서는 쉽게 구할 수 없는 물건들이다 보니 의외로 잘 팔린다. 그 예로는 자체 생산한 미세모 칫솔과 물티슈가 있다. SNS를 매우 활발하게 이용하는 베트남인들의 특성을 빠르게 파악하여, 어떤 상품에 관심을 가장 많이 갖는지 빨리 읽어 내고 보급하는 것이 중요하다.

롯데마트의 한국 식품 코너에서는 한국인에게 친숙한 소주, 라면, 과자 등의 상품들을 볼 수 있었다. 베트남어와 함께 한국어로 상품명이 표기된 제품들도 많았다. 어떤 제품들은 베트남어로 상품명을 바꾸거나, 수입한 제품 위에 베트남어 스티커를 붙이지 않고 한글 상품명 그대로 판매하고 있었다. 한글을 돋보이게 하는 것은 이 제품들이 한국에서 온 품질 좋은 제품이라는 점을 보여 주기 위한 것이라고 점장님은 설명하였다. 롯데마트는 무엇보다 '프리미엄premium'을 중시하기 때문에 고급화 전략을 취하고 있다고 한다. 고급화 전략을 통한 차별화를 하더라도 다른 대형마트들과 똑같이 시행하는 정책이 하나 있었는데, 그것은 소지품 보관 정책이었다. 도난 방지를 위해 대개 대형마트에서는 입장 전에 모든 소지품을 로커locker에 넣어 둬야 한다. 물론 우리가 방문했을 당시에는 점장님과 동행했기에 소지품을 맡기지 않고 입장할 수 있었다.

그림 3.3.11 | 한국 반찬이 판매되고 있는 롯데마트

롯데마트를 이용하는 사람들은 대부분 현지인이다. 특히, 현지의 고소득 부유층을 겨냥한 프리미엄 매장이라는 것에 대하여 직원들은 매우 큰 자부심을 느끼고 있었다. 롯데센터 하노이점에 롯데시네마가 없는 이유를 물었을 때에도, 그 이유는 바로 "프리미엄 때문"이라는 대답을 들었다. 영화관의 소란스러움이 이러한 프리미엄 매장으로서의 평판에 악영향을 줄 것이라고 생각하기 때문이다. 롯데마트는 20대 후반에서 40대 사이의 사람들 중 안정적인 직장과 수입을 가진, '비싸도 사는 사람들'을 타겟으로 잡고 있다. 그래서일까? 점장님은 현재 경쟁 기업들을 크게 의식하고 있는 상태는 아니었다. 가격 경쟁력보다는 무엇보다 품질을 우선으로 생각하기 때문에 저렴한 가격으로 경쟁하는 다른 대형마트들을 경쟁 기업들이라고 생각하지 않는다고 밝혔다. 특히나 식재료 코너를 가장 내세우고 있었는데, 둘러본 결과 전통시장의 식재료 가판과는 확연히 비교가 되었다. 나무판 위에 포장하지 않은 날고기를 덩어리째 올려 두고 판매하는 전통시장과는 달리, 롯데마트에서는 육류나 채소와 같은 식재료들을 중량에 맞게 포장하여 냉장보관 상태로 판매를 하고 있었다. 또한 전통시장과 달리 카드로 결제가 가능하며, 계산대에는 '카드 가능'을 안내하는 큰 플라스틱 안내문구가 있었다. 카드 사용률이 낮고 현금을 주로 지불하는 다른 곳들과는 차별성을 보이는 매장임을 어필하는 차원에서 그런 안내문구를 두고 있다고 한다.

하지만 이러한 고급화 전략을 시작한 지는 오래되지 않았다. 롯데마트가 베트남에 처음 진출하였을 때에는 프리미엄 상품보다는 여느 마트처럼 저렴하고 가성비 좋은 상품을 중심으로 판매했다. 하지만 얼마 지나지 않아, 예상과는 달리 고객들이 오히려 품질이 더 좋은 고가의 제품들을 선호하는 경향을 보였다고 한다. 갈수록 현지인들도 상품성을 보는 경향이 강하게 드러났던 것이다. 요즘은 오히려 한국에서 온 질 좋은 상품이 생각보다 적어서 아쉽다는 의견도 많다고 한다.

롯데마트가 한국에서 온 브랜드라는 것을 현지인도 잘 인지하고 있는 상태였다. 하지만 그럼에도 불구하고 하노이점 매장에는 영어를 할 줄 아는 직원이 세 명, 한국말을 할 줄 아는 직원은 한 명뿐이다. 롯데마트가 입점한 주상복합 건물 '롯데타워 하노이'에는 삼성전자 직원이 200여 명 거주하고 있어 한국인도 매장을 꽤 방문하기 때문에 한국말을 잘하는 직원을 꼭 두고 싶다고 점장님은 밝혔다. 하지만 이러한 직원은 채용하기가 너무 어렵다고 한다. 한국말을 아는 현지인도 많지 않을뿐더러, 설령 채용을 하게 되더라도 얼마 지나지 않아 더 좋은 조건을 제시하는 회사로 이직을 하는 경우가 많다. 한국어 능력은 베트남에서 채용 시에 아주 유리하게 작용하기 때문에 한국계 기업들은 늘 인력난에 시달리고 있다고 한다. 베트남에서는 한국어 사용이 가능한 인력에 대한 수요가 매우 크다는 것을 알 수 있었다.

홍선그룹의 식음료업계 진출과 독특한 현지화

홍선그룹은 컨설팅, 식음료, 무역, 관광업의 네 가지 부문으로 베트남에서 사업을 운영 중인 기업이다. 봉추찜닭, 등촌칼국수와 같은 한국 브랜드 매장들을 베트남에 진출시켰으며, 현재 롯데센터 하노이에는 본가, 스쿨푸드, 소프레소 카페를 입점시킨 상태이다. 롯데센터 하노이의 푸드코트에는 홍선그룹이 운영하는 매점뿐 아니라 다른 여러 한국 기업의 매장들이 들어와 있어, 이곳이 한국이라고 해도 믿을 것 같았다.

고깃집인 본가는 한국의 매장과 동일한 인테리어, 메뉴, 식재료와 조리 방식을 수입해 왔다고 한다. 불판에 고기를 올려 구워 먹는 방식이나 다양한 쌈, 반찬 모두 한국의 것과 동일하게 제공되고 있다. 한국의 전통가옥이 연상되도록 꾸며 놓은 인테리어도 모두 의도

한 것이다. 베트남에서는 한류 등의 이유로 한국에 대한 이미지가 좋기 때문에 한국 전통 인테리어는 현지인들에게서 긍정적인 평가를 받고 있다. 본가 매점 방문 중에 발견한 또 하나 굉장히 독특한 것은 바로 냉장고에 들어 있는 소주의 뚜껑이 모두 은박지로 감싸져 있다는 것이다. 한국의 소주는 베트남에서 고급주류로 취급되기 때문에 음식점에서 소주를 주문하였을 때 한 번도 개봉한 적이 없는 소주병이라는 점을 인식시켜 주기 위한 방침이다. 한국에서는 서민들의 술이라고 불리는 소주가 베트남에서는 고급주류라는 점이 흥미로웠다.

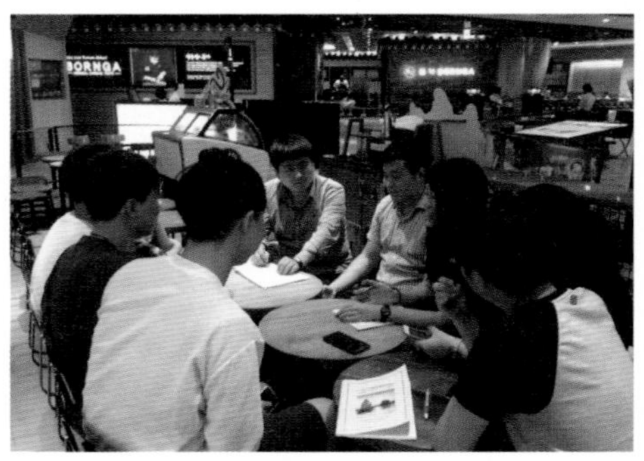
그림 3.3.12 | 김은수 팀장님과 인터뷰를 진행 중인 조원들

그림 3.3.13 | 베트남에서 흔히 볼 수 있는 길거리 가게들

스쿨푸드 역시 본가와 마찬가지로 메뉴나 매장 인테리어, 주문 방식 등에 대해서 어떠한 현지화도 진행하지 않았다. 음식을 조금 덜 맵게 조리하는 등 현지화를 하지 않는 이유를 묻자 팀장님은 한국과 동일한 맛을 추구하는 전략이 어쩌면 진정한 '현지화' 전략일지도 모른다고 설명하였다. 한국과 맛을 동일하게 만드는 것이 바로 현지화라고 생각한 점이 놀라웠다. 한국 매장과 동일하게 주방을 열린 형태로 설계한 매장 역시 위생적인 인상을 주어 손님들에게 좋은 평을 듣고 있었다. 방문했던 전통시장들의 음식점들보다는 확실히 현대적인 주방시설에서 음식이 조리되고 있었다.

인터뷰를 진행한 장소인 소프레소 카페 역시 한국의 프랜차이즈 매장 형태를 그대로 들여온 것이다. 하지만 그 규모가 크지는 않고, 푸드코트 내에서 작은 공간만을 차지하고 있었다. 사실 베트남에서는 매장형 카페에서 음료를 사 마시는 것보다 길거리의 작은 의자에 앉아서 마시는 것이 더욱 보편적이다. 하노이에서는 길가에 작은 목욕탕 의자들을 놓고 파라솔 밑에서 얼음과 함께 음료를 판매하는 매대들을 매우 쉽게 발견할 수 있다. 해가 진 이후에도 이런 매장들은 철수하지 않고 목욕탕 의자 가운데에 상자나 판을 두고 음료와 다양한 요리를 파는데, 이는 베트남에서 매우 흔한 광경이다. 또한 외국기업이 아니더라도 이미 현지인이 운영 중인 매장과 체인이 넘쳐 나고 있어, 외국 카페 브랜드에게 좋은 시장 상황은 아니다. 그래서인지 소프레소는 매출이 높은 편도 아니며, 홍선그룹의 주력 브랜드도 아닌 것 같았다.

식음료 부문에서 왜 베트남에 주목하고 있는지는 조별답사 사전연구와 여러 인터뷰에서 알게 된 점들과 매우 유사했다. 간단히 말해서 베트남은 젊은 국가이며 경제 성장률이나 소비량이 점점 상승하고 있기 때문이다. 우리나라의 경우 고령화 사회에 진입하여 노인 인구에 대한 대책을 국가 전체가 고민하고 있다면 베트남은 그 반대의 상황이다. 30세 이하의 인구가 전체 인구의 근 절반 정도를 차지하고 있어 성장 잠재력이 무한한 나라로 보고 있는 것이다. 그렇지만 식음료업계에 대한 진출이 반드시 호황인 것만은 아니다. 모든 외국계 기업이 겪는 어려움이기도 하겠지만, 베트남 정부에 자금을 빼앗기는 일도 자주 일어난다. 이미 현지 기업이나 매장만으로 포화 상태인 식음료업계인지라 진출에 실패하고 다시 한국으로 돌아가는 사례도 많다. 베트남의 시장 상태가 아무리 좋고 현지인들의 소비 성향이 크다고 해도 제도적인 장벽으로 사업 운영을 못하게 되면, 성장에는 분명히 한계가 있기 때문이다.

그림 3.3.14 | 마지막 저녁 식사를 같이 하며

그림 3.3.15 | 숙소까지 함께 와 준 고마운 친구들

식음료업계에서 사업을 운영 중인 팀장님도 유통업계의 비전을 강조하였다. 여러 매장 형태 중에서도 특히, 한국형 편의점의 진출에 대한 전망을 긍정적으로 평가하였다. 말하자면 집 근처에서 편하게 물건을 바로바로 구입할 수 있는 네이버후드형 매장을 보급하는 전략이 앞으로 빛을 발할 것이라는 것이다.

베트남 유통업계의 미래: 슈퍼가 정말 들어온 것일까?

베트남은 전통적인 유통 모델에서 점점 더 현대적인 모델로의 전환을 겪고 있다. 전통시장이 여전히 성행을 하고 있지만 대형마트와 쇼핑몰들이 갈수록 매출액을 올리고 있다. 그 과정에서 막대한 해외자본의 유입으로 큰 성장을 볼 수 있었지만 이제는 스스로 성장을 해야 할 때가 되었다. 외국에서 들여오는 자본이나 직접투자와 함께, 국가적 차원에서의 경제 자립과 독립성장 또한 생각해 봐야 할 때는 아닐까? 유통업계가 팽창 중인 오늘이 유통업의 고도화를 이룰 수 있는 최적기라고 평가할 수 있을 것 같다. 도농 간의 협력을 통해, 전통 농업과 제조업이 유기적으로 대형 유통업체의 흐름에 합류하는 지점을 모색해야 한다.

외국기업들 역시 베트남 내 유통업의 성장만을 보고 섣부르게 진출을 결정하거나 계획해서는 안 된다. 해외 진출에서는 무엇보다 표준이 없다는 점을 명심해야 할 것이다. 모든 국가에 대해서 같은 해외 진출 전략을 써서는 안 되며, 같은 국가 내에서도 지역적 차이를 두어야 한다. 지리의 힘이 작용하는 부분이 바로 이런 것일까? 대개 글로벌 표준을 유지하면서도 현지화를 하는 것이 좋다고 하지만, 글로벌 표준이라는 것은 이제 큰 의미가 없어진 것도 같다. 외국 기업의 것일지라도, 베트남에 온 이상 완전히 다른 브랜드가 되기 때문이다.

베트남에서는 앞으로 온라인 유통과 네이버후드형의 소규모 매장이 더욱 번창할 것으로 보인다. 이미 롯데마트는 온라인 유통망을 상당 부분 구축한 상태이며, 네이버후드형 편의점의 진출도 계획하고 있다고 한다. 아무리 좋은 시설에서 품질 좋은 고급 상품을 판매하더라도, 접근성의 힘이 강하게 작용한다는 것이 이번 답사에서 여실히 드러난 것 같다. 지리학자 월도 토블러Waldo Tobler가 남긴 지리학 제1법칙도 이 내용을 담고 있다. "모든 것은 다른 모든 것과 관련이 있다. 그러나 가까운 것은 멀리 있는 것들보다 더 관련이 있다Everything is related to everything else, but near things are more related than distant things." 모든 것은 서로 연관이 있겠지만, 물리적으로 가까이에 있는 것들일수록 서로 더 많은 교류가 있을 터. 유통업도 예외는 아니다. 가까이에서 필요한 것을 제때 공급하는 것이 베트남 유통업체들이 해내야 할 임무다.

References

▷논문(학위논문, 학술지)

- Breu, M., Salsberg, B. S., and Thanh Tu, H., 2010, "Growing Up Fast: Vietnam Discovers the Consumer Society", *McKinsey Quarterly August*, 1–5.
- Figuié, M., and Moustier, P., 2009, "Market Appeal in an Emerging Economy: Supermarkets and Poor Consumers in Vietnam", *Food Policy*, 34(2), 210–217.
- Gorton, M., Sauer, J., and Supatpongkul, P., 2011, "Wet Markets, Supermarkets and the "Big Middle" for Food Retailing in Developing Countries: Evidence from Thailand", *World Development*, 39(9), 1624–1637.
- Maruyama, M., and Trung, L. V., 2007, "Supermarkets in Vietnam: Opportunities and Obstacles", *Asian Economic Journal*, 21(1), 19–46.
- Minten, B., and Reardon, T., 2008, "Food Prices, Quality, and Quality's Pricing in Supermarkets versus Traditional Markets in Developing Countries", *Review of Agricultural Economics*, 30(3), 480–490.
- Reardon, T., Timmer, C. P., and Minten, B., 2012, "Supermarket Revolution in Asia and Emerging Development Strategies to Include Small Farmers", *Proceedings of the National Academy of Sciences*, 109(31), 12332–12337.
- Reinartz, W., Dellaert, B., Krafft, M., Kumar, V., and Varadarajan, R., 2011, "Retailing Innovations in a Globalizing Retail Market Environment", *Journal of Retailing*, 87(SUPPL. 1), S53–S66.
- Tuyet Mai, N. T., Jung, K., Lantz, G., and Loeb, S. G., 2003, "An Exploratory Investigation into Impulse Buying Behavior in a Transitional Economy: A Study of Urban Consumers in Vietnam", *Journal of International Marketing*, 11(2), 13–35.
- Yu, C., and Bastin, M., 2010, "Hedonic Shopping Value and Impulse Buying Behavior in Transitional Economies: A symbiosis in the Mainland China Marketplace", *Journal of Brand Management*, 18(2), 105–114.

4

하노이와 도시계획: 하노이 신도시를 방문하다

김진석 · 장광희 · 조성아 · 강수영 · 고나영 · 이명연 & Luong Vu Mai · Hao Nguyen

국어사전에서 '신도시'를 찾아보면 "대도시 근교에 계획적으로 개발한 주택지"라고 정의되어 있다. 신도시란 기존의 도심지가 인구 과밀, 환경 악화 등 각종 도시 문제를 겪을 때 이를 해결하기 위해 시가지 외곽 지역에 건설하여 인구분산, 주거환경 개선 등을 꾀하고자 조성하는 것이라 할 수 있겠다. 따라서 신도시의 개발에 대해 알아보기 위해서는 먼저 해당 도시가 어떻게 개발되어 왔고 어떠한 도시 문제를 겪었는지, 또는 현재 겪고 있는지에 대한 역사적 맥락을 먼저 이해해야 한다. 그러므로 하노이의 신도시에 대해 알아보기에 앞서 하노이의 역사와 도시 문제에 대해 간단히 짚어 볼 필요가 있다.

하노이는 1000년의 긴 역사를 지닌 도시이다. 지난 2010년, 하노이는 베트남 수도 지정 1000주년을 맞이하였다. 조선 태조 이성계의 한양 천도가 1394년이었으니 서울보다도 1.5배가량 긴 수도의 역사를 지니고 있는 셈이다. 하노이의 오늘날을 확인하기 전에, 간략히 하노이의 역사를 먼저 살펴보도록 하자.

하노이의 역사

하노이가 처음 베트남의 수도로 지정된 것은 리 왕조Nhà Lý 시기의 일이다. 당시의 이름은 다이라Đại La였는데, 서기 1010년에 리 왕조의 태조 리타이또Ly Thai To가 황룡이 승천하는 광경을 보고 도시의 이름을 탕롱Thăng Long으로 개칭했다고 한다.1) 하노이가 베트남의 수도로서 본격적인 도시발달 역사를 쓰기 시작한 순간이다. 이후 하노이는 긴 시간 동안 여러 왕조의 통치와 중국, 몽골 등 많은 이민족의 침략을 겪으면서 발전해 왔다. 19세기 응우옌 왕조 시기에는 베트남 중부 지역의 후에Huế로 천도하면서 지방성의 주도로 전락하였으나, 이 시기에 현재의 하노이라는 이름으로 개칭되었다. 이후 프랑스 식민 시기(1884~1945)에는 베트남 북부 지역의 행정 중심지이자 프랑스령 인도차이나의 수도로서 개발되었다. 제2차 세계대전 기간 동안에는 일제에 잠시 점령되기도 하였으나, 일제가 패망하여 베트남에서 철수한 뒤 프랑스에서 독립한 베트남은 북부의 베트남민주공화국과 남부의 베트남공화국으로 분단되었고, 하노이는 북베트남의 수도가 된다. 베트남전쟁의 결과 북베트남 주도의 통일이 이루어지면서 현재까지 하노이는 베트남의 수도로 남아 있다.

통일 이후 하노이에는 베트남 공산당의 주도 아래 사회주의식 도시개발이 이루어진다. 그러나 사회주의체제하의 도시개발로 인해 여러 도시 문제가 발생하게 되었는데, 그 원인으로 다음의 세 가지 사항이 지적된다. 첫째로 정부예산은 제한되어 있는데 수요는 증가하면서 수요-공급 간 불균형이 초래되었다. 둘째로는 계획경제를 표방하면서 기득권 유무에 따라 주거시설 분배의 형평성이 보장되지 못하였다. 마지막으로 주택 유지관리의 책임이 국가에 귀속되는 것으로 인식되자 거주자들은 주거환경 개선에 소극적인 태도를 보였고 이로 인해 주거환경이 악화되었다.2)

이처럼 사회주의체제하에서의 비효율과 오랜 전쟁으로 인한 빈곤을 극복하기 위해 베트남 당국은 1986년 12월의 제6차 전국공산당대회에서 개혁개방 정책을 채택하였고, 이후 적극적으로 해외투자를 유치하여 빈곤 극복을 위해 노력하고 있다. 비록 아시아 외환위기 이후 다소간의 경제침체를 경험하기도 하였으나, 외자 유치 및 수출 증대로 인하여 2000

1) 송정남, 2010, 베트남 역사 읽기, 한국외국어대학교 출판부, pp.97-98.

2) 권태호, 2009, "하노이의 개발과 도시계획: 역사적 과정과 정책적 함의", 아시아연구, 12(1), pp.9-10.

년대 이후에는 연평균 7%대의 고성장을 기록하고 있다. 이에 발맞추어 수도 하노이 또한 2015년 기준으로 약 700만 명의 인구 규모를 자랑하는 대도시로 성장하였다.

그러나 시장경제 도입으로 인한 급격한 경제성장은 또 다른 도시 문제의 원인이 되기도 하였다. 빠른 경제성장과 급격한 도시화로 인해 하노이의 인구가 예상보다 더 빠른 속도로 증가하자 이들을 수용할 주택 및 기반시설이 부족해졌고, 이와 동시에 해외투자 유치로 인한 외국인 노동력이 유입되면서 부동산 가격이 급등하였다.3) 결국 베트남은 화려한 고층 건물과 초라한 빈민주택가의 극심한 대조, 도시공간의 과밀화, 구시가지 지역의 환경오염, 그리고 교통 혼잡이라는 각종 도시 문제를 겪게 되었다.

이러한 도시 문제를 해결하기 위해 1998년에 새로운 하노이 종합계획이 제출된다. 이 계획에서 베트남 당국은 하노이의 목표연도 인구를 450만 명으로 정하고, 계속 증가하고 있는 도시인구를 수용하기 위해 하노이 북측 및 서측 교외 지역을 확장 지역으로 계획하여 이 지역에 신도시 개발을 추진하였다.4) 따라서 하노이의 신도시를 이해하기 위해서는 이러한 역사적 맥락하에서 야기된 도시의 과밀화 문제를 고려해야 할 것이다.

대한민국과 베트남의 관계

현대 이전까지 대한민국과 베트남 사이에 공식적인 외교관계는 없었지만 중국을 통한 간접적인 교류가 이어져 왔다. 현대에 들어서 대한민국은 1956년 베트남공화국과 정식으로 수교하였으며 베트남전쟁 당시 1964년부터 1973년까지 총 여섯 차례에 걸쳐 국군을 파병했다. 이후 1975년 남베트남이 패망하기 직전 대사관을 철수하며 대한민국과 베트남의 외교관계는 단절되었다.

베트남은 1986년 경제개방 정책을 채택하며 '한강의 기적'을 이룬 한국의 경제개발 방식

---

3) 권태호, 앞의 논문, p.4.

4) 권태호, 앞의 논문, pp.9-10.

을 도입하려 했다. 그리고 미래를 위해 과거사는 더 이상 묻지 않겠다는 베트남 정부의 기조를 배경으로 대한민국은 단교 17년 만인 1992년에 베트남과 다시 수교를 맺었다.

베트남전쟁 때 군대를 파견한 한국은 베트남 정부 입장에서 적성국으로 여겨지는 역사적 악연이 있었지만 한국-베트남 수교 이후에는 우호적인 감정을 갖고 양국 간 활발한 경제, 문화적 협력과 교류가 이루어지고 있다. 21세기에 들어서는 쩐득르엉Trần Đuc Lương 국가주석이 2001년 방한하였을 때 한국-베트남 관계를 '포괄적 동반자 관계'로, 2009년에는 한 발 더 나아가 이명박 대통령이 베트남을 방문해서 양국의 관계가 '전략적 협력 동반자 관계'로 격상했음을 발표했다.

한국과 베트남의 이러한 동반자적 관계를 가장 잘 보여 주는 부분이 경제 분야이다. 베트남은 인구 9,000만 명이 넘는 인구대국에 평균 연령은 약 29.3세의 젊은 국가로, 풍부한 노동력, 값싼 인건비, 베트남 정부의 다양한 혜택이 맞물려서 2000년대 이후 다양한 외국기업의 투자를 받고 있다. 우리나라도 삼성전자, LG전자를 필두로 다양한 한국 기업이 입지하고 있다. 특히 삼성전자는 베트남 내 3개의 공장에서 10만 명 이상의 직원을 고용하고 있는데 베트남 전체 수출액 약 1,621억 달러 중 20.1%인 324억 달러를 삼성전자에서 담당하며 베트남 최대의 수출기업으로 자리하고 있다.

실제로 베트남은 2015년 일본을 제치고 중국과 미국에 이어 한국의 세 번째 수출국으로 부상했다. 최근에는 한국-베트남 FTA가 체결되어서 양국의 동반 경제성장의 기조는 더욱 날개를 달 것으로 보인다. 또한 대기업 외에 대한민국 중소기업의 진출이 크게 늘어날 것으로 전망되어 중소기업중앙회도 베트남 호찌민에 사무소를 개소하여 현지에 진출한 중소기업을 지원하고 베트남 진출 기업을 조직화할 전망이다.

이러한 경제적 교류와 더불어 인적 교류도 활발해지고 있다. 2016년 기준으로 한국에는 14만 명이 넘는 베트남인이 국내취업 외국인, 결혼이민자, 유학생 등의 신분으로 체류 중이다. 이는 결혼이민자가 한국 국적을 취득한 경우를 뺀 것임에도 불구하고 국내 체류 외국인 비율의 7.2%를 차지하는 수준이다. 특히 결혼이민자가 과거에 비해 크게 증가하여 현재는 전체 결혼이민자 중 27.2%를 차지하는데 이는 중국에 이어 두 번째를 차지하는 것이다.

베트남에 거주하는 한인의 수도 2000년대부터 베트남 투자와 교역량 증가와 함께 급격히 늘었다. 하노이와 호찌민 한인회에 따르면 현재 베트남 거주 한인의 규모는 남부(호찌민시) 10만 명, 북부(하노이시) 5만 명으로 총 15만 명이다. 단일 국가에 거주하는 한인 규모로는 상당한 수준이다.

이러한 대한민국과 베트남의 급속한 경제협력은 특히 베트남 현지 건설 분야에서 쉽게 확인할 수 있다. 베트남 도시건설사업에 우리나라 건설업체의 참여가 대폭 늘어나고 있다. 베트남 내의 한인 거주공간뿐만 아니라 베트남 현지인을 위한 신도시사업에서도 한국 건설기업이 참여하고 있다. 이는 답사를 통해서도 확인할 수 있었고, 놀라웠던 부분이다.

하노이 신도시 개발사업의 배경

앞서 살펴보았듯이 하노이는 11세기 리 왕조가 성립되고부터 1802년 응우옌 왕조가 후에로 수도를 이전할 때까지 오랜 기간 정치의 중심지로서 기능하였다. 1976년 베트남사회주의공화국이 수립되며 다시 베트남의 수도가 된 하노이는 지금도 여전히 베트남의 정치, 문화, 교육의 중심지 역할을 하고 있다. 2008년에는 하떠이Ha Tây성과 빈프억Bình Phước성 일부 등을 하노이에 통합해 하노이의 면적이 3.6배 확대되었고 인구도 2배 이상 늘어났다. 그러나 농촌 인구를 제외하면, 하노이의 도시 인구는 호찌민에 비해 크게 적은 수준이다. 또한 경제 중심지인 호찌민에 비해 하노이에는 상대적으로 외국자본의 투자가 적었고 교통 인프라, 기반시설 등 사회간접자본의 극심한 부족을 겪고 있다. 이러한 하노이의 도시 개발 문제를 베트남 정부 역시 인식하였다. 베트남 정부는 국가 전체적으로 균등한 경제성장을 목표로 하노이의 기반시설 확충을 위해 정부 차원에서 적극적으로 투자를 확대하고 있다.

베트남 정부는 하노이시를 2030년까지 동남아시아의 거점도시로 개발하기 위해 새로운 하노이시 기본 계획을 작성하였고, 하노이시 내부에도 신도시사업 붐이 일어나고 있다. 그래서 현재 하노이 시내 곳곳엔 눈길 닿는 곳마다 대규모 건설 공사가 한창이며 세계 각국의 건설사들이 치열한 수주 경쟁을 벌이고 있다.

우리나라 건설업체도 대규모 신도시 개발사업을 통해 축적한 민간도시개발 경험 그리고 첨단아파트 시공 능력을 바탕으로 베트남에 다수 진출해 있다. 대표적으로 대우건설이 떠이호 서쪽에 신도시를 개발하는 사업인 스타레이크 프로젝트 1단계 공사를 통해 진출하였다. 스타레이크 프로젝트는 대우건설이 기획 단계부터 개발, 분양, 운영까지 도맡는 대표적인 신도시 개발사업이다. 한편 포스코건설은 베트남 최대 국영건설사인 비나코넥스VINACONEX와 손잡고 하노이 서부 지역 신흥주거지인 북안카인North An-Khanh에서 신도시 '스플랜도라Splendora'를 건설하고 있다. 스플랜도라는 베트남 최대의 자립형 신도시 개발사업으로 2단계 사업이 진행 중이다. 이제부터 스플랜도라와 베트남의 신도시 개발 계획인 빈홈스 리버사이드에 대해 알아보고, 두 신도시를 비교해 보고자 한다.

그림 3.4.1 | 답사 경로

한국적 신도시 스플랜도라 답사기

하노이 서쪽 외곽 북안카인 지역에서는 우리나라 포스코건설이 2006년부터 베트남 최대 국영건설사인 비나코넥스와 합작하여 베트남 최초의 자립형 신도시를 개발하고 있다. 베트남은 인구에 비해 주택보급률이 상당히 낮은데 이를 해결하고 경제 효과를 극대화하는 것이 목표이다. 포스코건설은 이 장기 프로젝트를 통해 베트남의 2대 도시 하노이와 호찌민에 이미 많이 들어서 있는 베드타운과는 완전히 다른 개념의 자립형 신도시를 조성할 계획이다. 포스코건설은 이미 우리나라에 건설한 송도국제도시를 모델로 삼아 이 지역을 개발 중에 있다.

스플랜도라는 북안카인 신도시의 정식 명칭이다. 광채를 뜻하는 splendor와 –a의 합성어로, 하노이 서부 지역 개발 프로젝트의 기반이 되고 서부의 다른 프로젝트들과 하노이를 잇는 핵심도시로서의 역할을 수행하는 것을 목표로 하고 있다. 신도시는 하노이와 호아락 Hoa Lac을 잇는 호아락 고속도로를 따라 위치해 있어 차를 가진 사람들에게는 교통이 편리하다. 순환도로를 통한 북·동측 지역의 접근성이 지속적으로 향상되고 있고 박닌Bắc Ninh, 타이응우옌Thái Nguyên, 노이바이Nội Bài 공항으로의 접근이 원활하다. 구체적으로 살펴보면, 하노이 구도심과는 차량으로 30분, 노이바이 공항과는 50분, 미딘Mỹ Đình 신도심과는 15분 정도의 거리이다.

하노이는 탕롱대로를 축으로 구도심의 서측 지역을 중점적으로 개발할 예정인데 북안카인 신도시는 광역 하노이의 우선 개발 축에 위치한다. 미딘에 인접한 이곳은 북안카인 신도시 외에도 광역 하노이 개발 계획의 여타 신규사업들의 집중 지역이다. 스플랜도라의 건설 주체를 살펴보면 한국의 포스코건설과 비나코넥스, 그리고 두 기업의 합작회사가 있다. 포스코건설과 비나코넥스가 합작하여 설립한 안카인법인JVC은 베트남 정부 소속으로 바로 이 법인이 토지, 건물 등 자산의 소유주이며 프로젝트 파이낸싱 주체이다. 또한 계약 등의 실질적 업무를 안카인법인이 수행한다. 포스코건설은 재무, 설계 및 마케팅을 담당하고 비나코넥스는 이주보상 및 현지 인허가를 담당한다. 설계와 시공은 포스코건설과 비나코넥스가 각각 50%씩 수행한다.

스플랜도라에는 베트남 정부에서 용지를 받아 주택은 물론 상업·업무·문화시설 등이 건설되고 있다. 신도시를 크게 세 구역으로 나누어 먼저 상업 지역에는 신도시 중심에 위치한 초고층 상업 타워와 커뮤니티 구역이 들어선다. 주거 지역에는 유럽식 빌라와 테라스하우스, 고층 아파트가 건설되고 있다. 도시 공공 지역에는 유치원에서 고등학교에 이르는 교육시설과 병원, 호수공원, 식당과 여가시설들이 위치한다.

2013년 9월 1단계 공사가 완료되었고 스플랜도라 자체적으로는 성공적이라는 평가를 내리고 있다. 아파트 496가구와 빌라, 테라스하우스 553가구 등 총 1,049가구를 선보인 결과 80% 이상의 분양률을 기록했다. 현재 입주민은 대부분 베트남의 상류층이나 한국인을 비롯한 외국인 주재원들이다. 세인트폴국제학교와 같이 좋은 교육환경을 갖추고 있어 계속적으로 주거에 대한 수요가 늘어나고 있다. 이 외에도 단지 내에 수영장, 테니스코트, 셔틀버스 등을 갖추고 있어 입주민들에게 편의를 제공하고 있다.

스플랜도라를 답사하면서

스플랜도라에서 먼저 사무소에서 브리핑을 받고 이동하였다. 하노이 도심에서부터 차로 얼마 달리지 않아 스플랜도라에 들어설 수 있었다. 확실히 차를 가진 사람이라면 신도심과 거리가 멀지 않으면서도 쾌적한 스플랜도라의 환경은 아주 좋은 조건으로 보였다. 스플랜도라의 입구는 한국의 아파트 단지를 연상케 했다. 'SPLENDORA'라고 적힌 큰 문 아래로 입주 차량이 통행하고 있었다. 경비원들과 직원들이 많이 보이는 반면 주민들은 뜸해서 전체적으로 조용하고 안전하다는 인상을 받았다. 스플랜도라는 참여건설사인 포스코건설이 송도국제도시를 참고하여 계획을 수립하였다고는 하나, 직접 살펴본 바에 의하면 한국의 신도시와 공통점만큼 차이점도 많았다. 아무래도 베트남의 환경과 문화에 맞게 현지화된 부분이 상당히 많은 듯했다. 먼저 상류층을 주된 입주 대상으로 설정했다 보니 아파트 외에도 빌라나 테라스하우스가 단지를 이루며 들어선 점이 한국의 신도시와 큰 차이를 보였다. 한국에서 많이 볼 수 있는 아파트에, 빌라와 테라스라는 유럽풍의 주거 형태가 가미된 것이다. 아파트의 외관은 한국 어디에서나 볼 수 있는 형태였지만, 내부에 들어서면 그 느낌이 확연히 달랐다. 집 내부 인테리어는 개개인의 취향이 확고한 베트남인들의 특성을 고려해서 최소한의 인테리어만 한 상태였다. 또한 메이드를 많이 고용하는 베트남 상류층을 고려하여 메이드룸을 따로 두었다. 또한 한국 아파트의 고유한 특성인 '온돌'도 스플랜도라에는 없었다. 베트남은 겨울이 크게 춥지 않기 때문이다. 아직 사업이 1단계밖에 진행되지 않은 상태라서 아파트는 탁 트인 시야를 자랑했다. 아파트를 선호하는 사람들이 꼽는 장점 중의 하나인 훌륭한 전경을 잘 갖추고 있었다. 사업이 완성된 이후 어떻게 스카이라인이 정리되고, 아파트에서의 경관이 달라질지 기대되었다.

어느 정도 한국과 비슷한 경관을 지닌 아파트 단지와는 달리 대로를 가운데에 두고 일렬로 늘어선 테라스하우스와 빌라 단지는 이국적인 풍경을 자아냈다. 각 빌라는 정원을 가지고 있었고 많은 빌라들이 내부 개조 공사 중에 있었다. 이 또한 베트남 사람들이 집에 대해 가지고 있는 뚜렷한 정체성을 보여 주었다. 베트남 사람들은 집의 뼈대만 남겨 놓고 집 내부 구조까지도 완전히 변형하는 경우가 허다하다고 한다. 공사는 이곳저곳에서 진행되고

그림 3.4.2 | 스플랜도라의 주택가

있었지만 입주민의 모습은 드물었다. 이는 테니스코트와 야외수영장 등 편의시설에서도 마찬가지였다. 통상 단지 내에 갖추어진 시설은 무료로 사용할 수 있는 경우가 많지만 스플랜도라의 경우 편의시설의 사용을 돌연 전면 유료로 전환한 것이, 주민들이 바깥으로 나오지 않게 된 원인으로 작용했을 것이다.

하지만 단지가 한적한 것은 이용자 수가 적어서만은 아니었다. 안내를 맡아 주신 스플랜도라 관계자분의 말에 의하면 분양률은 높지만 대부분 실입주자가 아니라 임대를 목적으로 소유한 경우라고 한다. 즉, 실제로 입주한 인구가 얼마 없다는 이야기이다. 인구에 비해 낮은 주택보급률을 해결하기 위해 신도시를 지었지만 높은 임대료로 인해 일반 서민이 스플랜도라에 입주하는 것이 어려운 실정이다. 더불어 아파트에 거주하고 있는 대부분의 입주민은 한국인과 여러 국가의 주재원 가족이다. 그렇기 때문에 아파트는 베트남 사람들을 위한 주거지로서의 기능을 온전히 하지 못하고 있었다. 그리고 정기적으로 계속 다른 주재원들에 의해 대체될 가능성이 높았다.

스플랜도라는 50년의 장기 사업이다. 포스코건설은 초기 계획과 투자 그리고 계획 실행에 큰 기여를 했지만 언제든지 새로운 기업이 그 자리를 대체할 수도 있다는 입장이다. 스플랜도라가 하노이 서부 지역 개발 프로젝트의 선구 주자가 되는 것을 목표로 하고 있다고는 하나 우후죽순처럼 들어서는 신도시와, 신도시 공급에 반응할 수 있는 수요층이 베트남 상류층으로 한정되어 있다는 점, 그리고 높은 임대료를 부담할 수 있는 세입자는 주로 외국인이라는 점 등을 고려했을 때 스플랜도라의 장기 계획은 그 과정 중에 여러 번 난관에 부딪힐 것으로 예상된다. 또한 답사에서 확인하지는 못했지만, 스플랜도라에 거주 중인 한인 커뮤니티에 의하면 편의시설 이용과 입주민 처우에 대해서 입주민들은 많은 불만을 가지고 있기도 하다. 스플랜도라는 앞으로 당착하게 될 여러 문제들을 이제라도 인지하고 실패한 신도시사업으로 끝나지 않게 지금의 마스터플랜을 보조할 수 있는 대안을 내놓을 필요가 있을 것이다.

빈홈스 리버사이드 답사기

한국 기업에 의해 건설된 한국형 신도시 스플랜도라를 답사하고, 이와는 다른 사례로 꼽히는 빈홈스 리버사이드Vinhomes Riverside로 이동했다. 베트남에 도착하기 전 했던 사전 조사에 따르면, 빈홈스 리버사이드는 총면적 183.5헥타르에 달하는 꽤 큰 규모의 고급형 신도시였다. 이곳은 베트남 기업인 빈그룹Vingroup에 의해 생태도시 프로젝트의 일환으로 2013년경에 완공되었으며, 수변빌라 형태를 갖추고 있었다. 사전 조사 과정에서 위성 영상과 지역 사진을 통해 봤던 빈홈스 리버사이드는 그 건설 과정에서부터 관리에 이르기까지 큰 비용이 필요하겠다는 생각과 하노이의 재력가들이 많이 거주하는 곳이겠다는 생각을 들게 하였다. 그리고 군데군데 공사 중인 집들을 보면서 아직 건설이 다 끝나지 않은 것인지, 혹은 부실공사 등으로 인해 집을 보수하기 위한 목적인지 의문이 생겼다. 이러한 궁금증들은 빈홈스 리버사이드를 직접 답사하며 해소할 수 있었다.

빈홈스 리버사이드를 답사하면서

실제로 도착한 빈홈스 리버사이드의 첫인상은 놀라웠다. 규모가 크다는 것은 알고 있었지만, 그 외관에서부터 다른 지역과 뚜렷이 구분되는 경관을 보였기 때문이었다. 시내에서 상당히 벗어난 외곽 지역에 있어서 주변 지역은 아직 개발이 덜 되어 있었는데 빈홈스 리버사이드만 개발이 많이 되어 있다는 느낌을 받았다. 빈홈스 리버사이드 내부에 있는 상가에서 인터뷰 대상과의 약속이 있었기 때문에, 우리 조는 상가 앞에 내려서 그 주위를 둘러보기로 결정하였다.

그림 3.4.3 | 빈홈스 리버사이드의 상가 앞 베트남 국기

내리자마자 보인 것은 다섯 개의 베트남 국기

였다. 스플랜도라와는 달리 베트남 자체 기업인 빈그룹이 건설했다는 것을 단적으로 보여주는 모습이었다. 인도를 따라 걸으면서 살펴본 빌라들은 도로망을 중심으로 하여, 인공적으로 조성된 강의 반대편에 일렬로 배치되어 있었다. 그리고 그 주위로 꽤 큰 나무들과 관목들, 꽃들이 잘 가꾸어져 있다는 인상을 주었다. 우리가 내린 곳은 외부인도 자유롭게 왔다 갔다 할 수 있었지만, 내부는 거주자만 들어갈 수 있는 구역인지 보안요원이 통제하고 있었다. 그래서 우리 조는 입구에서부터 이어진 도로를 따라서 빌라들을 살펴보았다.

독특한 것은 빌라들의 모습이 한 건설사에 의해 한꺼번에 지어졌음에도 불구하고 조금씩 다 달랐다는 점이었다. 지붕과 벽의 색깔은 어느 정도 통일성을 갖췄지만 창문의 형태와 위치, 문의 형태, 외벽에 부착된 장식물, 빌라를 둘러싼 펜스, 정원의 형태 등은 조금씩 다 달랐다. 그리고 몇몇 집은 정원 앞쪽으로 낚시하는 공간을 마련하여 낚싯대를 드리워 놓고 있어 눈을 의심하게 했다. 자연적으로 조성되어 있던 강을 인공적으로 다듬어 놓은 것이 아닌가 하는 의심도 순간적으로 들었다. 그리고 인도를 따라 걷다 보니 야외수영장도 있었다. 몇몇 사람들이 자유롭게 그 안에서 수영을 하고 있었고, 그 앞을 보안요원이 지키

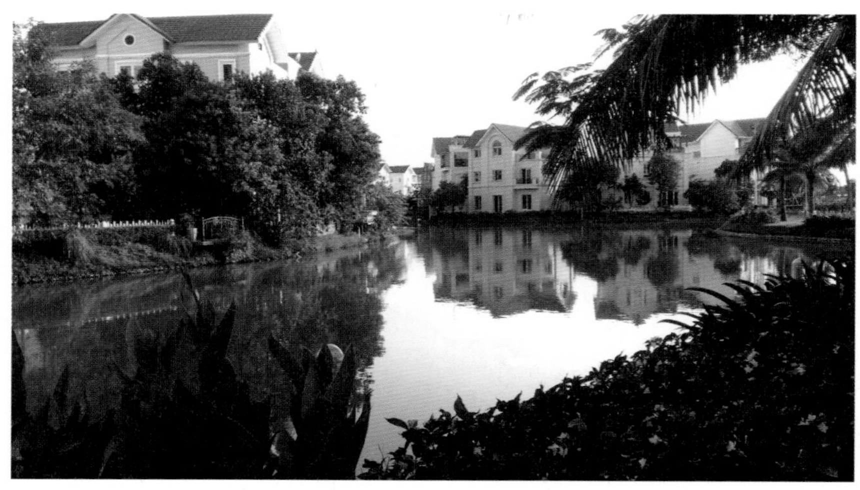

그림 3.4.4 | 빈홈스 리버사이드의 경관

그림 3.4.5 | 빈홈스 리버사이드의 편의시설

고 있었다.

이렇게 간략하게 둘러본 이후 약속 시간이 다 되어 상가로 들어갔다. 빈홈스 리버사이드는 상가의 인테리어도 독특했다. 다른 지역은 거의 서양식 빌라의 형태를 띠고 있던 것과 달리 상가 구역의 인테리어 및 외관은 중국식이라는 느낌을 주었다. 집뿐 아니라 이러한 편의시설 인테리어까지 세심하게 신경 쓴 흔적이 보이는 것 같았다.

우리 조와 인터뷰를 진행해 주신 분은 빈홈스 리버사이드의 빌라들을 판매하는 부동산 중개업자셨다. 큰 카트를 하나 대여해서 이 카트를 타고 빈홈스 리버사이드의 여러 구역들을 살펴보며 인터뷰를 진행했는데, 첫 번째로 들른 곳은 빈홈스 리버사이드의 외부에 위치한 큰 상가였다. 이 상가는 실내수영장과 헬스장, 요가를 할 수 있는 공간과 쇼핑몰로 구성되어 있었고, 이 중 실내수영장과 헬스장의 경우 거주자들에게 무료로 제공된다고 했다. 그 관리 비용은 완전히 빈그룹에서 부담하고 있다는 사실에 굉장히 놀랐다. 이에 대해 여쭤보자, 빈그룹이 매우 큰 기업이기 때문에 별로 부담이 되지 않는다고 답해 주셨다. 후에 조사를 해 보니 빈홈스 리버사이드를 건설한 빈그룹은 베트남 내에서 병원, 리조트, 마트, 테마파크, 건설 등의 계열사를 가진 상당히 큰 그룹이었다. 그래서 빈홈스 리버사이드의 부대시설 비용을 감당할 수 있다는 점을 알 수 있었다.

그 다음으로 빈홈스 리버사이드 내부를 카트를 타고 둘러보면서 빌라 건설에 대한 대략적인 설명을 들었다. 새롭게 알게 된 것은 빈홈스 리버사이드는 아직 끝난 프로젝트가 아니라는 것이었다. 현재 완공된 부분은 1단계로 2,000채가 지어져 있으며, 그 다음 2단계에서 2,000채를 짓는 것으로 이렇게 총 5단계까지의 마스터플랜이 있다. 현재는 2단계가 진행 중이며 몇 단계까지 진행될지는 아직 확실치 않지만, 1단계에서 건설된 빌라들이 거의 다 분양되는 성과를 냈기 때문에 앞으로의 진행에 있어서도 꽤 긍정적이라고 했다. 또한 스플랜도라는 한국 기업이 주가 되어 건설한 신도시이기 때문에 50년 정도의 사용권을 가진 반면, 빈홈스 리버사이드는 베트남 국내 기업이기 때문에 기한 제한이 없고 여러 가지 이점을 갖고 있는 것 같았다.

그림 3.4.6 | 빈홈스 리버사이드에서 부분적으로 독립된 빌라

빈홈스 리버사이드에는 크게 완전히 독립된 빌라 그리고 다른 빌라와 벽면 하나를 맞대고 부분적으로 독립된 빌라의 두 종류 형태가 존재했다. 벽면을 맞대고 있는 빌라는 멀리서 보면 한 채의 집처럼 보였지만, 가까이에서 보면 두 채로 완전히 분리되어 있음을 알 수 있었다. 그리고 집이 모두 조금씩 다르게 보이는 이유는 집을 구매한 사람들 거의 모두가 자신의 취향에 맞게 집을 조금씩 고치기 때문이었다. 그래서 벽면을 맞대고 있는 빌라의 경우 두 채를 사서 한 채로 사용하기도 하는 등 여러 가지 형태의 개조가 이루어지고 있었다. 빌라를 둘러싼 강은 모두 인공적으로 조성한 것이며, 낚시가 취미인 사람들을 위해 식용 물고기를 풀어놓았다고 한다.

빈홈스 리버사이드에는 주로 어떤 계층의 사람이 거주하는지에 대한 질문을 던지자 스플랜도라와 달리 이곳에 사는 한국 사람은 20가구에 지나지 않는다는 답변을 들었다. 나머지는 거의 베트남인들로 정부 고위층이나 부유한 사람들이었다. 그리고 이곳의 집값은 200억 동, 한국 돈으로 10억 원 정도에 형성되어 있어 상당히 비싼 편에 속했다. 그래서 스플랜도라처럼 그저 재산의 일부로, 임대하기 위한 목적으로 사는 경우는 거의 없으며 실소

유자들이 실제로 거주하고 있는 경우가 대부분이었다. 하노이의 외곽 지역에 위치하고 있어 직장 등과의 접근성이 별로 좋지 않아 이곳을 주말마다 와서 쉬는 별장 목적으로 사용하는 이들도 꽤 있다고 한다. 오랜 시간 집을 비워도 빈홈스 리버사이드 자체의 보안이 훌륭하여 문제가 없었다.

이렇게 빈홈스 리버사이드의 외관을 살펴본 후 실제 빈홈스 리버사이드의 모델하우스 개념과 유사한 집을 들어가 볼 수 있었다. 이곳도 베트남 기업이 지은 만큼, 베트남 주택의 특성인 복층 빌라 형태를 갖고 있었다. 1층은 주로 거실과 부엌이 자리하고 있었고, 2층부터 4층까지는 침실이 4개 정도 있었으며, 다른 거실이 또 마련되어 있었다. 또한 복층으로 구성되어 있다 보니, 실제 주거 면적은 생각보다 크지 않다는 느낌을 받았다. 스플랜도라와의 또 다른 차이점으로는 빌라 내에 메이드룸이 없다는 것이었다. 빈홈스 리버사이드는 자체적으로 청소와 같은 집안일을 대신해 주는 서비스가 있다. 그래서 메이드를 고용할 필요 없이, 서비스를 신청하면 집을 용이하게 관리할 수 있었다.

이처럼 빈홈스 리버사이드는 전반적으로 잘 관리되고 정돈된 느낌을 주었으며 우리나라 부유층이 사는 빌라와는 제법 다른 독특한 형태를 띠고 있었다. 층별 면적은 그리 넓지 않은 복층 형태를 갖고 있었고 기존에 지어진 집을 리모델링하는 것이 일반적이었다. 그리고 건설사에서 자체적으로 제공하는 서비스가 꽤 훌륭하다는 느낌을 받았다. 우리나라에는 이 정도의 대규모 고급 빌라가 거의 존재하지 않지만 베트남에는 이러한 형태의 신도시가 몇 군데 더 존재한다는 것이 신기했던 것 같다. 이렇게 빈홈스 리버사이드는 베트남의 신도시이니만큼 그 나라의 주택 특성과 사람들의 취향을 잘 반영하여 꽤 성공을 거둔 케이스처럼 보였다. 물론 한 번의 인터뷰와 한나절 동안의 짧은 답사를 통해서 얻은 정보와 감상일 뿐이라 정확한 내부 사정을 완벽히 파악하기는 힘들었다. 하지만 그곳에 사는 사람들이 많이 보였고, 시설을 이용하는 모습도 많이 보여서 성공적인 사례라고 평가할 수 있을 것 같다.

마치며

한국형 신도시를 꿈꾸며 아파트와 베트남 상류층의 주거 형태인 빌라를 이용해 만든 스플랜도라와, 베트남 최고 건설회사인 빈그룹에 의해 만들어진 고급형 빌라 단지인 빈홈스 리버사이드를 살펴보았다. 두 신도시 모두 깨끗한 환경과 보안에 신경 쓴 모습이 인상적이었다. 국내 최고급 아파트 단지에 있는 보안요원은 입구에서 철저히 보안 검색을 하는 반면 베트남에서는 단지 내 곳곳에 제복을 입은 요원이 배치되어 있었다.

아직은 완전한 개발이 이뤄지지 않은 두 곳이지만, 차이는 명확했다. 한국 기업인 포스코건설과 베트남 국영기업인 비나코넥스가 합작해 만든 스플랜도라는 한국형 신도시의 베트남 진출이라는 목표를 보여 주듯이 아파트 단지가 신도시 내에 들어서 있었다. 빌라와 단독주택형의 건물도 있었지만, 베트남 신도시와 차별화된 아파트는 스플랜도라에서 야심 차게 내놓은 한국형 신도시였다. 아파트 내부에 메이드룸을 놓고 온돌은 따로 설치하지 않는 등의 현지화를 나름대로 하고 있었지만, 베트남에 대한 심층적 이해가 없이 이루어진 구조라고 느껴졌다. 다층식의 베트남 주거 형태와는 달리 한눈에 보이는 단층의 넓은 집 구조는 여전히 베트남 사람들에게 친숙하지 않은 것 같았다. 아파트 구성원의 대부분이 한국 주민이라는 점에서, 베트남 주민들에게는 크게 매력적으로 다가가지 못했음을 알 수 있었다.

의식주는 인간의 기본활동이라고 할 만큼 중요한 수단이다. 따라서 문화에 맞춰 생활의 형태가 다양하게 나타난다. 특히 주의 측면에서 거주지는 지역의 자연환경과 정치 형태 등의 인문환경이 결합해서 나타나는 복합적 공간이다. 심층적 이해가 필요한 거주 형태에 대해 충분한 이해 없이 아파트의 형태를 대입하려고 했던 것이 베트남 현지 주민들에게 아쉬움으로 나타났고, 결국 베트남 거주 한국인들을 위주로 한 아파트형 도시가 만들어졌다고 생각한다.

스플랜도라와 달리 베트남 최고의 건설 기업인 빈그룹이 만든 빈홈스 리버사이드는 베트남 상류층을 고려해 병원이나 헬스장, 쇼핑몰, 마켓 등의 복합시설을 한곳에 모아 둔 신도시였다. 하노이 시가지와 거리를 두어 만들고 일반 서민은 상상하기 힘든 그들만의 세상을 완벽히 구현해 낸 것이다. 여기까지는 외국의 신도시들과 유사하였지만, 거주 형태는 베트남 고유의 좁고 높은 층의 단독주택들이었다. 주택의 규모도 개성에 따라 다양하였다. 일례로, 여유가 되면 옆집과 합쳐 새로운 모습으로 개조하는 형태를 보여 주었다. 베트남 상류층이 원하는 대로 맞춤식의 최적화된 거래가 이루어지고 있는 모습이었다. 이러한 상류층에 대한 맞춤형 전략이 성공적으로 작용해 현재 개발된 곳의 분양은 모두 끝났다.

이 두 신도시로만 비교하였을 때, 한국형 신도시인 스플랜도라는 현재까지는 성공적이지 못하다. 빌라의 많은 부분이 비어 있는 상태였고, 아파트는 베트남 거주 한인들이 주로 거주하며 현지화에 성공하지 못했다. 두 신도시를 비교하였을 때, 스플랜도라가 성공하지 못한 것은 핵심적인 하나의 명확한 타깃을 가지지 못했다는 점과 베트남 거주 형태에 대한 심층적인 이해가 부족했던 점 때문이다.

베트남은 엄청난 성공발전의 기회를 가진 땅이다. 그리고 성공발전 가능성을 성공실현으로 만들기 위해 변화하고 있는 중이다. 빈그룹과 같은 소수의 경제 개발 주체들은 현지회사라는 이점을 얻고 경제 발전을 이끌어 가며 신도시를 만들고, 빠르게 리조트, 병원, 교육 등으로 영역을 확장시켜 가고 있다. 현지에 대한 충분한 이해와 현지인들의 신뢰를 얻기 쉬운 빈그룹은 베트남 내 건축부분에서 압도적 1위를 유지하고 있다. 그렇다고 해서 우리 기업의 진출이 불가능할 정도로 어려운 것 같진 않다. 아직 스플랜도라의 계획이 다 이루어지지 않았으며, 현지화를 위해 현지 국영기업과 손을 잡고 움직이는 부분이 긍정적으로 작용할 것이라고 생각한다. 시행착오를 겪고 있는 현재 국내 기업의 새로운 도전이 베트남 현지에 안착하며 포화된 국내 건설 사업부분의 새로운 활로가 되길 바라 본다.

References

▷ 논문(학위논문, 학술지)

- 권태호, 2009, “하노이의 개발과 도시계획: 역사적 과정과 정책적 함의”, 아시아연구, 12(1), 4-17.

▷ 단행본

- 송정남, 2010, 베트남 역사 읽기, 한국외국어대학교 출판부.

Small Album

HỒ CHÍ MINH

Chapter 04

GEO-INSIGHT ON NATURE

1

하롱베이와 지속가능성: 유네스코 자연유산과 관광지로서의 지속가능성을 중심으로

고경욱 · 안은지 · 김주연 · 허권 · 김찬일

사람들에게 베트남의 관광지에 대한 질문을 하면 항상 빠지지 않고 등장하는 곳이 바로 '하롱베이'다. 하롱베이가 지닌 천혜의 자연환경을 보고 있으면 누구라도 "자연에 압도당한다"라는 말에 공감할 정도로, 하롱베이는 세계에서 손꼽히는 자연경관 중 하나이다. 이러한 이유로 하롱베이는 일찍이 유네스코 자연유산에 등록되었으며, 현재도 그 위상을 유지하고 있다. 하지만 하롱베이가 점점 더 유명해지면서 하롱베이의 지속가능성에 대한 의문도 지속적으로 제기되고 있다. '지속가능성'이란 미래에도 현재의 특정 가치가 유지된다는 개념이다. 하롱베이에 대한 답사를 진행하면서 우리 조 또한 이러한 하롱베이의 '지속가능성'에 대해서 많은 의구심이 들었는데, 하롱베이를 대략적으로 소개하고, 문제점을 짚어본 뒤, 하롱베이의 지속가능성에 대해 이야기해 보고자 한다.

하롱베이는 어떤 곳일까

하롱베이에 대한 간략한 소개

하롱베이는 꽝닌성 통킹만 북서부에 위치한 만(灣)을 일컫는다. 면적은 1,553㎢이며 북쪽으로는 중국, 남쪽으로는 통킹만과 연결되어 있다. 하롱베이는 총 1,969개의 부속 도서로

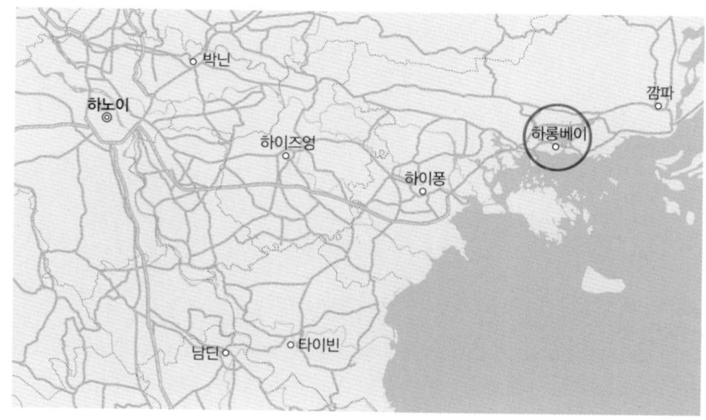

그림 4.1.1 | 하롱베이의 위치

이루어져 있다.

'하'는 '내려가다(下)', '롱'은 '용(龍)'을 의미하며 이 둘을 붙인 '하롱(下龍)'은 하늘에서 용이 내려왔다는 것을 뜻한다. '하롱베이'라는 지명은 바다 건너 쳐들어온 침략자를 막기 위해 하늘에서 내려온 용이 입에서 보석과 구슬을 내뿜자, 그 보석과 구슬들이 바다로 떨어지면서 갖가지 모양의 기암이 되어 침략자를 물리쳤다고 하는 전설에서 유래되었다. 실제 육지로 들어가는 입구 역할을 하는 하롱베이에서는 중국과 인접한 위치 때문에 역사적으로 많은 전투가 있었다.

하롱베이의 자연환경

하롱베이는 베트남 동북부 해안의 아열대기후권에 위치해 무덥고 습한 하절기와 서늘하고 건조하며 일조량이 감소하는 동절기를 가지고 있다. 하롱베이의 연평균 기온은 20℃이며, 연간 강수량은 2,000~2,200mm이다. 또한 북위 20°에 위치해 있어, 열대 지역의 해양 생태계를 이루고 있다. 하롱베이에는 81종의 복족류, 130종의 조개류, 200여 개의 산호초 등 매우 다양한 해양 생물이 서식한다. 수생 식물뿐 아니라, 200종의 철새, 10종의 파충류, 흰머리랑구르 등 희귀 포유류도 살고 있어 생태학적 가치가 매우 높다. 척박한 자연환경 때문에 사람의 접근이 어려워 다양한 동식물이 잘 보존되어 있다는 것이 특징이다.

그림 4.1.2 | 하롱베이의 자연경관1

그림 4.1.3 | 하롱베이의 자연경관2

하롱베이는 물에 잠긴 카르스트 지형인데 이 지형은 수백만 년 동안 해수면의 상승과 하강이 반복적으로 이루어지면서 형성된 것이다. 하롱베이는 석회암의 차별침식 작용으로 봉우리 모양이 밀집된 지형으로 발달했고, 후빙기 해수면 상승으로 바닷물이 유입되면서 현재와 같은 여러 개의 섬이 되었다. 하롱베이는 그 이후에도 바닷물의 지속적인 하방침식이 계속되어, 석회암섬 전체에 V자형 새김이 만들어지게 된다. 이는 전 세계적으로 비교해 보아도 하롱베이에 가장 발달해 있으며, 곳곳에 아치형 바위섬과 동굴도 나타난다. 석회암의 침식으로 섬 안에 호수가 생성된 것 역시 하롱베이만의 특징이다.

하롱베이의 유네스코 자연유산 등록 과정[1)]

1962년에 하롱베이는 베트남의 역사, 문화, 과학 보존 지역으로 선정되었다. 유네스코에서는 4가지의 기준을 가지고 자연유산 통과 여부를 심사한다. 특별한 자연미와 미적 중요성exceptional natural beauty and aesthetic importance, 생명의 기록·지형 발전의 진행 과정·지형학적 가치를 담은 예examples representing the record of life, geological processes, 생태학적·생물학적 진행을 나타내는 사례examples representing on-going ecological and biological processes, 생

1) 본 절은 유네스코 지속가능성 프로그램, 유네스코 세계유산위원회, 유네스코 하롱베이 보고서 웹페이지를 참조해 작성했다.

물학적 다양성의 보존을 위한 자연 서식지conservation of biological diversity가 4가지 기준들이다. 1994년에 하롱베이는 미적 가치와 자연미를 인정받아 유네스코 자연유산에 등록되었다. 6년이 지난 2000년에는 지질학적 가치와 생태학적 가치 또한 인정받으며 유네스코 자연유산의 기준을 더욱 충족해 다시 한 번 자연유산으로 선정되었다.

하롱베이에서 찾아볼 수 있는 문제점

하롱베이의 관광지화

하롱베이에서 환경오염 문제가 대두되기 시작한 것은 이곳을 본격적인 관광지로 개발하면서부터이다. 최근 베트남은 외국인 관광객 수가 꾸준히 증가하며 관광산업 활성화에 박차를 가하고 있다. 지난 2014년 베트남을 찾은 외국인 관광객은 787만 명으로 전년 대비 4%가 증가하였으며, 베트남 내 관광산업 매출액만 약 109억 달러로 이 또한 전년 대비 15% 증가한 값이다.2) 베트남 관광청에 따르면 2015년에도 외국인 관광객 수가 789만 명으로 유지되었으며, 이 중 한국인 관광객 수는 111만 명이었다. 이는 4년 만에 2배 증가하여 처음으로 100만 명을 돌파한 것이다.3)

하롱베이는 연간 약 400만 명 이상의 관광객 수를 자랑하는데 이는 베트남을 방문하는 관광객들 가운데 무려 절반 이상이 하롱베이를 찾는다는 뜻이다. 즉, 하롱베이는 명실상부 베트남 최고의 관광지 중 하나라고 할 수 있다. 특히 유네스코 세계자연유산에 등재되면서 유명세를 더해 베트남을 대표하는 관광지로서 그 입지를 굳혀 가고 있다. 사실 하롱베이는 수도인 하노이에서 버스를 타고 4시간 이상을 달려야 도착할 수 있을 만큼 접근성이 좋지 않다. 그럼에도 불구하고 이렇게 많은 관광객들이 하롱베이에 들른다는 것은 그만큼 하롱베이가 관광지로서 가지는 가치가 뛰어나다는 것을 짐작하게 한다.

2) 한국무역협회, 2015.04.16., "베트남 관광산업 현황".

3) 베트남 관광청, http://vietnamtourism.gov.vn/english/index.php/cat/1501/2

사람들의 발길이 많이 닿는 만큼 자연은 변화를 겪기 마련이다. 하롱베이도 예외는 아니었다. 본격적인 관광지화와 더불어 환경오염으로 인해 하롱베이의 자연은 심각하게 훼손되었다. 하롱베이의 환경오염은 하롱베이를 관광하는 '방식'이 가장 근본적인 원인으로 작용하고 있다. 하롱베이는 바다와 약 1,600개의 섬으로 이루어진 카르스트 지형이기 때문에 배를 타고 관광을 하게 된다. 약 40인승 정도의 배를 타고 하롱베이를 바다 위에서, 그리고 일부 섬의 경우 직접 내려서 구경할 수 있도록 되어 있다. 이 여러 척의 배가 바로 하롱베이의 오염이 시작되는 곳이었고, 우리는 배를 타고 관광을 하면서 오염의 과정을 일부 직접 목도할 수 있었다.

하롱베이 관광의 흥미로운 점 중 하나는 관광 코스의 일부로 배에서 점심을 제공한다는 것이다. 선상에서 즐기는 식사는 매우 낭만적일 것 같다는 생각에 기대감에 부풀어 있었는데, 오히려 이는 하롱베이의 주요한 오염원이라는 반전이 우리를 기다리고 있었다. 대부분의 관광 코스는 점심 식사가 포함된 상품이었기 때문에 하롱베이를 방문하는 관광객들은 모두 배 위에서 음식을 먹게 된다. 식사는 [그림 4.1.4]에서 보는 것처럼 밥과 네 종류 이상의 반찬으로 구성되어 있었고, 후식으로 누룽지까지 주었다. 모든 반찬과 밥을 남김없이 먹는 것은 사실상 힘든 일이었고, 너무나도 당연하게 음식물 쓰레기가 나왔다. 특히 반찬 중 하나였던 생선구이의 경우 어쩔 수 없이 가시를 쓰레기로 버릴 수밖에 없었다. 하롱베이를 수도 없이 방문하였던 담당 가이드분에 따르면 배에서 나오는 쓰레기는 생활 쓰레

그림 4.1.4 | 배에서 제공한 점심

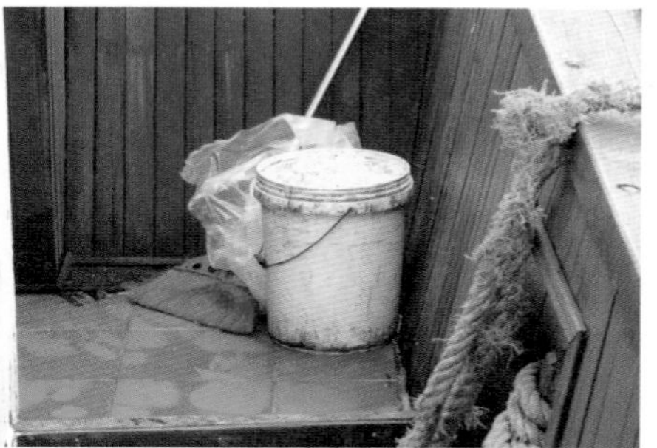

그림 4.1.5 | 배에서 발견한 음식물 쓰레기통

기보다는 주로 음식물 쓰레기라고 한다. 물론 음식물 쓰레기를 모아 놓는 통은 육지로 가져가서 처리한다는 이야기를 들을 수 있었지만, 우리는 우리가 타고 갔던 배의 선원들이 간단한 생활 쓰레기들을 아무렇지 않게 바다로 던져 버리는 것을 목격했다. 하롱베이 수면 위를 떠다니는 쓰레기를 수거하러 다니는 전용 선박이 따로 있다고도 하는데, 이러한 답사 과정을 통해 하롱베이에서 관광업에 종사하는 사람들의 쓰레기 처리와 자연환경 보호에 대한 의식이 많이 부족하다는 사실을 느낄 수 있었다.

동시에 배에서는 또 다른 오염원이 유출되고 있었으니, 바로 매연과 물이었다. [그림 4.1.6]을 보면 배에서 계속 바다로 물을 흘려보내는 것을 확인할 수 있다. 이는 배에서 음식을 조리한 뒤 그대로 내버리는 오염수였다. 또한 관광객을 태우는 배에는 모두 화장실이 있었는데, 이 화장실에서 쓰이는 물 역시 어느 정도는 그대로 바다로 유출되는 것으로 생각된다. 배는 지나갈 때마다 뿌연 매연을 남겼다. 이는 [그림 4.1.7]에서 보는 것처럼 육안으로 뚜렷하게 식별이 가능한 정도였다. 음식물 쓰레기를 비롯하여 오염수, 매연까지 하롱베이의 환경 파괴를 직접 눈으로 확인할 수 있었다.

우리는 배 위에서 대부분의 시간을 보내다 티톱Ti Tốp이라는 섬에 내려서 섬을 둘러보았다. 티톱섬은 하롱베이에서 개방하는 대표적인 섬 관광지 중 하나이다. 관광지화에 따른 오염은 이렇게 개방된 섬에서도 찾아볼 수 있었다. 티톱섬은 아름다운 해수욕장이 위치하여 외국인 관광객들뿐만 아니라 베트남 국내 관광객들도 즐겨 찾는 곳이라고 한다. 사람들

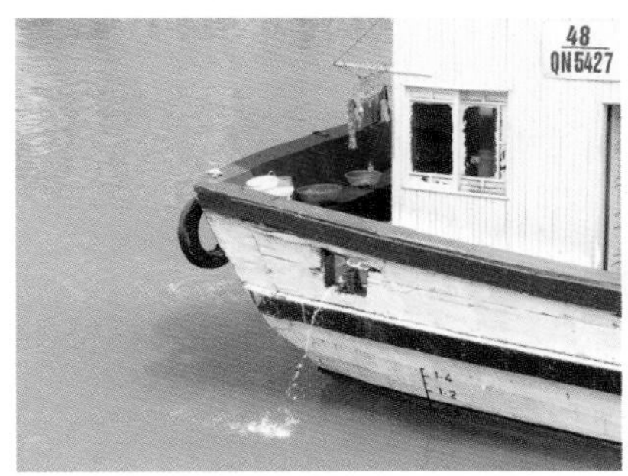

그림 4.1.6 | 배에서 내보내는 물

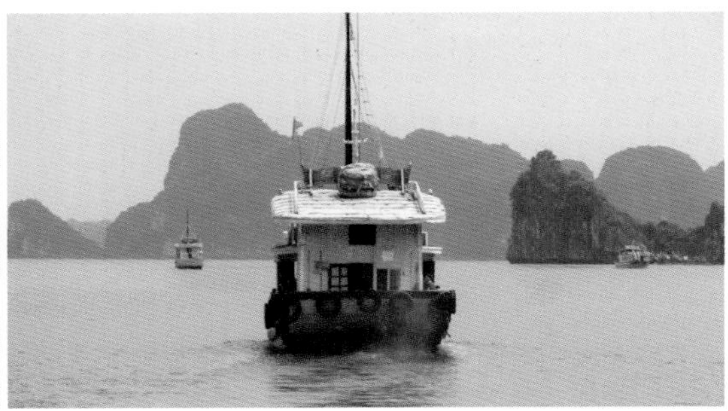

그림 4.1.7 | 배에서 나오는 매연

이 많이 찾는 만큼 곳곳에서 버려지고 방치되어 있는 쓰레기들을 쉽게 발견할 수 있었다. [그림 4.1.9]는 쓰레기들이 제대로 된 쓰레기통이 아닌 포대기들에 담겨 있는 모습이다. 이러한 포대기들은 사람들의 발길이 비교적 뜸한 섬의 뒤편 구석에 방치되어 있었다. 한 조원이 관광객들이 일반적으로 찾는 길이 아닌 쪽으로 섬을 둘러보다가 발견한 것이었다. 섬 안에서도 쓰레기를 처리하는 일정한 체계가 마련되어 있지 않음을 짐작할 수 있었다. 쓰레기들을 눈에 띄지 않는 곳에 그냥 모아 두는 것이 이 섬에서 쓰레기를 관리하는 방법이었다. 이토록 쓰레기관리체계는 열악한데 관광객들은 꾸준히 방문하면서 쓰레기를 버리고 가고 있었다. [그림 4.1.10]에서처럼 해변에는 사람들이 먹고 버린 야자수와 페트병, 그리고 과자 봉지 등이 그대로 굴러다니고 있었다.

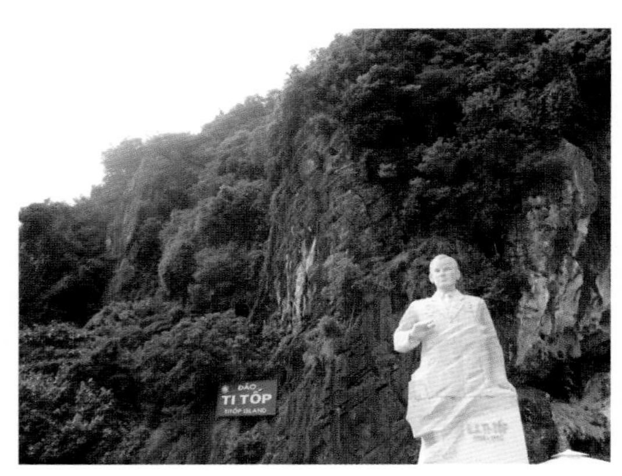

그림 4.1.8 | 티톱섬 입구

베트남 정부는 관광 상승세에 힘입어 2015년에는 850만 명의 외국인 방문 유치를 목표로 대외홍보를 위한 관광기금 조성을 추진하는 등 관광산업 성장에 열을 올리고 있다.4) 하롱베이의 경우 이에 발맞추어 증가하는 관광객들을 만족시킬 새로운 관광 상품을 개발하

그림 4.1.9 | 방치되어 있는 쓰레기

그림 4.1.10 | 관광객들이 버리고 간 쓰레기

4) 한국무역협회 호찌민지부, 2015.04.15., "베트남 관광산업 현황".

고 기반시설을 확충해 나가고 있다고 한다. 현재 하롱베이의 열악한 환경관리시스템으로서는, 늘어나는 관광객 수와 환경 보전은 양립할 수 없는 것으로 보인다. 하롱베이가 하나의 관광지이기 이전에, 세계인들이 모두 관심을 갖고 지켜 가야 할 소중한 세계자연유산임을 다시금 기억해야 할 때이다.

하롱베이의 수질오염

하롱베이는 관광지화로 인한 직접적인 환경 파괴 이외에도, 대기나 강을 통해 떠내려오는 유해물질로 수질오염 피해를 겪고 있다. 다양한 유해물질이 하롱베이의 수질을 오염시켰지만, 그중에서도 농약이나 살충제로 쓰였던 DDT 그리고 하롱베이 근처 탄광과 발전소에서 나오는 유해물질을 대표적으로 들 수 있다.

DDTDichloro-Diphenyl-Trichloroethane는 주로 살충제와 농약으로 쓰이는 유기염소 계열의 물질이다. DDT는 미국의 환경운동가 레이철 카슨Rachel Carson이 1962년 발표한 『침묵의 봄』을 통해 위험성이 알려진 이후, 생태계에 끼치는 유해성으로 인해 일찍이 미국에서 사용이 제한되었다. 미국은 1972년 DDT 사용을 전면 금지하였으며, 많은 국가들 역시 1970년대에 사용을 금지했다. 그러나 베트남은 말라리아 원충에 의해 생기는 말라리아 질병을 통제하기 위해 1957년부터 1994년까지 많은 양의 DDT를 사용했다. 이 기간 동안 베트남에서 사용된 DDT는 약 24,042톤에 달한다. 1991년 이후 베트남은 DDT를 사용하지 않는 말라리아 통제 프로그램을 시작했고, 이후 DDT 사용은 급격히 감소한다. 그러나 DDT는 농업 분야에서 농약과 살충제로 꾸준히 이용되었다. 실제로 베트남은 홍콩, 중국과 더불어 아시아-태평양 국가에서 가장 많은 DDT를 사용했던 국가이다. 특히 베트남 내에서 사용된 DDT가 흘러내리면서 계속 쌓여, 하롱베이의 DDT 오염 정도는 매우 심각한 상태라고 할 수 있다. [그림 4.1.11]은 2007년 하롱베이의 15개 지점에서 얻은 샘플을 분석해 베트남의 다른 지역 및 다른 국가와 DDT 농도를 비교한 그래프이다. 베트남 전 국토의 DDT 농도가 일반적으로 홍콩, 대만, 싱가포르와 비슷하다면, 하롱베이와 하이퐁베이Hai Phong Bay

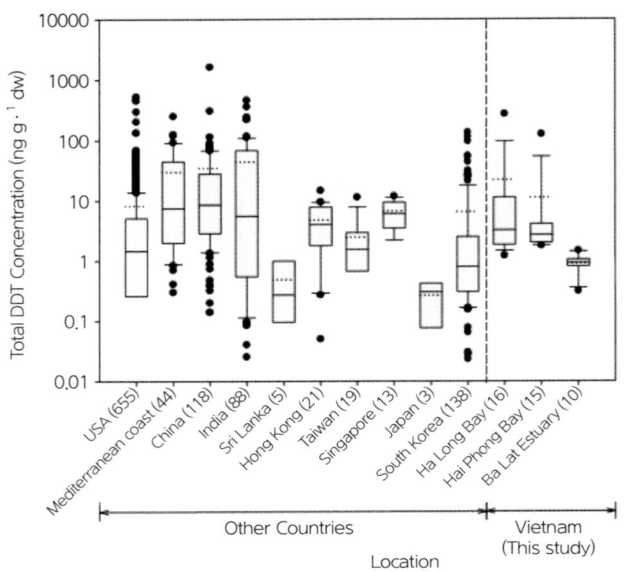

그림 4.1.11 | 베트남 국내와 다른 국가의 DDT 농도
출처: Hong et al., 2008, p.1198

의 DDT 농도는 중국, 인도와 비슷한 수준으로 심각하다. 하롱베이의 DDT 농도는 캐나다 환경부가 제시한 가이드라인 농도를 넘는 수치이다.5)

하롱베이는 DDT 이외에도 다양한 유해물질의 유입 가능성이 높은 지역이다. 하롱베이가 속해 있는 꽝닌성 일대는 베트남 최대 탄광 지역으로 5,736헥타르의 노천탄광과 3기의 석탄화력발전소가 위치해 있기 때문이다. 베트남에서 생산되는 무연탄의 95%가 이 지역에서 생산된다. 광산활동은 그 지역의 환경에 매우 큰 영향을 미치는데, 특히 광산에서 배출되는 폐수는 주변 지역의 수자원에 영향을 준다. 하롱베이 역시 주변 탄광과 발전소로부터 대기, 강과 지하수 등을 통해 유입된 유해물질로 오염되고 있다.

구체적으로 오염의 주된 원천은 노천광과 지하탄광에서 나오는 갱내수, 석탄 조사와 처

5) Hong, S. H., et al., 2008, Persistent Organochlorine Residues in Estuarine and Marine Sediments from Ha Long Bay, Hai Phong Bay, and Ba Lat Estuary, Vietnam, Chemosphere 72(8), 1193-1202.

리 과정에서 나오는 폐수, 광산의 위생시설에서 나오는 폐수, 바위와 석탄 쓰레기에서 나오는 지표 유출과 침투수 등이 있다. 이렇게 탄광에서 흘러나오는 물질은 pH가 낮고, 철 농도가 높아 주변 환경에 부정적인 영향을 끼친다. 또한 주변 지역의 산사태와 침식도 이 지역의 공기와 물에 종합적으로 영향을 준다. 특히 채굴·처리 과정과 운반 과정에서 많은 먼지가 배출되는데, 이 먼지 역시 공기와 물에 유입되어 하롱베이를 오염시킬 수 있다.6) 탄광과 석탄화력발전소로 인한 하롱베이의 구체적인 피해 및 수질오염 수치는 현재까지 정확히 측정되지 않았다. 앞으로 이에 대한 추가적인 조사가 필요할 것이다.

이와 관련하여 탄광시설이 자연재해와 결합되어 하롱베이를 오염시킨 사례가 있다. 2015년 여름에 베트남 북동부 지역은 일주일 가까이 기록적인 폭우가 내렸는데, 이로 인해 탄광과 석탄화력발전소에 있던 독성물질이 바다로까지 흘러내려 갔다. 베트남 석탄광물공사Vinacomin에 따르면, 이 홍수로 인해 수십만 톤의 석탄이 떠내려갔다고 한다. 노천탄광이 범람하면, 중금속물질을 비롯한 각종 독성물질이 유출될 위험이 높다. 과거 조사에서 이 지역의 토양에는 비소, 카드뮴, 납을 포함한 유해물질이 이미 검출된 바 있다. 만약 이러한 독성물질이 급격히 증가할 경우 독성물질에 특히 취약한 어린아이의 발달신경계는 영구적인 손상을 입을 수 있다. 이뿐만 아니라 홍수로 인해 독성물질이 하롱베이까지 흘러들어 간다면, 하롱베이의 수질오염은 심화되어 치명적인 환경 파괴로 이어질 수 있다. 따라서 환경단체는 석탄오염에 따른 하롱베이 지역의 피해를 최소화하기 위해 베트남 정부와 유네스코, 국제사회의 참여를 촉구하고 있다. 특히 이와 같은 사례는 자연재해에 대한 관리가 미흡하고 기업의 안전과 관리 조치가 제대로 마련되지 않은 상황에서 환경 피해가 더욱 심화되었다고 할 수 있다.7)

6) Katrin, B., Stolpe, H., 2007, Developing Environmental Concepts for Vietnamese Coal Mines, *International Workshop Geoecology and Environmental Technology* 25, p.218–220.

하롱베이의 지속가능성

유네스코 자연유산으로서의 지속가능성

유네스코가 내린 유산의 정의는 '우리가 선조로부터 물려받아 오늘날 그 속에 살고 있으며, 앞으로 우리 후손들에게 물려주어야 할 자산'이자 '자연유산과 문화유산 모두 다른 어느 것으로도 대체할 수 없는 우리들의 삶과 영감의 원천'이다. 이를 세계적인 스케일로 보는 것이 세계유산이며, 인류에게 보편적 가치를 지니고 있기 때문에 이를 선정하고 보존하려고 노력한다. 세계유산 중 하롱베이가 속해 있는 자연유산의 선정대상조건을 살펴보면 아래와 같다.

① 무기적 또는 생물학적 생성물들로부터 이룩된 자연의 기념물로서 관상상 또는 과학상 탁월한 보편적 가치가 있는 지역

② 지질학적 및 지문학적 생성물과 이와 함께 위협에 처해 있는 동물 및 생물의 종의 생식지 및 자생지

③ 과학, 보존, 자연미의 시각에서 볼 때 탁월한 보편적 가치가 정확히 드러나 있는 자연지역

유네스코는 이러한 세계유산을 보존하기 위해 '세계유산과 지속가능성World Heritage and Sustainable Development'이라는 프로그램을 진행하고 있다. 어떤 유산을 세계유산목록에 등재시키는 것으로 끝나는 것이 아니라, 이를 보호하기 위한 노력도 매우 중요하다. 또한 유산 관리자뿐 아니라 관련 공동체, 지역 주민, 그리고 관광객까지 이 노력에 동참하는 것이 필요하다. 다행히 세계유산목록에 등재되는 행위만으로도 정부나 시민들의 유산 보호 인식이 높아져 유산 관리에 도움이 된다. 또한 등재 이후에는 세계유산위원회에 유산의 보존상태와 보호활동에 관하여 6년을 주기로 정기 보고를 해야 한다. 이 보고를 통해 세계유산

7) 레디앙, 2015.08.05., "베트남 기록적 호우, 탄광과 발전소 유독물질 유출".

위원회는 유적지들의 상태를 평가하고 문제가 있을 경우 어떤 조치를 취할지 결정한다. 만약 유산 관리가 제대로 이루어지지 않고 있다면, '위험에 처한 세계유산목록The List in Danger'에 포함시켜 추가적인 모니터링을 진행한다.

유네스코의 보고서에 따르면, 하롱베이는 카르스트 지형이 물속에 잠겨 섬의 모양을 이루고 있다는 점에서 그 가치를 인정받았다. 전 세계적으로 봤을 때 하롱베이보다 큰 수중 카르스트 지형을 가지고 있는 곳은 없어서, 지질학적으로 연구 가치가 매우 높다. 석회암의 차별침식에 의해 생기는 아치 모양의 섬이나, 섬 내에 형성된 동굴과 호수 역시 하롱베이만의 독자적인 특징이다. 자연미적인 가치 외에도, 하롱베이는 생물학적인 가치 역시 높아 자연유산으로 선정되었다. 현재 확인된 바로는 식물 14종과 동물 60종이 하롱베이에 살고 있으며, 열대기후 및 대양 생태계, 해안 생태계가 결합되어 있어 생물학적 다양성이 높다. 1994년에 세계유산으로 등재된 이후, 하롱베이가 '위험에 처한 세계유산목록'에 포함된 적은 없다. 그러나 관광 상품화와 더불어 해안 지역에 도시화가 진행되면서 자연경관이 이전보다 파괴되었다는 보고 결과가 나온다. 하롱베이를 찾는 사람들이 점점 늘어나면서 생기는 유람선 문제, 어업 문제가 지속된다면 생태계에 심각한 영향을 줄 수도 있다. 지구온난화로 인한 해수면의 상승도 하나의 원인인데, 해저에 서식하는 해초들이 기후 변화로 개체 수가 급감하여 해양 생태계가 무너지는 중이라고 한다. 일부 과학자들은 미래에 하롱베이가 늪지대가 될 수도 있다고 주장한다.

이런 문제가 대두되면서 하롱베이는 자연유산의 가치를 보존하기 위해 관리단체Halong Bay Management Board를 만들고 여러 노력을 기울이고 있다. 이 단체는 현재 식물의 번식 유지를 최우선으로 활동하고 있으며, 해안 쓰레기를 치우고 시설 관리를 지속적으로 도모하는 중이다. 또한 동굴에서 관광객의 취사행위를 금지하는 조항을 만드는 등 하롱베이의 지속가능성에 많은 도움을 주고 있다. 이를 통해 기대되는 효과는 환경 생태계의 소중함을 일깨워 주는 것과 관광객의 인식 개선이다. 하지만 아직도 배에서 하롱베이의 바다로 쓰레기를 투기하거나 오염수를 배출하는 행위, 선박의 노후화로 인해 발생하는 매연 등의 문제는 하롱베이가 유네스코 자연유산으로서 지속가능한지에 대한 의문을 제기하게 만든다.

관광지로서의 지속가능성

어떠한 장소가 관광지로서 지속가능하기 위해서는 무엇보다도 관광객들이 해당 장소를 많이 찾아 관광수익이 지속적으로 창출되는 것이 가장 중요하다. 관광수익이 뒷받침되지 않는다면 관광지로서 유지되는 것조차 힘들어질 수 있기 때문이다. 관광객을 많이 유치하고 관광수익을 지속적으로 창출하기 위한 여러 방안이 있겠지만, 이는 크게 관광객의 편의성을 증진하는 방향과 장소의 특수성을 살리는 방향 두 가지로 나누어 볼 수 있다.

우선 관광객의 편의성을 증진시키는 방향은 해당 관광지가 관광지로서의 기능을 할 수 있도록 기반시설을 조성하거나 접근성을 높이는 등 다양한 방법으로 달성할 수 있다. 우리가 하롱베이에서 발견할 수 있었던 관광객의 편의성 증진 방향은 하나로 통합되어 체계를 갖추고 있었던 항만, 티톱섬 내 식음료 가게의 설치, 하롱베이 주변에 한창 공사 중이었던 숙박시설 등이었다. 항만의 경우 관광객이 일괄된 가격에 차례대로 배를 타는 시스템을 갖추고 있어 관광객이 바가지요금을 내거나 승선 거부로 인해 관광을 못하는 것 같은 불편한 사례가 발생할 가능성이 없었다. 또한 티톱섬의 경우 관광객들을 태운 선박이 중간에 경유하는 지점에 식음료를 판매하는 가게들을 설치하여 관광객들이 이용할 수 있도록 했다. 마

그림 4.1.12 | 하롱베이 주변의 숙박시설

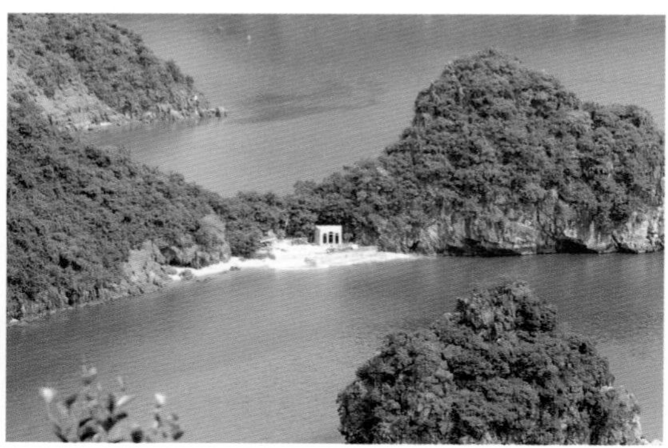
그림 4.1.13 | 티톱섬 주변 공사현장

지막으로 하롱베이 주변으로는 호텔 등의 숙박시설 공사가 한창이었다. 베트남 북부를 관광하는 관광객 대부분의 숙소가 하노이에 위치하여 하노이와 거리가 먼 하롱베이는 관광객들이 접근하기 어렵다는 단점을 가지고 있다. 만약 하롱베이에도 숙박업소가 많이 생긴다면 하롱베이의 관광수익을 올리는 데에 큰 역할을 할 것으로 보인다. 다만 하노이와 하롱베이를 오가는 관광객들이 많다는 사실에도 불구하고, 도로 사정이 열악하고 대중교통편이 적다는 것은 하롱베이를 방문하는 관광객의 편의성을 떨어뜨리는 요인으로 작용하고 있었다.

다음으로 장소의 특수성을 살리는 방향은 해당 장소가 다른 장소와 차별화되는 점을 부각하고 관광객 방문 목적을 극대화하면서 지속가능성을 달성할 수 있다. 하롱베이의 경우, 앞서 언급했듯이 유네스코 자연유산으로 등록되어 있고, 다른 곳에서는 볼 수 없는 해안 카르스트 지형이라는 점이 장소의 특수성이라고 할 수 있다. 지리학과 학생들도 하롱베이의 지형들이 만들어 내는 경관을 보고 "절경이다"라는 말을 많이 하곤 했는데, 이렇게 절경을 이루는 자연환경이 관광객들을 하롱베이로 이끄는 가장 기본적인 요소다.

관광객의 편의를 증진시키는 방향과 장소의 특수성을 살리는 방향은 분명 상호 간에 충돌 지점이 존재한다. 특히 하롱베이의 경우 자연경관이 장소의 특수성으로 작용하고 있기 때문에 더욱이 관광객의 편의성을 증진시키는 방향과의 충돌 지점이 분명하다. 편의성을 증진시키기 위해서 진행되고 있는 티톱섬의 식음료 가게 설치는 티톱섬에서 배출되는 쓰레기의 양을 늘리고 있고, 하롱베이 주변 지역의 숙박시설 건설 등은 하롱베이의 자연환경을 파괴하는 방향으로 진행될 가능성이 크다. 또한 관광객의 수가 늘어나 관광수익이 증가하는 것은 일견 하롱베이가 관광지로서의 지속가능성을 높이는 데에 긍정적으로 작용할 것처럼 보인다. 하지만 관광객들이 많아져 그만큼 많은 배들이 하롱베이의 해안을 돌아다닌다면, 분명 하롱베이의 자연환경을 파괴하는 요인으로 작용할 수 있다. 관광객의 증가로 하롱베이의 자연환경이 파괴된다면, 오히려 관광객의 증가가 하롱베이의 장소적 특수성을 떨어뜨려 하롱베이가 관광지로서 지속가능하는 데에 저해 요소가 될 수 있다. 자연환경으로 대표되는 하롱베이의 장소적 특수성은 하롱베이와 그 주변의 개발만이 관광지로서의 지속가능성을 유지하는 답이 아님을 알려 준다.

관광객의 편의성을 증진시키는 방향은 분명 관광객의 수를 늘리고 관광수익을 올리는 데에 있어서 중요하다. 장소의 특수성이 잘 살아 있다고 해도 관광객의 편의성을 제공하는 시설들이 제대로 갖추어지지 않을 경우 이러한 불편함을 감수하고 해당 관광지를 찾는 관광객들은 많지 않을 것이다. 하지만 지나친 관광객의 편의 증진은 위에서 언급하였듯이 장소의 특수성을 저해하는 요인으로 작용할 수 있다. 특히 자연환경을 장소의 특수성으로 삼고 있는 하롱베이의 경우 관광객의 편의 증진이 장소의 특수성을 저해하는 요인으로 작용할 가능성이 높다. 따라서 하롱베이가 관광지로서의 지속가능성을 유지하기 위해서는 지나친 관광객의 편의 증진을 경계할 필요가 있다. 특히 하롱베이 주변의 난개발과 관광객 수의 증가에 따라 늘어나는 오염물질에 대한 처리 미숙은 자연환경으로 대표되는 하롱베이의 장소의 특수성을 저해하여 하롱베이가 관광지로서 지속가능하지 못하도록 할 수 있다. 결국 관광지로서의 지속가능성을 유지하기 위해서 기본적으로 '장소의 특수성'을 유지해야 하고, 이는 유네스코 자연유산으로서의 지속가능성을 유지하는 방향과 다르지 않다.

종합적 지속가능성

하롱베이가 현재 유네스코 자연유산의 위상을 계속 유지하고, 관광지로서 지속가능하기 위해서 추구해야 할 방향은 크게 다르지 않다. 이러한 방향은 서두에 언급한 '지속가능성'의 개념에서도 찾아볼 수 있다. 하롱베이가 유네스코 자연유산의 위상을 유지하고, 관광객들에게 매력 있는 관광지로서 다가오는 이유는 무엇보다도 다른 곳에서는 찾아볼 수 없는 천혜의 자연경관이다. 이러한 자연경관이 더 이상 특별하지 않을 정도로 오염되고 저해된다면 하롱베이는 유네스코 자연유산으로서의 위상을 유지할 수 없을뿐더러 아무리 관광객들의 편의성을 증진시킨다고 하더라도 관광객들에게 더 이상 매력적인 관광지로서 다가가기 힘들다. 따라서 하롱베이가 앞으로 추구해야 할 방향은 '지속가능한 발전', 즉 관광지로서 개발을 하더라도 하롱베이의 자연경관이 어느 수준 이상으로는 유지되는 방향이어야 한다.

사실 하롱베이의 지속가능성을 저해하는 요소는 위에서 집중적으로 이야기한 관광지화 이외에도 해수면 상승, 주변 탄광지대 및 발전소에 의한 수질오염 등 다양하게 존재한다. 하지만 해수면 상승은 전 지구적인 문제이고, 수질오염의 경우 중앙 정부나 지자체가 지속적으로 재해대처시스템을 마련하고 하수처리체계를 만들어야 한다는 점에서 베트남 정부의 정책적 의지가 필요한 부분이라고 할 수 있다. 이러한 해수면 상승 및 수질오염에 비해 관광지화에 의한 하롱베이의 지속가능성 저해는 다각적이고 뚜렷한 해결방안이 존재한다고 볼 수 있다. 또한 관광지화에 의한 저해는 일상적이고 단기간으로 발생하기 때문에 이에 대한 해결이 비교적 즉각적인 효과를 낼 수 있다는 점에서 먼저 해결해야 할 문제로 생각된다.

답사를 진행하면서 하롱베이의 지속가능성을 유지하기 위해 가장 필요하다고 느꼈던 것 또한 관광지화로 인한 문제를 해결하는 것이었다. 그중에서도 가장 먼저 필요하다고 생각된 것은 관광업에 종사하고 있는 사람들의 주인의식이었다. 앞서 언급했듯이 하롱베이 지자체는 자연유산을 보존하기 위한 관리단체를 만들어 많은 노력을 하고 있는 데에 반해, 선박을 운영하는 사람들은 쓰레기를 바다에 아무렇지 않게 투기하는 등 환경의식이 많이 부족한 모습을 보였다. 실제로 관광지화로 인한 환경피해를 많이 줄일 수 있는 주체는 하롱베이에서 관광업에 종사하고 있는 사람들이다. 관광업 종사자들의 환경의식이 개선되지 않는 한 지자체에서는 쓰레기 수거선박을 운영하는 등의 사후처방적인 환경보호만을 할 수 있을 뿐, 사전예방적인 환경보호를 하기 힘들다. 또한 관광업 종사자들의 환경의식이 부족한 상태에서 관광객들이 하롱베이의 환경을 오염시키는 행위를 하지 않을 것이라는 기대도 불가능하다. 현재 하롱베이에서 관광업에 종사하는 사람들의 인식을 먼저 개선하고 그들로부터 환경보호를 이끌어 내는 상향식 방식Down to Top이 아니라면, 하롱베이의 지속가능성에 '마침표'를 찍기보다는 '물음표'를 찍을 수밖에 없다.

그림 4.1.14 | 조원들 사진

지난 4월 초 대만 중북부 해안에서 물고기과 조개 수백 톤이 폐사한 사건이 발생했고, 이로 인해 해당 지역 어민들의 피해가 속출했다. 현지 언론과 주민들은 포모사하띤철강이 폐수를 대규모로 방류했다는 의혹을 제기했지만, 이러한 의혹에 대해 포모사하띤철강의 한 간부는 "무엇인가 얻으려면 잃는 것도 있어야 한다"며 "물고기와 철강공장 가운데 어떤 것을 원하는지 선택해야 한다"고 말해 비난 여론에 휩싸였다. 베트남 정부는 6월 이 사건의 원인이 포모사하띤철강의 폐수 방류임을 공식적으로 발표했다.8) 이 사건은 하롱베이에서 발생한 사건은 아니지만, 환경의 가치가 폐수처리 비용보다 못하다고 생각한 한 베트남의 대기업과 이러한 기업의 행동을 막지 못하여 발생한 결과를 잘 보여 준다. 물론 하롱베이가 유네스코 자연유산으로 지정되어 있는 만큼 중북부 해안보다는 관리가 철저할 것이다. 하지만 현재 관광업에 종사하는 사람들의 의식과 환경보호체계를 생각해 보았을 때 이는 하롱베이에서도 얼마든지 발생할 수 있는 일이다. 환경에 대한 가치를 인식하고, 하롱베이의 지속가능성을 위해 의식과 체계를 조속히 개선해 나가는 태도가 필요한 시점이다.

8) 연합뉴스, 2016.06.30., "베트남서 대만업체 폐수방류로 물고기 떼죽음… 5천775억 배상".

References

▷논문(학위논문, 학술지)

- Broemme, K. and Stolpe, H., 2007, "Developing Environmental Concepts for Vietnamese Coal Mines", *International Workshop Geoecology and Environmental Technology*, 218–223.
- Hong, S. H., Yim, U. H., Shim, W. J., Oh, J. R., Viet, P. H., and Park, P. S., 2008, "Persistent Organo-chlorine Residues in Estuarine and Marine Sediments from Ha Long Bay, Hai Phong Bay, and Ba Lat estuary, Vietnam", *Chemosphere*, 72(8), 1193–1202.

▷언론 보도 및 인터넷 자료

- 레디앙, 2015.08.05., "베트남 기록적 호우, 탄광과 발전소 유독물질 유출".
- 베트남 관광청, http://vietnamtourism.gov.vn/english/index.php/cat/1501/2
- 연합뉴스, 2016.06.30., "베트남서 대만업체 폐수방류로 물고기 떼죽음… 5천775억 배상".
- 유네스코세계유산위원회, http://heritage.unesco.or.kr/wh/wh_intro/wh_committee/
- 유네스코 지속가능성 프로그램, http://whc.unesco.org/en/sustainabledevelopment/
- 유네스코 하롱베이 보고서, http://whc.unesco.org/en/list/672
- 하롱베이 보호 노력, http://www.gohalongbay.com/travel-guide/Halong-Bay-Preservation.html
- 하롱베이 보호단체 노력 사례, 2016.09.07., "Parties in Ha Long Bay's caves to be banned", https://www.talkvietnam.com/tag/ha-long-bay-management-board/
- 한국무역협회 호찌민지부, 2015.04.15., "베트남 관광산업 현황", http://www.kita.net/global_hcm/bizinfo/economy/view.jsp?n_index=1710918&n_boardidx=117000,117001,126005,120010&count=y
- 한국무역협회, 2015.04.16., "베트남 관광산업 현황".

2

짱안과 지형학: 카르스트 지형의 매력

배지용 · 신재섭 · 김진아 · 이건학 · 이해사랑

답사 둘째 날, 자연지리를 연구하는 9조와 10조는 짱안으로 향했다. 짱안은 하노이에서 동남쪽으로 90km 정도 떨어진 곳에 위치해 있기 때문에 우리는 아침 일찍 숙소를 나섰다. 전날 일기예보를 확인했을 땐 약간의 비가 예고되어 있었지만 출발 당일 아침은 다행히도 쨍쨍했다. 우리는 땡볕 아래에서의 나룻배투어가 두려우면서도 설레는 마음으로 버스에 올랐다.

짱안Tràng An은 홍강 삼각주의 최남단 부근에 위치한 카르스트 지형으로, 흔히 '육지의 하롱베이'라고 불린다. 카르스트 지형은 석회암과 같이 물에 잘 녹는 암석으로 구성된 기반암이 빗물, 지하수, 바닷물 등에 의해 녹으면서 생성된 지형을 일컫는다.[1] 암석은 기본적으로 물이나 바람 등에 의해 깎여 나가는 물리적 풍화 작용을 받는다. 하지만 석회암은 탄산칼슘 덩어리이기에 탄산가스를 포함한 약산성의 빗물이나 지하수에 잘 녹아서 화학적 풍화도 크게 받는다(이를 용식 작용이라 한다). 따라서 카르스트 지형에는 석회동굴, 돌리네, 우발레 등 다른 지역에서 보기 힘든 독특한 지형이 발달하게 된다. 짱안이 하롱베이와 자주 비교되는 것은 두 지역 모두 카르스트 지형 가운데 '탑카르스트'가 잘 발달하였다는

1) 전국지리교사연합회, 2011, 살아 있는 지리 교과서 1, 휴머니스트.

그림 4.2.1 | 짱안의 위성 사진

지형적 유사성 때문이다. 실제로 우리는 이번에 하롱베이와 짱안을 함께 답사하면서 두 곳에서 모두 높이 솟은 석회암 봉우리들을 관찰할 수 있었다.

유네스코 세계유산에 하롱베이와 짱안이 서로 다른 유형으로 등재되어 있다는 점은 상당히 흥미롭게 다가온다. 하롱베이는 1994년 유네스코 자연유산으로 지정된 것과 달리 짱안 경관 단지는 2014년 유네스코 세계복합유산으로 지정되었는데, 세계복합유산은 자연유산과 문화유산으로서의 가치를 모두 지니고 있는 유산을 말한다.2) 짱안은 탑카르스트 지형을 잘 보존하고 있어 높은 지형학적 가치를 지니는 동시에 선사 시대부터 인류가 생활

2) 유네스코한국위원회, 2014, 유네스코와 유산, http://heritage.unesco.or.kr [2016.11.6.]

한 흔적을 담고 있어 고고학적 가치 또한 높아 세계복합유산으로 등재되었다. 짱안과 하롱베이가 이러한 차이점을 보이는 것은 바로 지리적인 위치의 차이에서 기인하는 것이 아닐까 싶다. 짱안은 하롱베이와 달리 바다가 아닌 내륙에 위치해 있기 때문에 오래전부터 인간의 삶의 터전이 된 것으로 추측해 본다.

따라서 짱안은 여러 지형학적·환경적 요소들과 최후빙기 이후 살아남은 인간들 사이에 일어난 상호 작용을 잘 보여 준다.3) 우리들은 이번 답사를 통해 짱안의 지형이 형성되어 온 과정, 그리고 그 속에서 인류가 어떻게 환경에 적응하고 환경을 활용했는지 알아보고자 했다. 답사는 오전에 짱안에 도착하여 바이딘 사원을 둘러보고 점심을 먹은 뒤, 두 시간 동안 나룻배를 타고 강을 따라 둘러보는 일정으로 진행되었다. 네 명의 사람과 노를 저어 주는 아주머니 한 분이 간신히 탈 수 있는 크기의 나룻배는 오로지 노 젓는 힘으로만 움직였다. 나룻배를 타면서 땡볕에 완전히 노출되어 힘들기도 했지만, 아주 여유롭게 짱안의 경관을 둘러볼 수 있어 더할 나위 없이 좋았다.

짱안 개관

짱안 경관 단지에서 하루만 머물렀기에 짱안의 기후를 전체적으로 체험해 보았다고 말하긴 어렵지만, 그 하루의 날씨는 경험할 수 있었다. 방문한 날은 기온이 매우 높고 습했다. 짱안은 쾨펜의 기후 구분에 따르면 열대몬순기후대에 속한다. 이름에서도 드러나듯이, 이 지역은 가장 추운 달에도 평균 기온이 18℃ 이상으로 덥다. 또한 고온다습한 여름 계절풍의 영향을 받을 때는 우기가 되고, 겨울 계절풍과 아열대 고압대의 영향을 받을 때는 건기가 된다. 그런데 일반적인 겨울 계절풍은 건조한 데 반해, 베트남의 겨울 계절풍은 습윤한 성질을 가진다. 실제로 짱안이 속한 닌빈Ninh Bình주의 월평균 강수량 자료를 보면 쾨펜이

3) 유네스코, 2014, Tràng An Landscape Complex Ninh Bình, Vietnam, http://whc.unesco.org/uploads/nominations/1438.pdf

〈표 4.2.1〉 베트남 닌빈의 2015년 월평균 강수량

	1월	2월	3월	4월	5월	6월	7월	8월	9월	10월	11월	12월
강수량 (mm)	51.8	101.9	134.1	73.9	207.0	264.2	234.7	278.1	238.0	71.9	118.9	68.3

우기와 건기를 구분하는 강수량 기준(월평균 60mm)을 거의 대부분 초과하고 있다. 즉, 짱안은 일 년 내내 고온다습하다고 볼 수 있다.

짱안은 열대기후 지역이기 때문에 성대토양4)은 '라테라이트토'이다. 라테라이트토는 연중 기온이 높고 습윤한 곳에서 암석이 장기간의 풍화 작용으로 변질되고 흘러내려 남은 것5)으로, 붉은색을 띠며 농사에는 적합하지 않다고 알려져 있다. 그런데 짱안에는 간대토양6)의 한 종류인 '테라로사'도 분포한다. 테라로사는 이 지역의 기반암인 석회암에 포함된 불순물이 표층 위에 남아 형성된 점토질의 토양7)이기 때문에 카르스트 지형으로 이루어진 짱안에 많이 분포할 수밖에 없다. '붉은 흙'이라는 뜻의 스페인어 이름을 보면 알 수 있듯이 붉은빛을 띤다. 하지만 짱안 경관 단지에 들어섰을 때 순간 눈에 들어온 것은 온통 초록빛이었다.

전체적으로 보았을 때, 열대우림기후 지역보다는 나무의 종류가 적어 보였고, 밀집되어 있는 정도도 낮았다. 험준한 지형 탓도 있겠지만, [그림 4.2.2]에 나타나 있듯이 식생이 카르스트 지형을 완전히 덮고 있는 것은 아니고 드문드문 빈 곳이 있다. 이런 면에서는 열대지방의 특색인 야자수를 빼면 우리나라의 온대림, 혼합림의 모습과 비슷하게 보였다.

그러나 베트남 산림조사계획원과 닌빈주 산림보호부서의 연구조사에 따르면,8) 짱안

4) 위도에 따라 기후대별로 분포하는 토양. 예를 들면, 열대기후 지역의 라테라이트토, 아열대기후 지역의 적색토, 온대기후 지역의 갈색토, 냉대기후 지역의 포졸토 등이다.

5) 윤창주, 2011, 화학용어사전, 일진사.

6) 기후나 식생에 따른 일반적인 영향보다도 국지적인 환경인자의 영향을 더 크게 받는 토양. 성대토양과 대비되는 말.

7) 전국지리교사연합회, 2011, 살아 있는 지리 교과서 1, 휴머니스트.

8) Ninh Bình Provincial People's Committee, 2015, Report on implementation of the requests by the UNESCO World Heritage Committee relating to the Tràng An Landscape Complex Property(Ninh Bình Province, Vietnam).

그림 4.2.2 | 짱안 경관 단지의 모습

그림 4.2.3 | 짱안의 식생

그림 4.2.4 | 짱안의 우세한 수생 식물

의 카르스트 생물군집에는 여러 희귀종을 포함한 600종이 넘는 식물이 살고 있다. 특히 눈에 띈 것은 [그림 4.2.4]의 수생 식물이었다. 짱안에 있는 42종의 수생 식물 가운데 속한 것들로, 동굴 안을 지나갈 때를 제외하곤 나룻배를 타고 이동하는 내내 수면을 통해 볼 수 있었다.

비록 짱안 경관 단지에서 나룻배를 타고 두 시간가량 이동하면서 많은 종류의 식물을 관찰하지는 못했지만, 열대몬순이라는 따뜻하고 해가 잘 비치며 적절히 비가 내리는 기후와 온통 푸르렀던 짱안의 모습을 종합해 보았을 때 다양한 식생이 서식할 만한 곳이라는 생각이 들었다.

짱안의 지형학적 경관

짱안에 거의 다다르자, 창 너머 저 멀리에 봉우리들이 불쑥 솟아 있는 것을 볼 수 있었다. 위에서도 언급했듯이 짱안의 절경은 석회암지대에 형성된 탑카르스트 지형으로 만들어진다. 탑카르스트 혹은 타워카르스트는 지표에 오목하게 파인 돌리네나 우발레와는 반대로 하늘로 볼록하게 솟은 봉우리들을 보여 주는데, 이것은 다른 카르스트 지형보다 용식이 훨씬 더 활발히 진행되어 나머지 부분이 다 사라지고 용식이 진행되지 않은 부분들만 남았기 때문이다. 석회암의 용식은 물의 절대적인 양이 많을수록, 그리고 그 물속에 탄산가스의 함유량이 높을수록 더 잘 일어난다. 그런데 탄산가스는 보통 공기 유통이 불량한 열대토양에 많이 포함되어 있다.9) 이 때문에 열대 지역의 지표수, 지하수는 탄산가스의 함유량이 높다. 위에서 살펴봤듯이 짱안은 연중 덥고 강수량이 많은 지역이기 때문에, 용식이 활발히 일어나기 딱 좋은 조건이다. 상대적으로 기온도 낮고 강수량도 적은 우리나라 옥천 지향사의 카르스트 지형에 비해 짱안이 웅장할 수밖에 없는 이유이다.

9) 한국학중앙연구원, 2016, 한국민족문화대백과, http://encykorea.aks.ac.kr [2016.11.6.]

그림 4.2.5 | 나룻배를 타고 짱안의 경관을 둘러보고 있는 학생들

우리는 네 명씩 나룻배를 나누어 타고 투어를 시작했다. 강을 따라 천천히 돌면서 석회암과 물이 만든 위대한 절경을 감상할 수 있었다. 이론적으로는 형성 과정을 알고 있었음에도 불구하고 직접 그 경관을 마주하니 '도대체 어떻게 저 거대한 봉우리들이 만들어질 수 있었을까' 하는 경외심이 들었다. 아마 위에서 내려다본 것이 아니라 수면에서 올려다본 것이기 때문에 더 그러한 느낌을 받았는지도 모르겠다. 높게 솟은 봉우리와 깎아지른 절벽은 석회암과 물이 상호 작용해 온 아주 오랜 역사를 그대로 보여 주고 있었다.

이곳의 지형이 처음 형성되기 시작했을 때에는 강물이 현재보다 더 높은 곳에서 봉우리 사이사이를 흐르며 석회암을 깎아 나갔다. 초기에 탑의 정상부와 기저부는 지금처럼 높이 차이가 크지 않았을 것이다. 하지만 탑의 정상부는 암석이 상대적으로 치밀하고 고도가 높아 물이 모이지 않고 흘러내렸기 때문에 용식을 받기 힘들었다. 반대로 기저부는 고도가 낮아 물이 계속 모이게 되므로 용식이 활발하게 진행되었다. 지대에 따라 차별적으로

그림 4.2.6 | 왼쪽 봉우리 윗부분에 드러난 솔루션 플루트

침식을 받은 것은 강물이 흘러가면서 물리적으로 침식을 가했기 때문이기도 하다. 물의 화학적, 물리적인 작용으로 인해 정상부와 기저부의 용식 정도는 그 차이가 점점 더 벌어져서 결과적으로 탑의 사면이 이렇게 가파르게 형성되었다. 그리고 침식 과정에서 사면이 서양의 악기 플루트 모양처럼 떨어져 나간다 하여 '솔루션 플루트Solution Flute'라는 지형도 생겼다.

이처럼 강물은 탑카르스트의 기저부에 상당한 힘을 가하기 때문에 탑과 강물이 만나는 부분에 침식이 집중적으로 진행된다. 그러면 강물이 암석을 안쪽으로 계속 깎아 들어가면서 동굴을 만들기도 한다. 짱안 나룻배투어의 핵심은 바로 이 동굴들을 통과하는 것이었다. 배를 타는 두 시간 동안 동굴을 십여 개는 지난 듯했는데, 모두 그 높이가 나룻배에서 앉은키 정도밖에 되지 않았다. 그래서 우리는 동굴을 지나갈 때마다 발을 두는 배의 밑바닥으로 쪼그려 앉아야 했다. 허리를 꼿꼿이 펴고 앉았다간 동굴 천장에 머리를 박는 불상사가 발생할 수도 있었기 때문이다.

동굴 내부에는 이곳이 석회암 지형임을 증명하는 또 다른 경관들이 드러났다. 물이 석회암층을 통과하면서 동굴을 만들고, 다시 물속에 녹아 있는 탄산염광물이 빠져나오면서 축

그림 4.2.7 | 짱안의 석회동굴 속에서 발견한 종유석

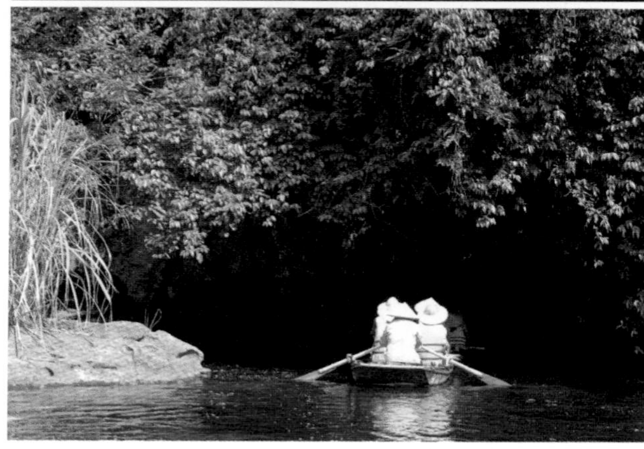

그림 4.2.8 | 머리가 닿을락 말락 한 높이의 동굴로 들어가는 나룻배

적된 고드름 모양의 종유석과 죽순 모양의 석순 등이 관측되었다.10)

동굴은 그 높이가 매우 낮았지만 폭 또한 굉장히 좁았는데, 아주머니께서 맨 뒤에 앉아 배가 양옆에 부딪히지 않도록 능숙하게 나룻배를 젓는 모습이 매우 신기했다. 이렇게 규모가 작은 동굴을 나룻배를 타고 지나간 덕분에 그 내부를 바로 눈앞에서 관찰할 수 있었으니 우리는 모두 두 번 다시 해 볼 수 없는 경험에 그 순간을 만끽했다. 조금 지루하지 않을까 싶던 두 시간은 금세 지나갔다.

10) 전국지리교사연합회, 2011, 살아 있는 지리 교과서 1, 휴머니스트.

카르스트 지형의 형성에 있어 가장 중요한 것은 석회암의 형성과 용식이다. 카르스트 지형이 발달하기 위해선, 석회암의 탄산칼슘 비율이 최소 60% 이상이어야 한다.11) 짱안의 석회암은 호랑이 담배 피울 적보다도 전에 물속의 칼슘 성분이 포화되면서 생긴 퇴적물에서 유래했다. 즉 지금 육지에 있는 짱안은 한때 바다였던 것이다. 약 2억 3000만 년 전부터 이 퇴적물들이 융기하면서 육지로 올라왔다.12) 용식은 석회암이 육지로 올라온 뒤에야 시작된다. 따라서 오늘날 짱안은 고온다습한 플라이오세Pliocene13)부터 비로소 형성되었다고 본다.14) 그리고 기온이 점점 낮아지고 대기가 건조해지면서, 플라이오세는 우리가 흔

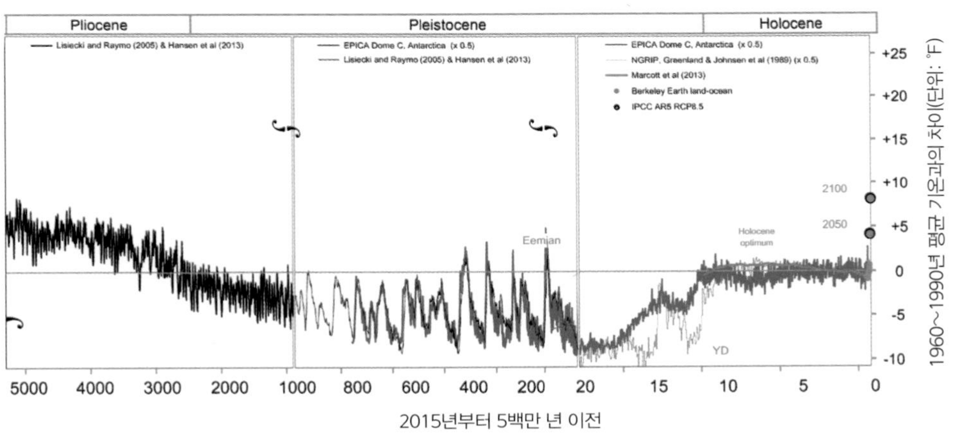

그림 4.2.9 | 플라이오세 이후 지구의 평균 기온 변화
출처: Glen Fergus_Wikimedia Commons, 일부분 편집

11) 이상영, 2000, 지리세계, http://geoworld.pe.kr/geonote/gnote11.htm [2016.11.6.]

12) Ninh Bình Provincial People's Committee, 2015, Report on implementation of the requests by the UNESCO World Heritage Committee relating to the Tràng An Landscape Complex Property(Ninh Bình Province, Vietnam).

13) 지질 시대의 제3기 5분할 경우의 마지막 지질 시대 이름. 선신세(鮮新世)라고도 한다. 거의 520만 년 전부터 164만 년 전까지를 이른다. 기후는 비교적 온난하지만 말기부터 한랭해져서 제4기의 빙하 시대를 맞는다. 제4기 플라이스토세로의 이생 시기에 관해서는 여러 가지 의견이 있으며 확정되어 있지 않다(뉴턴편집부, 2010).

14) 유네스코, 2014, Tràng An Landscape Complex Ninh Bình, Vietnam, http://whc.unesco.org/uploads/nominations/1438.pdf [2016.11.6.]

〈표 4.2.2〉 짱안 지역의 해수면 변동과 융기에 따른 지형

명칭	시기	특징
Yen Mo 해침	플라이스토세 중기 (87만 년~35만 년 전)	지금은 융기하여 해발 40~60m에 위치하는 동굴과 침식 단구 일부가 이 시기에 형성된 것으로 추정됨.
Cat Lam, Bim Son, Vinh Phuc 해침	플라이스토세 후기 (13만 년~3만 년 전)	각각 해발 30~40m, 20~30m, 10~15m에 위치하는 동굴과 침식 단구가 형성됨.
마지막 거대 빙하기 (LGM)	플라이스토세 말기 (2만 년 전)	이 시기 해수면은 오늘날보다 120m 정도 낮았음. 지금은 융기하여 해발 4~5m에 있는 해식 단구가 형성되고 해발 8.9m에 있는 동굴에서까지 조개껍질이 발견됨.
Quang Xuong 해침	홀로세 후기 (2,500~1,000년 전)	해발 1.5~2m의 동굴과 해식 지형이 형성됨. 약 1,000년 전 베트남 딘 왕조와 리 왕조 시기 모든 짱안의 계곡이 물에 잠겼고 주요 교통로로 수로를 썼다는 이야기가 있음. 즉, 짱안은 매우 최근까지 물에 잠겨 있다가 오늘날처럼 융기했다는 증거임.

주: 해침이란 해수면 상승으로 인한 바닷물의 침범을 말한다.
출처: Ninh Bính Provincial People's Committee, 2015

히 빙하기로 부르는 플라이스토세Pleistocene로 이어지게 된다. 플라이스토세가 내내 추웠던 것은 아니고, 추운 빙하기와 덜 추운 간빙기가 반복되었다. 빙하기에는 빙하가 성장하여 해수면이 내려가고, 간빙기에는 빙하가 녹아 해수면이 올라왔다. 기온 변화로 인한 해수면 변동의 반복은 현시대가 속하는 홀로세Holocene까지 이어졌다. 이러한 해수면 변화는 지면의 융기와 함께 짱안 카르스트 지형의 형성에 결정적인 영향을 끼쳤다. 그 변화는 〈표 4.2.2〉와 같다.

요컨대 해수면 상승으로 인한 침식과 융기가 반복되면서, 짱안의 봉우리들은 밑층이 젊고, 꼭대기로 갈수록 오래되었다는 것을 추론할 수 있다. 또한 카르스트 지형의 단구와 동굴과 같은 침식 흔적을 통해 과거 해수면의 높이를 알아낼 수 있다. 짱안의 카르스트 지형은 수십만 년의 역사를 품고 있는 것이다.

〈표 4.2.3〉 짱안 지형의 고도에 따른 지층 분포

현재 해발고도(m)	지층 시대
40~60	Yen Mo 해침
30~40	Cat Lam 해침
20~30	Bim Son 해침
10~15	Vinh Phuc 해침
4~5	LGM
1.5~2	Quang Xuong 해침

출처: Ninh Bính Provincial People's Committee, 2015 일부분 편집

짱안의 인류사

짱안 지역은 플라이스토세 후기에서 홀로세 초~중기에 처음 인류가 거주하였을 것으로 추정된다. 당시 사람들은 달팽이를 주로 섭취하였고 원숭이, 사슴, 돼지, 다람쥐 등을 사냥했다.15) 그리고 석회암으로 만든 석기를 주로 사용했으며, 표면에 빗금을 새긴 토기를 제작했다. 특별한 점은 이들이 우기에만 짱안에 거주하였을 것으로 추정되는데, 고고학자들에 따르면 그들의 식량인 달팽이 개체수의 증감과 관련이 있다고 한다.

짱안의 기록된 역사는 기원전 2세기부터 시작된다. 기원전 2세기부터 중국의 지배를 받았고, 기원후 938년 박당강 전투를 계기로 중국 군대가 베트남에서 완전히 철수한다. 이 기간 중에 짱안 사람들은 중국에 대한 강한 저항정신을 보여 주었으며, 중국에 대항한 영웅들을 기리는 종교적 기념물을 건립했다고 전해진다. 중국의 지배에서 벗어난 후, 베트남에는 최초의 왕정 국가라고 할 수 있는 딘Đinh 왕조가 세워졌고, 현재의 짱안이 위치한 호아르Hoa Lư 지역이 국가의 수도로 정해졌다. 그 후 딘 왕조가 멸망한 후에도 짱안이 오랫동안 중심도시 역할을 수행하며 베트남은 평화를 되찾았다. 하지만 한반도에 몽골이 침입한 때와 비슷한 시기에 베트남도 몽골의 침략을 받았다. 1285년 제2차 몽골 항쟁 때는 쩐Trần 왕국이 짱안으로 후퇴하여 군대를 정비한 후 몽골군을 몰아냈다고 전해진다. 또 이후 1407년부터 20년간 명나라의 지배를 받게 되었는데, 짱안의 국민들이 명나라 군대를 몰아내는 데 큰 공헌을 했다고 한다. 그리고 중국에 청나라가 들어서고 청나라 군대가 베트남을 계속 침공하자, 짱안의 사람들은 총 세 겹의 성을 축조하여 당시 베트남 떠이선Tây Sơn 왕조의 군대를 지원했다. 이때의 떠이선 왕조는 존립했던 기간은 짧았지만 짱안의 경제, 문화 형성에 큰 영향을 끼쳤다.

이렇게 외부의 침입으로 점철된 짱안의 역사는, 20세기에 들어서 호아르라는 역사도

15) Ninh Bình Provincial People's Committee, 2015, Report on implementation of the requests by the UNESCO World Heritage Committee relating to the Tràng An Landscape Complex Property(Ninh Bình Province, Vietnam).

시의 흔적과 짱안의 자연경관이 그 가치를 인정받아 보호와 보전의 역사로 바뀌게 된다. 1962년부터 국가적 차원에서 짱안 일대를 보호하기 시작했고, 2014년에 세계 최초로 유네스코 세계복합유산으로 등재되어 현재 짱안은 세계적 차원의 보호를 받고 있다.

짱안의 인문경관

수상 관광

베트남에서 노를 젓는 사람들은 전부 여성이다. 베트남에서는 전쟁으로 뒤덮인 그들의 역사에 말미암아 남성은 전쟁이 났을 때 군인으로서 목숨을 바치니 평상시에는 여성이 노동을 담당해야 한다는 인식이 강하다. 이 때문에 매일 아침 호텔 문을 나서면 항상 근처 카페에는 베트남 남자들이 커피를 마시며 수다를 떨고 있었고, 길거리에서 물건을 파는 사람들은 대부분 여자들이었다. 하지만 그렇다고 집안일을 남성이 담당하는 것은 아니다. 베트남 여성은 가사와 돈벌이 둘 다를 책임진다. 이처럼 여성이 생산활동의 상당 부분을 차지하고 있는 베트남에서는 노를 젓는 것과 같이 강한 힘과 체력이 필요한 활동을 여성이 담당하고 있는 모습이 별로 이상한 게 아니다. 물론 배 위에 타고 있는 남자들도 몇몇 있었다. 하지만 그들은 선착장에서 손님을 기다리고 있는 게 아니라 강가의 나무 그늘에 배를 세워 두고 잠을 청하거나 옆의 동료와 수다를 떨고 있었다.

배에 올라타 뒤에서 노를 젓는 여성분께 "Chào cô!"라고 인사를 건넸더니 베트남어로 내게 베트남어를 할 수 있는지 물어 왔다. 아마 보통 관광객들은 "Chao!"만 할 줄 아는데 할머니라는 뜻을 가진 'cô'를 붙여서 그렇게 물어보신 것 같았다. 다행히 단어를 하나씩 끊어 말씀해 주셔서 짧은 베트남어 실력으로 잠깐 대화를 나누었다. 그런데 대화 중간에 영어를 한 번 섞었더니 그 여성분께서 이해를 못하셨다. 당시에는 관광지에서 일하는 분께서 영어를 아예 못한다는 사실이 의아했지만, 지금 생각해 보니 그것이 짱안의 고고한 분위기를 만드는 한 요소인 듯하다. 2016년, 우리가 제주도에 놀러 갔을 때 성산일출봉 앞에서 우산을 팔던 아주머니께서는 한국어, 영어, 중국어, 일본어를 아주 능통하게 잘하셨다. 하지만 그분이 외국어를 잘하는 이유는 바로 돈을 벌기 위해서였고, 이런 면에 있어서 제주도는 굉장히 세속적인 관광지라는 인상을 받았다. 하지만 짱안은 제주도와는 대조적으로 상당히 도교적인 느낌이 드는 관광지였다. 노를 젓는 여성분은 팁을 더 얻어 내려고 굳이 영어로 립서비스를 하지도 않았고, 더 많은 손님을 효율적으로 나르기 위해 모터보트를 사용하지 않았으며, 화려한 볼거리를 위해 조명 같은 작위적인 조경을 하지 않았다. 짱안은 나에게 자연의 순수함을 그대로 보여 주고, 들려주고, 느끼게 해 주었다. 물론 아직 짱안이 하롱베이만큼 잘 알려진 관광지가 아니라 그럴지도 모른다. 실제로 론리플래닛Lonely Planet에서 베트남 부분을 찾아보니 최신판에만 짱안이 실려 있었다. 만약 짱안의 아름다운 경관이 세상에 널리 알려져 지금보다 더 많은 사람들이 찾게 된다면, 우리나라의 제주도처럼 돈의 논리가 지배하는 관광지로 전락해 버릴 것이고, 그것은 짱안을 사랑하는 사람들로서 아주 안타까운 일이 될 것이다. 우리가 짱안을 다시 방문할 때까지, 아니 앞으로 계속해서 지금 모습 그대로의 고고함을 간직해 주었으면 하는 바람이다.

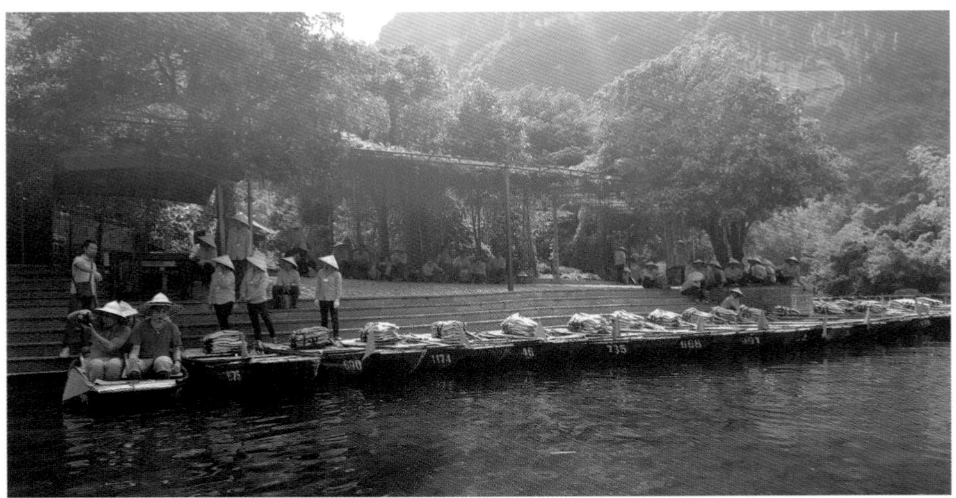

그림 4.2.10 | 짱안의 선착장

바이딘 사원(Bái Đính Pagoda)

바이딘 사원은 짱안 근처에 위치하여 관광객들이 여행사를 통해 많이들 방문하는 곳이다. 베트남에서 가장 큰 불교 사원으로, 유네스코가 지정한 짱안 경관 단지 안에 포함되어 있다. 과거에는 동굴 속에 위치한 작은 사원에 불과했지만 2010년에 700헥타르 규모로 확장하여 관광지화되었다. 사원의 대웅전 격인 땀더홀Tam The Hall은 높이 34m, 길이 59m의 크기를 자랑하며, 매년 음력 1월 6일에는 바이딘 사원 페스티벌을 열어 전통적인 베트남의 불교의식을 재현한다.

바이딘 사원을 방문하여 관광하는 내내 느낀 것은 이곳이 전적으로 중국인 관광객을 겨냥하여 세워졌다는 점이다. 물론 베트남은 역사적으로 중국의 지배를 오래 받아 중국 문화의 영향이 아직 남아 있다. 또 베트남 전통의 건축 양식을 사용했다고는 하지만 외지인의 눈으로 봐서는 중국의 건축 양식과 구별을 못했을 수도 있다. 하지만 너무나도 많은 요소들이 관광객들을 만족시키는 것을 목적으로 한다는 사실이 눈에 보였다.

먼저 사원의 크기가 그렇다. 한국에 있는 큰 불교사찰들은 대부분 그곳에 적을 두고 있는 승려들이 많다. 그런데 바이딘 사원은 크기가 한국에 있는 그 어떤 불교사찰보다도 거대하지만, 그곳에 있는 동안 승려를 단 한 사람도 볼 수 없었다. 불상 앞에서 염불을 외는 승려도 없었고, 바닥을 쓸고 있는 승려도 없었다. 다만 관광객들이 지나다니는 길목에서

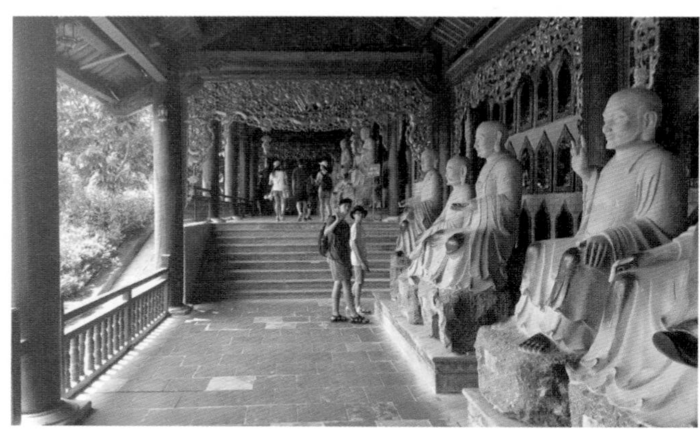

그림 4.2.11 | 바이딘 사원 내 500개의 아라한상

엽서와 열쇠고리를 파는 여성들만 볼 수 있을 뿐이었다. 더군다나 사원에 참배하기 위해 방문하는 베트남 현지인도 찾아볼 수 없었다. 그 넓은 사원이 승려를 위한 공간도 아니고, 참배객을 위한 공간도 아니었다. 다만 시끄럽게 떠들며 주마간산식으로 구경을 하는 관광객들에게서 크기에 대한 짧은 감탄을 이끌어 내기 위한 공간일 뿐이었다.

사원 내에 있는 500개의 아라한상들은 관광지화의 극치를 보여 준다. 정체 모를 재료로 만들어진 수많은 아라한상들은 서로 다른 모습을 하고 있었으며, 아래에는 각 아라한상이 들어주는 소원이 표시되어 있었다. 하지만 아라한이라 불리는 사람들은 단순히 소승불교에서 최고의 경지에 올랐다고 여겨지는 사람들이다. 그런데 아무런 역사적, 교리적 근거 없이 각각의 아라한에게 비는 소원을 인위적으로 설정한다는 것은 관광객들을 만족시키기 위한 목적이라고밖에 볼 수 없다. 더욱이, 한자를 사용하지 않는 국가에서 빌어야 하는 소원을 한자로 적어 놓았다는 사실은 중국인 관광객들을 목표로 하고 있다는 것을 알려 준다. 물론 관광지라는 공간의 특성상 관광객들을 유치해 수익을 창출하는 것은 중요하다. 하지만 베트남 고유의 문화나 아름다움을 느낄 수 없었다는 점에서 아쉬움이 많이 남는 곳이었다.

마치며

짱안은 웅장하고 신비로운 탑카르스트 지형을 지닌 곳이다. 연중 비가 많이 내리고 더운 날씨를 바탕으로 기반암인 석회암의 용식이 활발히 진행되면서 지금의 모습을 갖출 수 있었다. 오늘날의 모습이 되기까지 짱안은 수백만 년 전부터 여러 번 해수면의 변화와 융기를 겪었으며, 그 역사는 다양한 고도에 위치한 석회동굴들에 고스란히 남아 있다. 인류는 이러한 환경에 수만 년 전부터 적응하여 왔으며, 이는 유네스코가 짱안을 자연과 문화의 역사가 조화롭게 어우러진 유산으로 지정한 이유이기도 하다. 현재 짱안 지역을 다스리는 베트남인들은 짱안 특유의 카르스트 지형과 문화경관들을 연계하여 지역 관광산업의 발전을 이끌고 있다. 그리고 세계 곳곳에서 많은 이들이 이곳을 방문하고 있다. 역사는 지금도 계속 되고 있다.

References

▷ 단행본

- 뉴턴편집부, 2010, 과학용어사전, 뉴턴코리아.
- 윤창주, 2011, 화학용어사전, 일진사.
- 전국지리교사연합회, 2011, 살아 있는 지리 교과서 1, 휴머니스트.

▷ 보고서

- 유네스코, 2014, Tràng An Landscape Complex Ninh Bình, Vietnam, http://whc.unesco.org/uploads/nominations/1438.pdf
- Ninh Bình Provincial People's Committee, 2015, Report on implementation of the requests by the UNESCO World Heritage Committee relating to the Tràng An Landscape Complex Property(Ninh Bình Province, Vietnam).

▷ 언론 보도 및 인터넷 자료

- 유네스코한국위원회, 2014, 유네스코와 유산, http://heritage.unesco.or.kr [2016.11.06.]
- 이상영, 2000, 지리세계, http://geoworld.pe.kr/geonote/gnote11.htm [2016.11.06.]
- 플라이오세 이후 지구의 평균 기온 변화, gergs.net/wp-content/uploads/2014/03/All_palaeotemps_rev7.xlsx [2016.11.06.]
- 한국학중앙연구원, 2016, 한국민족문화대백과, http://encykorea.aks.ac.kr [2016.11.06.]
- AccuWeater, 2016, http://www.accuweather.com [2016.11.06.]
- Wikimedia Commons, https://commons.wikimedia.org/wiki/File:All_palaeotemps.png

Episodes · ❶

Interview

 홍명한

나의 여섯 번째 학과 답사는 두 가지 차원에서 더욱 특별했다. 먼저, 내가 집에서 가장 멀리 떠난 여행이었다. 처음으로 동북아시아를 벗어나 동남아시아라는 새로운 문화권에 들어가 본 것이다. 그만큼 새로운 체험을 많이 했다. 고수를 원 없이 먹어 보기도 했고 그렇게 많은 오토바이 사이를 지나가 본 것도 처음이었다(익숙해지고 나니까 오히려 한국에 돌아와서도 차 사이로 무단 횡단하는 게 편하다고 느낄 정도였다).

또 하나 이번 답사가 특별했던 점은, 내가 갔던 어떤 답사보다도 많은 인원이 참여한 답사라는 것이다. 학부생만 해도 60명 가까이 되어서 여러 조에서 다양하게 문제가 터질 거라고 생각했는데 의외로 아무런 문제 없이 무사히 답사를 다녀왔다는 게 새삼 놀랍다. 단순히 인원만 많았을 뿐만 아니라, 이 동행들이 모두 지리학을 공부하는 사람들이라는 게 더 의미 있었다. 답사를 통해 현장에서 배우는 것, 그리고 그 현장에서 배우는 사람들끼리의 상호 작용을 통해 더욱 많은 것을 배울 수 있는 기회가 되었기 때문이다.

이기호

3박 5일간의 일정은 하노이 베트남국립대학교 학생들과의 교류, 조별 답사, 하노이 시내 전체 답사, 삼성전자 하노이 공장 방문, 하롱베이 방문으로 이루어졌다. 가장 인상 깊었던 것은 역시 하롱베이였다. 개인적으로 여행을 다니면 도시보다는 산, 강, 바다 등 자연을 좋아한다. 하롱베이는 1,969개의 섬으로 이루어진 만(bay)으로 유네스코 세계자연유산으로 지정되었으며 각종 기암괴석으로 유명한 곳이다.

처음에 하롱베이에 도착해서 든 생각은 '과연 이게 바다가 맞나'였다. 겉으로 보기엔 아주 큰 호수처럼 보였다. 얼마 전에 가족 여행으로 갔다 온 충주호와 흡사한 느낌을 받았다. 그러나 먼 바다로 나가니 각종 기암괴석들이 병풍처럼 나란히 우리를 맞아 주었고 수평선에서 불어오는 시원한 바닷바람에는 그동안의 더위가 가시는 느낌이었다. 중간중간 인생 사진도 찍고 즐거운 시간을 보낼 수 있었다.

 **김승연**

어느 나라를 가든지 꼭 하는 일이 있다. 편의점, 동네 슈퍼마켓, 대형쇼핑센터 내에 입점한 식료품점을 들러서 각기 어떤 제품을 파는지 확인하는 것이다. 특별히 정해 놓은 것 없이 가 보기도 하지만 이번 베트남 방문에는 확실한 목표가 있었다. 바로 베트남 커피다. 유명하기도 유명하거니와 선물로 줘도 부담이 없고 기념품으로도 적당했기에 가져간 돈의 절반 이상을 베트남 커피를 구입하는 데에 썼다. 베트남에서 사 간 커피 중 베트남식 냉커피인 '카페 쓰어다'는 주변에서도 극찬을 들었다. 베트남 현지 카페에서 바로 만들어 주는 맛 역시 말 그대로 감동이다. 아마 베트남에 다시 가게 된다면 그 이유는 카페 쓰어다와 프랑스식 디저트 카페 때문이 아닐까 싶다.

 **강경빈**

답사는 Stop&Go식의 여행 포맷을 바꿀 수 없는 한계를 가지고 있긴 하지만 좋은 경치, 의미 있는 경험, 맛있는 먹을거리를 쉽게 접하기에는 참으로 좋았다. 답사 외적으로도 16, 15학번 그리고 고학번 형들과 꽤 알게 되었고(12, 13, 14학번은 더 이상 안 친해져도 되니), 이야기도 많이 나눌 수 있는 좋은 기회였다(평소에 한마디도 안 하니, 한마디 하면 평소보다 무한 배로 친해진 셈이다). 학교 다니면서 사회대학에서 인사할 사람이 늘어난 것 같다. 좋은 추억과 인연들을 간직하고 다시 일상으로, 시험으로, 과제로, 취준으로(…) 떠나지만 이 답사의 경험을 나는 물론 같이 갔던 학우들도 오래 간직했으면 좋겠다. 그리고 같은 경험을 공유했던 사람으로서 서로 오래오래 알고 지냈으면 좋겠다.

 **강효정**

"대학 들어오면 무엇을 제일 하고 싶어요?" 경직된 분위기를 깨는 박수진 교수님의 마지막 질문에 오히려 당황하며 "동아리도 하고 싶고… 음… 여행도 좋아하는데 많이 못 다녀 봐서 지리학과만의 특권인 답사도 즐겁게 다니고 싶어요."라고 더듬거렸던 작년 겨울. 춘계 국내 답사를 다녀오지 못해서 사실상 이번 베트남 답사는 내게 있어 첫 답사였다. 무엇이든 처음의 의미는 소중하다고 생각한다. 특히나

이번 학기는 내가 처음으로 전공 수업을 듣기로 결심한 학기이기도 했다. 지리학에 대해 어쩌면 '무지'한 나에게 해외답사는 자칫 무리라고 생각할 수도 있었지만, 선배들과 함께 답사 계획서를 작성하고 교수님과 면담도 하면서 느꼈던 설렘은 이러한 걱정을 날려 버리기에 충분했다. 입학하기 전부터 관심 있었던 분야인 문화지리학을 토대로 한 우리 조의 주제인 다크투어리즘은, 베트남뿐만 아니라 우리나라에서도 앞으로 자주 다루어져야 하는 관광 개념이라 더욱 의미가 깊었던 것 같다. 자칫하면 따분한 주제라 생각될 수 있는데, 우선 베트남이라는 국가 자체가 호찌민과 전쟁사에 대해 상당한 자부심을 가지고 있고 그런 사회문화적 분위기를 느낄 수 있어서 오히려 재밌었다. 또한 계속해서 이를 교육과 보존으로 이어 나가려고 하는 것을 보고 한국인으로서 느끼는 바도 많았다.

송지한

사실 해외로 비행기를 타고 나간 것은 이번이 처음이었다. 그러다 보니 걱정도 많이 됐다. 하지만, 결론부터 말하자면 이번 답사는 내가 대학에 입학하고 난 후 내린 결정 중 몇 안 되는 좋은 결정이었다. 이번 답사에서 평소에 자주 만나는 15, 16학번 지리학과 동기 및 선배들과 더욱 친해진 것은 물론이고, 평소에는 잘 마주치지도 못하고 마주치더라도 친해지기 힘들었던 고학번 선배님들과도 친해져 많은 이야기를 나눌 수 있었다. 고학번 선배님들이 먼저 다가와 주시고 말도 걸어 주셔서 그럴 수 있었던 것 같다. 또한, 교수님들께서도 친근하게 대해 주시면서 답사 틈틈이 모르는 것이나 궁금한 것들에 대해 잘 알려 주셔서 무척 좋았다. 태안으로 갔던 국내답사도 물론 매우 기억에 남지만 2박 3일이라는 비교적 짧은 시간을 다녀오는 국내답사와는 달리 해외답사는 3박 5일이 걸리기 때문에 여러 사람들과 더 친해질 수 있었다. 말도 잘 안 통하는 해외라는 지역의 특성상 결속력도 더욱 강했던 것 같다. 특히 내 방이 베트남 답사의 핫 플레이스였던 707호라서 더욱 좋았다. 일정이 끝나고 숙소로 돌아와 잠자기 전에 매일 밤마다 모여서 맥주를 조금씩 마셔 가며 많은 이야기를 나눴고, 재미있는 시간을 보낼 수 있었다.

이바로한

인상 깊은 풍경은 의외의 장소나 행동에서 나오는 법이다. 베트남 답사에서 가장 인상 깊었던 곳은 '롯데센터 하노이'에서 바라본 하노이의 도시 풍경이다. 롯데센터 하노이는 경남랜드마크72 다음으로 높은 건물로, 하노이의 풍경을 보기에 가장 좋은 곳이라 해서 상당히 비싼 돈을 주고 올라갔었다. 과연 군데군데 펼쳐져 있는 호수와 숲, 주택, 고층 빌딩이 어우러진 모습을 보면서, 하노이의 주거 경쟁력이 괜찮다는 생각을 하였고, 오히려 서울보다 낫다는 생각도 들었다. 그리고 저 멀리 즐비한 공사 현장들을 보면서 베트남이 급속히 발전하고 있음을 알 수 있었다.

안타깝게도 빈부의 격차가 너무 눈에 띄었다. 특히 자율답사의 주제로 2조는 하노이 내에서 부유한 지역 중 하나인 쭝호아 및 미딘 지역을 탐방했는데, 하노이의 대다수 거주지와는 전혀 다른 도시 풍경과 현저히 차이 나는 물가 수준(음식 가격이 만 원 내외로 한국과 비슷하다), 그리고 '그들만의 왕국'을 만드는 듯한 거주환경을 보면서 한편으로 씁쓸했다. 사회주의권 국가인 중국, 베트남 등지에서 지니계수가 높아지고 있다던데, 사실이었다.

이준희

베트남은 한중일과 더불어 한자 문화권에 속한다. 비록 지금은 한자를 사용하고 있지 않지만 한국의 한글이나 일본의 가나가 그러한 것처럼 그 안에는 한자의 향기가 여전히 남아 있다. 문화적으로도, 유교를 받아들여 공자의 사당이 있으며 그 안의 비석은 한국의 것과 유사한 양식이 나타난다.

한국과 일본은 이런 베트남의 면모에 반했던 것일까. 베트남에서는 나를 놀라게 할 만큼 한일 간의 투자경쟁이 치열했다. 버스를 타고 이동하면서 곳곳에서 보이는 한국기업과 일본기업, 그리고 현지 업체 등의 건설 현장은 복잡한 하노이의 공사장 구석구석에서 신경전을 벌이고 있었다. 한국에서 보던 포스코, 대림건설이 곳곳에 걸려 있는 것을 보며 나는 기묘한 기분에 휩싸였다.

하지연

베트남에 도착해 버스 안에서 창밖을 바라보며 가장 먼저 '오, 나쁘지 않은데?'라는 생각을 했다. 도심 위주로 다녀서일지는 모르겠지만, 도로도 잘 닦여 있었고 높은 건물도 많았다. 내가 상상했던 모습과는 사뭇 달랐다. 특히 둘째 날 낮과 마지막 날 밤에 전망대에 올라가서 본 시내 전경은 베트남에 대한 나의 이미지를 완전히 바꾸어 놓았다. 역동성이 한껏 느껴졌다. 이뿐만 아니라 첫째 날과 둘째 날에 동행했던 베트남 학생들이 우리를 진심으로 반기고 적극적으로 이끌어 준 덕분에, 낯선 지역에서도 전혀 헤매지 않고 편하게 다닐 수 있었다. 비록 시내를 다닐 때 오토바이들에 위협을 느꼈고 경적 소리에 정신이 쏙 빠졌지만, 나는 그 무질서 속에서도 그들만의 질서가 존재한다는 것을 분명히 느꼈다. 그리고 이러한 그들의 문화를 함부로 미성숙하고 덜 발전했다고 여겨서는 안 되겠다고 생각했다.

김동오

베트남에서 만난 사람들은 베트남 커피와 같았다. 하루 종일 정신 못 차리는 한국인 5명을 돌봐 준 베트남 학생 2명은 우리가 혹여나 바가지를 쓰거나 위험한 일을 당하지 않을까 계속 걱정했다. 실제로 나는 파인애플을 강매당할 뻔했다가 베트남 학생 중 한 명이 구해 준 일도 있었다. 어차피 하루 보고 다시 안 볼 사람들인데 이렇게까지 열심히 할 필요가 있을까 싶다가도 그만큼 이 친구들이 진심이구나 하고 혼자 속으로 생각했다. 한국에 대한 이 친구들의 애정은 각별한 듯했는데, 한국의 TV 프로그램이나 연예인들도 꽤 알고 있었고 한국말도 몇 마디 할 줄 알았다. 하긴 그러니까 이 프로그램에 지원했을 것이다. 그런데 우리 쪽에서는 아는 게 없어서 속으로 조금 민망하기도 했다.

귀국하는 길에 공항에서 뭣에 홀린 듯이 커피를 마구잡이로 샀다. 지금도 자취방에 수북하게 쌓여 있는 이 커피들을 하나둘씩 타 먹다 보면 자연스레 답사 때 있었던 일과 그때 만난 사람들이 생각날 때가 있다. 스치듯 지나가는 인연에도 친절하고 성의를 다했던 사람들이었다. 그들이 마시던 커피처럼, 그들은 깊고 진한 사람들이었다.

박건우

답사는 과의 고학번 선배님들을 만나기 정말 좋은 기회라는 생각이 든다. 이번 답사에서는 물론 저번 답사에서도 공통적으로 조장 형들과 친해질 수 있었다. 밥 약속도 한 번씩 하고 형들과 인생 얘기를 허심탄회하게 나누기도 했다. 특히 바로 위학번 선배들에게는 들을 수 없었던 조금 더 깊은 얘기를 들을 수 있는 장점이 있었던 것 같다. 학교에서 만나서 인사를 하고 그 형들을 매개로 다른 선배들과도 대화해 볼 수 있는 기회가 되기도 했다. 이번에는 특히 베트남 학생들과 같이 활동을 했다는 점에서 더 즐거웠다. 조사가 끝나고 길거리에서 맥주도 같이 마시고, 조사하면서 있었던 일이나 각자의 첫인상 등에 대해 얘기해 보기도 했다. 술을 마시며 이런저런 얘기를 하는 것은 국경을 넘어 공통적인 문화인 것 같다. 여행은 항상 새로운 사람을 만난다는 의의가 있는데 답사를 통해서 그런 의의 또한 충분히 가질 수 있었던 것 같다.

박태현

이번 답사를 통해 이전에 있었던 국내, 해외답사에서는 겪을 수 없었던 경험들을 많이 얻었다. 우선 나의 신분부터가 달랐다. 군 복무를 하면서 해외로 나간다는 사실이 나 자신도 믿기지 않았고 주위 사람들도 이게 어떻게 가능했는지 많이들 물어봤다. 1년 9개월 동안 사회와 동떨어진 생활을 하던 내게 휴가는 물론 해외답사는 정말 큰 축복이었다.

베트남 답사를 통해 만약 답사가 없었다면 지금까지 몰랐을 사람들을 만나서 친해질 수 있었다. 답사에서는 조원들과 함께 연구주제를 현지에서 하루 종일 조사하는 시간이 있었다. 이 시간이 답사가 끝나고도 어색할 수 있었던 사이를 조금이나마 더 친해지는 계기를 만들어 준 것 같다. 앞으로도 해외답사 일정에 자율답사 및 조별 연구 시간이 포함되어 있었으면 하는 바람이다.

유수란

조별 연구를 하며 베트남 사람들의 생활을 가까이서 만나 볼 수 있었다. 우리나라에서 도보의 끝을 각지게 처리하는 것과 달리 도보 끝을 부드러운 선형으로 처리한 방식도 눈에 들어왔다. 아마 오토바이를 많이 이용하기에 바퀴가 쉽게 오르내릴 수 있도록 만든 것 같다. 또한, 단층의 식당과 카페 구조는 밖을 조망할 수 있도록 아예 유리도 없이 의자가 밖을 향하게 놓여 있었다. 베트남의 맥주거리도 좌석이 모두 길거리에 나와 있었다. 거기에 대부분의 의자는 목욕탕 의자같이 조그마하고 서로 밀착되어 있었다. 처음에는 몸을 쪼그리고 서로 가깝게 앉아 있는 것이 어색하기도 했다. 하지만 맥주거리의 복잡한 소음과 오토바이의 경적 소리 속에서도 상대방의 이야기를 잘 들을 수 있는 최적의 의자인 것 같았다. 그리고 베트남 길거리를 걷다 보면 가게 천막에서 뿜어내는 미스트 같은 물을 맞을 수 있다. 아마 더운 열기를 식히려는 베트남의 방식일 것이다. 베트남 생활을 가까이 들여다보며 작은 부분들의 차이를 발견할 때면 우리나라와 서로 다른 모습에 신기했다. 그러나 가만히 이 차이를 생각해 보면 모두 저마다 환경에 맞게 살아가는 방식에서 비롯된 것임을 깨닫게 된다. 환경의 적응에 따른 차이이면서도 이것이 또한 인간의 적응력이라는 사실을 생각하면 크게 다르지 않음을 느낀다.

구본혁

교통지리 조에서 교통을 연구하기로 한 것은 베트남 하노이를 방문하는 데에 있어 내가 잘 선택했다고 느낀 것 중 하나이다. 물론 그동안 정이 많이 든 조원들 때문이기도 하지만, 평소 서울에서 다닐 때도 교통을 유심히 보는 나에게 새로운 나라의 교통 현상은 언제나 관심을 불러일으키는 것이었다. 특히나, 오토바이 천국에 보행자 안전은 안중에도 없으면서도 어떤 사고도 한 번 볼 수 없었던 베트남의 교통은 나에겐 정말 흥미로운 관찰 대상이었다. 또한, 새로이 도약하고 있는 도시에 건설 중인 수많은 교통시설에 대한 안내를 들을 수 있었던 자율답사는 연구에 큰 도움이 되었고, 지역에 대한 이해를 넓히는 데에도 중요한 역할을 하였다.

김대환

예상처럼 더운 날씨에 고생은 했지만, 도로를 가득히 채우고 있는 오토바이 경관을 볼 땐 그 이국적인 느낌에 베트남이 오토바이의 천국이라는 말이 실감 나 넋을 놓고 보았다. 사전조사로 알아보았던 베트남의 교통체계에 대한 막연했던 상상들이 구체화되어 감에 따라 이번 답사의 의의도 다시 한 번 되새겨 볼 수 있었다. 베트남 친구들에 따르면 외국인이자 관광객의 입장에서는 오토바이 문화가 신기해 보일 수 있지만, 현지인의 입장에서는 심각한 교통체증 유발과 낙후한 대중교통서비스로 인해 받는 스트레스가 여간이 아니라고 한다. 베트남 정부도 이를 인지하고 있기 때문에 세계은행 관계자분과의 인터뷰에 따르면 현재 정부가 도로교통 인프라 구축을 최우선 국가과제로 설정하고 이를 위해 노력하고 있다고 한다. 모노레일 인터뷰차 방문했던 포스코에서도 이러한 국가 정책의 일환으로 도로에 지하철을 건설하는 공사를 수주해 진행 중이었는데, 베트남의 문화로 자리 잡은 오토바이에 대한 애정이 과연 교통 인프라의 발달만으로 해결될 수 있을지에 대한 의문도 들었다. 그리고 국가 정책이 대중에게 효과적으로 받아들여지기 위해 얼마나 많은 사항들을 고려해야 하는지도 고민해 보는 좋은 시간이었다.

백승재

신기했던 건 공항 주변의 도로망이 우리나라에 비견될 만큼 너무나 잘 만들어져 있었고, 공항으로 가는 도로의 광고판을 우리나라 기업들이 점령하고 있었다는 점이다. 하지만 삼성의 망작 갤럭시노트7의 광고가 대부분이어서 속히 교체해야 할 삼성 광고팀에게 측은한 마음이 들었다. 하노이 시내로 들어가면서 오토바이의 숫자도 늘어나고, 길도 버스가 다니기 적합하지 않을 정도로 좁아지기 시작했다. 도로 옆 인도에는 걸어 다니는 이는 별로 없고, 오토바이가 정말 빼곡하게 인도를 점령하고 있었다. 탁월한 문전연결성을 자랑하는 오토바이를 베트남 사람들이 포기하는 것은 쉽지 않겠지만, 미래의 대기와 하노이의 고질적인 교통난을 해결하기 위해서는 오토바이의 수를 줄이는 것이 필수라고 느꼈다. 하노이의 경전철을 건설하는 포스코건설에서도 이를 깨닫고 건설사업에 뛰어들었으나, 건설에 많은 어려움이 따른다고 한다. 작은 공사 하나도 지역 주민들과의 공청회를 거쳐야 한다는 얘기를 듣고, 당연한 것이 아닌가 하는 생각이 들면서도 발전을 위해서는 걸림돌이 될 수도 있다는 생각이 들었다. 도시의 건설과 발전은 독단적으로 할 수 없음을 눈과 귀로 느낄 수 있는 답사였기에 잘 갔다고 생각한다.

염인수

한창 속도를 내고 있는 베트남의 급격한 발전 때문이었을까? 아니면 베트남을 활보하는 정어리 떼 같은 혼잡한 오토바이 무리 때문이었을까? 그것도 아니면 입 안에서 정신없이 펼쳐지는 고수의 알싸한 향 때문이었을까? 베트남에 도착한 직후부터는 정신없이 바빴던 것 같다. 답사의 공식 일정을 소화하고, 조별 프로젝트를 위한 답사를 진행하고, 저녁 이후에는 관광을 했다. 정신을 차리면 우리의 전초기지인 란비엔 호텔이었고, 삼성공장이었다가 월드뱅크 사무실이었으며, 다시 정신을 차리면 야간의 맥주거리였다. 그렇게 정신없는 3박 5일이었지만 매일 펼쳐지는 새로움들로 항상 즐거웠다. 매일매일 새로운 사람들을 알게 되고 새로운 경험들을 하다 보니 세상에 막 태어난 아이가 된 것 같았다.

정혜인

베트남이 참 좋았던 점은 바로 시내 곳곳에서 정감이 넘치고 사람 사는 냄새가 났다는 것이다. 첫째 날, 아직도 새내기 티를 벗지 못한 16학번 친구들과 함께 나는 설렘을 못 이기기고 밤에 호텔 밖을 나섰다. 근처 호안끼엠 호수와 광장을 둘러보며 우리는 각자의 부푼 마음을 많은 이야기와 장난으로 풀어내었고 또 그런 우리의 모습을 사진으로 남기며 시간을 보냈다. 그리고 그곳에는 우리들뿐만 아니라 이제 막 걸음마를 시작한 꼬마 아이부터 전동 킥보드를 타고 친구들과 재미있게 놀고 있는 천진난만한 어린이들, 광장 한쪽에서 음악을 틀어 놓고 춤으로 자신들의 생각과 느낌을 표현해 내고 있는 열정 넘치는 젊은이들, 잠시 아이들을 광장에서 마음껏 놀게 하고 주변의 이웃들과 이야기하며 그들만의 휴식 시간을 보내고 있던 우리 부모님과 비슷한 연령대의 중년분들, 또 그런 모습을 의자에 앉아 흐뭇하게 혹은 자신의 옛 모습을 비추어 보는 듯한 표정으로 지켜보던 노인분들까지 많은 모습이 있었다. 나와 비슷한 나이대의 사람들만 주로 있는 학교나 대학가에 주로 있다가 오랜만에 다양한 연령대가 한곳에 모여 있는 모습을 보니 새삼 사람 사는 냄새가 느껴졌다. 지금 그 기억을 떠올려 봐도 순간과 순간들이 살아 있는 기분 좋아지는 장면인 것 같다.

송하진

비행기로만 4~5시간이 걸리는 꽤나 장거리에 있음에도 베트남에 가서는 우리나라와 비슷하다는 인상을 많이 받았다. 시민들은 절에 가서 가족의 안녕을 비는 기복적인 종교활동을 펼친다. 거리 이곳저곳에, 특히 문화유산에는 한자가 자주 보인다. 심지어는 베트남 사람들에게 모두 한자 이름이 있다. 게다가 호텔 TV에서는 엑소가 나오고, 베트남 대학생들은 박보검에 환호한다. 설명만 들으면 여기가 한국인지 베트남인지 알 수가 없지 않을까? 단순히 겉보기만이 아니라, 속내도 비슷했다. 오랜 외세의 침략에 시달리고 열강의 식민 지배를 거쳤으며, 이념에 따라서 남북으로 분단되어 전쟁을 벌였다. 다만 우리보다 좀 더 식민지 시대 유산에 관대했고, 공산주의하에 통일이 되었을 뿐이다.

그러나 아직도 한국에 돌아가면 베트남에 대해 베트남전쟁, 쌀국수, 사회주의 국가, 심지어는 국제결혼밖에 떠올리지 못하는 사람들이 많다. 참 안타까운 현실이다. 앞으로 더 많은 한국 사람들이 베트남에 대해, 하노이에 대해 자세히 알게 되길 바란다. 관광으로 가든 수능 과목으로 초급 베트남어를 배우든, 아니면 적어도 쌀국수 집에라도 자주 가서 여러 가지를 시켜 먹어 보든 방법은 많을 것이다. 우리, 그러니까 지리학도들이 할 수 있는 일이라면 보고 듣고 배우고 겪은 것을 사람들이 알기 쉽게 알리는 게 아닐까? 단순히 이 답사기가 우리 자신의 만족만이 아니라 더 많은 사람들에게 베트남을 알리고 세계로 향하는 창을 넓히는 계기가 되었으면 한다.

우지은

나는 지구환경과학부에서 해양학을 전공하고 있다. 2015년 1학기부터 지리학을 부전공으로 하기 위해 지리학과 수업을 꾸준히 들어 왔다. 이공계열이라 역사나 사회, 문화를 배울 기회가 적었고, 부족하다 생각하여 이번 답사 때 '자연지리' 조를 선택하려 했다. 하지만 여러 가지 사정으로 인해 '도시지리' 조에 들어가게 되었다. 처음에는 의기소침해 있었지만, 이내 역사와 사회, 문화에 대한 지식은 내가 관심만 가진다면 언제든지 습득할 수 있다는 생각이 들었다. 그래서 더 열심히 사전조사를 하고 굳은 마음으로 답사에 임할 수 있었던 것 같다. 내가 맡았던 역할은 조별활동 시간의 코스 짜기와 현장 가이드였다. 학과 차원에서 가는 답사였지만 조별로 연구 분야가 각각 정해져 있었고, 활동 스케줄을 직접 짤 수 있다는 점이 새로웠다.

정진우

베트남에서 흔적이란 지우고 싶지만 지우지 말아야 하는 것이다. 베트남인들은 20세기에 중국, 프랑스, 미국과 싸워 모두 이겼다. 충분히 민족적 자긍심을 가질 만하나, 승리했다고 기뻐하기에만은 전쟁이 남긴 상처가 너무 컸다. 그 상처는 하노이의 평범한 가정집에서부터 옛 성채의 방공호에까지 곳곳에 남아 있었다. 하노이 사람들은 항상 제사상을 차려 놓고 그들의 조상과 더불어 전쟁의 희생자들을 기리고 있었다. 탕롱 성채의 건물 내부는 좁고 경사가 높은 계단이 많아 서쪽에서 온 큰 체구의 침략자들이 쉽게 진입하지 못하는 구조였다. 역시나 좁고, 주변 경관과 어울리지 않게 지상으로 튀어나온 터널은 지하 방공호로 연결되어 있었다. 이들 모두가 베트남인들이 겪었을 전쟁의 공포를 방증한다. 하지만 베트남인들은 아픈 기억을 묻어 두지 않는다. 나라를 지킨 사람들에게 경의를 표하기 위한 것이거나 앞으로는 이런 일이 일어나지 않게 하겠다는 다짐을 심어 주기 위한 것일 수도 있다. 이는 외부인에게 일종의 메시지가 되기도 한다. 전쟁이 뚜렷한 흔적을 남긴다는 점을 직시하게 하고, 시도 때도 없이 "전쟁도 불사하겠다"라고 외치는 사람들에게 엄중한 경고를 날린다.

여현모

흔히들 여행의 진정한 의미는 여행지의 것을 그곳의 사람들과 같이 보고 즐김으로써 얻어질 수 있다고 한다. 나는 이번 베트남 방문이 이러한 조건을 조금이나마 만족시켰다고 생각한다. 둘째 날에 조별 조사를 할 때 현대의 베트남 가옥 경관을 보기 위해 베트남 가정집을 조원들과 함께 방문한 일이 있었다. 집주인의 생활 방식과 공간의 의미를 알 수 있었을 뿐만 아니라 마을로 들어가 집을 찾아가는 동안 골목에서 뛰어노는 아이들, 베트남식 피시방에서 게임을 하는 내 또래들, 빨래를 너는 주부, 길거리의 낮은 의자에 앉아 이야기를 나누는 노인들 등등 베트남 마을 그대로의 모습을 볼 수 있었다. 책이나 기사나 TV 프로그램에서 누군가의 눈을 거쳐 재단되어 나온 베트남이 아닌, 내가 그곳에서 직접 느낀 베트남의 삶이어서 더욱 마음에 와닿았다. 하롱베이의 배 위에서 관광상품 판매자와 구매자의 관계 또는 문묘의 관람자보다는, 개인적으로 내가 이렇게 직접 그곳에 사는 사람들과 직접 교류하는 게 의미 있게 느껴졌다.

전지민

이번 베트남 답사에서 가장 인상 깊고 의미 있었던 활동은 9월 29일에 하노이 외곽의 현지 가정집을 가서 하노이 사람들의 실제 생활 방식을 알아본 것이었다. 그 집 주인분과 대화를 하며 베트남 사람들의 신앙의식과 집의 구조, 그리고 생활 방식을 조사할 수 있었고, 도시 중심의 건물들과 실제로 베트남 가정이 거주하는 집을 비교할 수 있었다. 또한 그 마을 사람들을 비롯한 베트남 사람들의 신앙의식에 대해서도 설명을 들을 수 있었는데, 조상의 영혼 위에는 아무것도 두면 안 된다는 생각에 'worship table'이라고 부르는 개인 사당의 위층에는 집을 짓지 않는다는 점 또한 알게 되었다. 한국 사람들과는 확연히 신앙심의 정도가 다르다고 생각했다. 이처럼 현지 생활을 알기 위해서는 현지인들과 영어로 대화를 해야 했다. 비록 베트남어나 한국어는 아니었지만, 영어로 의사소통을 하면서 직접 이해하는 것 또한 좋은 경험이었다.

정진영

답사를 통해 경험한 하노이는 생각보다 훨씬 역동적인 곳이었으며 생각할 거리가 많았다. 내가 실제로 느낀 하노이는 쌀국수, 아오자이 등의 이미지보다 '연속적인 공간'이라는 인상이었다. 하노이에서는 시간의 연속성을 볼 수 있다. 답사 전 읽은 논문에 베트남은 세장형 필지가 특징이며, 그러한 특징 때문에 건축물이 다 비슷비슷하다는 내용이 있었다. 실제로도 하노이는 세장형 필지 때문에 건축물 대부분의 폭이 매우 좁았다. 높이 또한 비슷했다. 외곽 쪽에는 상대적으로 폭이 넓은 건물들도 있었으나 하노이 도심부로 갈수록 건물끼리 더욱 비슷해지는 것을 볼 수 있었다. 이러한 이유로, 과거 전통적인 건축물들과 현대의 건축물들이 유사했다. 과거와 현재의 건축 양식이 공통점을 가지며 연속적으로 이어진다는 점에서 나는 베트남을 '연속적인 공간'이라고 생각했다. 또한, 우리 조가 방문했던 탕롱 성채에서도 시간의 연속성을 느낄 수 있었다. 한국의 경복궁처럼 철저하게 과거에 머물러 있는 느낌의 공간을 상상했는데 탕롱 성채는 굉장히 역동적인 곳이었다. 그곳은 옛 왕조들의 흔적부터 프랑스 식민지 시기까지를 담고 있었다. 혹자는 프랑스 식민기의 흔적들을 '탕롱 성채의 상처'라고 말하지만 나는 오히려 그로 인해 연속적인 공간이 된 것 같다는 생각을 했다. 시간의 연속성과 더불어, 종교적인 측면에서도 연속성을 볼 수 있었다. 하노이의 가정집에 방문했는데 집 안에는 조상을 모시는 사당이 있고, 집 밖에는 마을 사원이 있었다. 유교와 불교가 연속적이면서 자연스럽게 연결되는 양상을 보였다. 가정집 주인분은 "집에서는 조상에게, 사원에서는 땅과 하늘에 기도한다."라고 말씀하셨다.

강수영

벌써 어언 한 달이 넘어가는 지금, 베트남 답사를 회고하고 있자니 아직까지도 그날 하루하루가 또렷하게 떠오른다. 그날그날의 일정과 먹었던 음식들, 사람들과 했던 이야기, 좋았던 숙소, 그리고 그곳의 밤공기. 그러나 그때는 오히려 현실감이 없었던 것 같다. 대부분의 사람들이 추석 연휴의 끝을 아쉬워할 무렵, 나는 네 시간의 비행거리에 있는 타국으로 떠나 있었기 때문이다. 그래서 돌아와서도 한동안 그 기억에서 잘 빠져나오지 못했던 것 같다.

이튿날은 답사기간 중 가장 선명하게 떠오르는 기억이다. 먼 이국땅에서, 조원들 그리고 베트남 학생들과 함께 택시를 타고 하루 종일 돌아다닌 경험은 신기했다. 성격이 매우 활발하고 영어를 잘했던 베트남 학생들과의 대화는 나의 영어 실력을 한탄(!)하게 만들기도 했지만 재밌었고 흥미로웠다. 요즘 듣는 노래부터 영화, 지명에 얽힌 역사, 감상까지 별 이야기를 다 하면서 공감대를 형성하고 함께 웃었다. 그리고 카트를 타고 스플랜도라와 빈홈스 리버사이드를 돌아다니며 느꼈던 그 시원한 공기와 색다른 경관은 매력적이었다.

고나영

장소에 대한 기억은 눈으로 본 것만으로는 형성되지 않는다. 나의 경우는 누구와 함께했는지, 어떤 말들을 주고받았는지처럼 단순한 오감 외의 것들이 장소에 대한 기억을 좌지우지한다. 그런 면에 있어서 하노이는 나에게 최고의 장소였다.

아무리 베트남 음식이 맛있다 한들, 맥주잔 부딪혀 줄 조원들과 베트남 친구들이 없었다면 그만큼 맛있었을까. 아무리 하롱베이의 경치가 멋있다 한들, 같이 사진 찍어 줄 선배들과 동기들이 없었다면 그만큼 경이로웠을까! 음식, 건물, 역사 등 다른 것이 참 많았지만 결국 사람 사는 것이 또 무엇이 그렇게 다르겠냐며 이야기를 나누고 공감한 기억은 하노이를 쉬이 잊지 못할 장소로 만들었다.

나에게는 하노이가 살면서 가장 멀리 떠나온 곳이었지만, 베트남을 찾은 한국인들은 하노이를 두고 고향 같다는 말을 한다던 현지 가이드님의 말처럼 나 역시 하노이가 너무 편했다. 다시 돌아온 현실에서 생생하던 그림들은 점차 퇴색되겠지만 피라미드처럼 쌓아 올린 맥주 캔들과 이른 아침 우릴 보러 와 준 베트남 친구들, 티톱섬의 모래사장 그리고 그곳에 있던 우리들을 오래오래 기억하고 싶다.

김진석

"너 고수는 잘 먹냐?" 베트남으로 해외답사를 간다고 했을 때 친한 친구가 했던 말이다. 사실 예전부터 고수를 먹어 볼 기회는 여러 차례 있었다. 하지만 난 그때마다 고수를 빼서 먹곤 했다. 대체 얼마나 독특하고 호불호가 갈리는 맛이길래 다른 재료와는 다르게 선택권을 주는 것인지에 대한 두려움 때문이었다.

답사에서의 둘째 날 점심 식사는 베트남 친구들이 소개해 준 현지식 코스였는데, 답사 전부터 익히 들어 왔던 고수가 든 음식이 나왔다. 호불호가 갈리는 식재료인 것은 베트남 친구들도 잘 알고 있는지, 익숙하지 않으면 빼서 먹으라고 조언해 주었다. 한 번도 먹어 본 적 없고 많은 사람들이 불호를 나타내는 식재료였지만 한번 도전해 보기로 했다. 다행히 도전은 성공적이었다. 라이스페이퍼에 길쭉한 고기와 야채, 그리고 고수를 같이 싸서 먹는 음식이었는데, 고수의 진한 향이 고기의 느끼함을 잘 잡아 주었다. 물론 다른 재료 없이 고수만 씹어 먹었을 땐 도저히 식재료처럼 느껴지지 않는 독특하고 강한 향이 호불호가 갈릴 만했지만, 느끼한 쌀국수나 기름진 고기와 같이 먹었을 때의 조화는 훌륭했다.

이명연

나의 소중한 첫 해외답사가 더웠다는 기억으로만 남을 것 같기에 의식의 흐름대로 적어 보려 한다. 들판에서 한가로이 풀을 뜯고 있는 물소 무리를 봤을 때의 충격, 도요타와 혼다 등 일제 자동차와 오토바이가 점령한 도로, 사방에서 들리는 경적 소리와 함께 무용지물이 된 신호등과 차선, 밤공기를 쐬며 마셨던 사이공맥주, 우리나라와는 비교도 안 될 정도로 많이 보이는 어린아이들까지 뇌에 신선한 공기를 마시게 해 줬다는 기분이랄까. 언제나 여행이 귀찮고 피곤해도 사람들이 줄기차게 여행을 다니는 것은 내가 살던 곳과 다른, 새로운 환경을 접하는 것에서 느끼는 재미가 가장 크기 때문이 아닐까 싶다. 나 역시 이번 답사를 다녀오며 뇌가 한층 더 주름지고 말랑말랑해지는 경험을 할 수 있었던 것 같아 뿌듯함을 느낀다.

장광희

공직 세계에 있는 이들과 달리, 직접 마주쳤던 베트남 국민 대부분이 웃으면서 일하고 성실히 살아가고 있는 모습이 인상적이었다. 호안끼엠 호숫가에서 조그만 기념품을 파는 아주머니부터 마지막 날 삼겹살을 구워 주던 청년들까지 모두 웃으며 친절한 모습으로 자신의 일을 해 나가고 있었다. 부정부패 속에서도 새마을운동을 외치며 국민들이 뭉쳐 무슨 일이든 해낼 수 있도록 만든 사회적 분위기 속에 엄청난 사회 발전을 해 온 우리나라이다. 이와 비교해 보면 베트남은 중위연령이 매우 젊으며, 사회적 분위기도 우리가 발전했을 때와 비슷한 활력을 가지고 있는 듯했다. 사회가 점차 발전하며 국가시스템이 안정되고, 사회적 분위기가 어우러지면서 베트남은 엄청난 발전을 할 수 있을 것처럼 보였다. 베트남의 발전을 유심히 살펴보아야 할 이유를 느낄 수 있었던 3박 5일간의 답사였다.

조성아

"생각보다 괜찮네." 하노이 공항에 처음 내려서 예상보다 시원한 날씨에, 나도 모르게 했던 말이 베트남에서의 첫 감상이었다. 하지만 공항 정문을 나와 버스까지 이동하는 5분 남짓한 시간이 흐르자, 이미 온몸은 땀으로 젖어 있었다. 그렇게 시작된 베트남 답사는 내게 진한 커피처럼 조금은 부담스럽게 다가왔다. 고수로 대표되는 독특한 음식의 맛, 차선이 존재는 했는지 궁금한 도로환경, 가만히 있어도 저절로 땀이 나는 낮의 더위는 답사기간 내내 나를 힘들게 했다. 특히 '베트남에 왔으니 커피를 마셔야지' 하는 생각에 마셨던 커피에 생각보다 카페인이 많이 있어서, 답사지로 이동하는 차에서 멀미를 심하게 겪고 몇 시간을 기운 없이 지냈던 때는 너무나 씁쓸한 기억으로 남아 있다.

그래도 베트남에서 우연히 사 먹은 젤라또의 달콤함처럼, 베트남에서의 기억도 돌이켜 보면 즐거움이 더 많았다. 하롱베이에서는 내가 잠시 지구에 있는 게 아닌 것 같은 신비함에 놀랐다. 그리고 조원들과의 자율답사일에는, 베트남 친구들과 즐겁게 얘기하고 아직은 어색했던 조원들과도 더 친해질 수 있었다. 특히 베트남 친구들이 소개해 준 음식점에서의 식사는 맛과 기억 모두 최고로 남았다. 학술적으로도 베트남의 신도시 주거 문화에 대해 함께 배우고 체험하는 과정에서 새로운 것을 알아 가는 즐거움이 있었다.

송정우

나는 말이 없었다. 원래도 말이 없는 내가 모르는 나라, 어색한 공간에 있다 보니 스스로 생각해도 바보 같을 정도로 입을 다물었다. 생각해 보면 베트남 친구들에게도, 같은 조원들에게도 미안한 짓이다. 조금만 더 말할걸, 조금만 더 다가갈걸. 처음이란 언제나, 일생에 한 번뿐일 경험일 터였다. 나는 왜 그 순간을 소중히 대하지 못했을까. 스스로 여행에 아쉬움이란 자국을 남겨 버렸다.

정신을 차린 것은, 하롱베이로 떠나는 배를 탄 이후였다. 갑판을 스치는 시원한 바람에, 그제야 머리가 맑아졌다. 배 위에서는 풍경을 찍지 않았다. 사진을 찍기보다는 추억이 남기를 바랐다. 마지막 날 바람은 왜 이리 시원한지 그 바람에, 지난날의 아쉬움까지 온전히 담아 집에 가져가고 싶더라.

진예린

하노이에 대한 첫인상은 정신없는 도시라는 느낌이었다. 거리만 나갔다 하면 볼 수 있는 오토바이 무리, 폭이 좁은 건물들과 그 사이의 어두운 골목길을 바삐 오가는 사람들이 주는 인상은 제대로 정신을 차리고 있지 않으면 정신을 쏙 빼놓고 길을 잃어버릴 것 같은 느낌이었다. 그러나 이곳을 떠날 때가 되어서야 더 많이 생각났던 것들은 오토바이 무리 나름의 질서, 9월의 끝에서 한국에 비할 수 없는 더위에 연신 손부채질을 하고 있는 내게 "그래도 시원할 때 와서 다행이다" 같은 소름 돋는 이야기를 툭 건넨 베트남 친구의 농담, 낯선 이에게도 친절하게 대해 주었던 베트남 사람들의 다정함과 배려 같은 것들이었다. 이러한 복합적인 감정이 시간이 흐른 뒤에는 언젠가 하노이를 다시 가 보고 싶게 만든다.

고관음

우리 조는 경제지리학을 주제로 해서 현지를 둘러보았다. 나는 놀랍도록 시장의 관점에서 세상을 바라보고 사고하는 사람들을 관찰하면서 정신이 번뜩였다. 우리가 인터뷰했던 팀장님의 어휘에서 나는 시장의 세계에서 살아가는 인간의 사고방식을 발견했다. '베트남 애들은 착하고 순박하지만 열의가 없다. 독기가 없는 그들은 한국 돈으로 이십만 원 정도의 월급을 받고 할 것을 다 하고 산다.' 놀랍도록 피상적으로 베트남 사람들의 삶을 조망하는 언어들을 마주하며 나는 놀랐다. 답사 일행 전부가 방문했던 삼성전자 공장에서 나는 또 한 번 놀랐다. 경영자가 바라본 베트남의 젊은 사람들은 인격이라기보다 수치와 통계였다. '돈은 투입되고 노동은 산출될 것이다. 그 과정이 최적화되는 것이 중요하다.' 이러한 사고방식은 훌륭한 경영자가 지녀야 할 필수적 사고방식일 것이다. 공정을 견학하며 나는 '상품의 불량률 감소 목적으로서의' 건강 체크 사항들이 떡하니 전시되어 있는 것을 보고 또 한 번 소스라치게 놀랐다. 어쩌면 내가 너무나 순진한 생각을 하고 있을지도 모른다. 다만, 적어도 내가 축적시켜 온 세계관에서 인간의 건강이 불량률 감소라는 목적을 위한 수단으로 전락하는 것, 그것이 공공연하게 전시되고 추구되며 당연하게 받아들여진다는 것이 쉽사리 이해되기 힘들 뿐이다.

나는 우리 조가 인터뷰했던 팀장님과 삼성전자 공장에서 능글맞고 능숙하게 프레젠테이션을 진행하던 그 경영자의 마음을 탓하지 않는다. 애초에 내가 그들을 읽어 내는 방식 또한 한없이 어떤 세계관에 갇힌, 편협한 시선을 동원한 방식이라는 것을 모르지 않는다. 또한 그들은 결코 악한 것이 아니다. 그들은 열정적인 사람이었다. 나는 다만 놀랐을 뿐이다. 인간이 세계를 인지하고 해석하는 방식의 결이 그토록 다를 수 있음을 새삼스럽게 나는 깨달았다.

박규원

가장 기억에 남는 것은 베트남 친구들과 함께 마신 커피이다. 이 커피는 굉장히 특별했다. '에이~ 커피가 다 비슷하지 뭐'라고 생각할 수 있지만 이 커피는 아마 베트남에 10번을 간다고 하더라도 먹기 어려울 거라고 단언한다! 내가 커피를 마신 곳은 계란을 넣어 만든 커피를 파는 카페였는데, 베트남 거리에서 흔히 볼 수 있는 깨끗하고 화려한 모습으로 더위에 지친 관광객을 유혹하는 그런 카페가 아니었다. 그곳은 정말 현지인들만 알고 가서 하루의 피로를 푸는 장소였다.

사진도 찍고 웃다 입구에 도착하였고 카페에 발을 들여놓는 대망의 순간, 할 말을 잃고 말았다. 빛바랜 하늘색으로 칠해진 벽면과 그 안을 가득 메우고 있는 연기는 이 모든 것이 꿈처럼 느껴지게 하였기 때문이다. 들어가자마자 넋을 잃고 바라보게 만드는 소녀의 사진과 그 아래에 베트남어로 적혀 있어 나는 읽을 수 없지만 그래서 하나의 그림처럼 느껴지는 메뉴판, 귓전을 맴도는 베트남 언어와 노래, 베트남에 도착해서 수없이 많이 본 테라스 달린 창문 그리고 우리나라 1970년대(사실 이때에 살아 보지 않았기 때문에 단순히 나의 짐작이다)에 보았을 듯한 물건들이 어지러이 널린 카페의 내부는 내가 마치 앨리스가 되어 이상한 나라에 와 있는 듯한 착각을 주기에 충분했다. 좁은 내부는 '아, 이게 정말 베트남 사람들이 사는 집의 내부겠구나'라는 연상을 불러일으켰다. 카페 안의 책상과 의자는 한국과 달리 앉은뱅이식 책상과 의자여서 또 다른 이색적인 풍경을 펼쳐 놓고 있었다. 사실 카페 내부를 가득 채운 연기는 사람들이 피고 있는 담배 연기였는데 이 또한 한국과 거리가 먼 모습이라 더 강렬하게 기억 속에 각인된 것 같다.

박재진

2012년 내가 2학년이 되던 때, 상해로 답사를 갔다. 11학번 친구들과 같은 과로 묶인 지 얼마 되지 않았던 때였기 때문에 어색할 줄만 알았지만, 어느새 친해져 친구들과 함께 사진도 많이 찍었던 소중한 시간이었다. 이후 4년 뒤 군대를 다녀오고 이번에는 학부생으로서 마지막인 답사를 떠났다. 이번 답사는 그때와 달리 11학번 친구들이 많이 없었다. 학부생으로서는 거의 가장 높은 학번이었기에 저학번 친구들 사이에 낀다면 아저씨 냄새만 날 것 같아서 미안함이 가득했다. 하지만 이번 답사는 나에게 신선한 충격을 주었다. 사실 4학년이 끝나면 졸업하고 싶다는 생각을 입학할 때부터 했었기 때문에 쉴 틈 없이 열심히 살아왔다. 운 좋게 취업을 하고 드디어 마음의 여유가 생겼을 때 답사를 가게 되었는데, 개인적인 휴식일 줄만 알았던 답사가 어느새 새로운 친구를 알게 하고 또 다른 사회적 관계를 형성하게 하면서 버라이어티하고 바쁜 답사가 되었다. 동시에 졸업이 무서워졌다. 아직까지도 나는 학부생으로서 좀 더 즐기고 더 많은 사람들을 만나며 이야기를 나누고 싶다는 생각이 들었다. 입학하면서 들었던 생각이 어느새 깨진 셈이다.

양규현

"베트남 처녀와 결혼하세요." 답사를 가기 전 떠올렸던 베트남의 이미지는 아직 가난하고 개발이 덜 된 전형적인 동남아 국가의 모습이었다. 또 베트남은 사회주의 국가이기 때문에 경제 발전에 대한 의지와 동력이 상대적으로 약한 나라일 것이라고 생각했다. 그러나 베트남은 내가 생각했던 것과는 전혀 다른 모습을 하고 있었다. 세계적인 프랜차이즈 식당들은 물론 고급 백화점과 호텔들을 얼마든지 찾아볼 수 있었으며, 중심부에는 고층 빌딩과 자동차들이 즐비했다. 베트남 사람들의 소비 수준 또한 의외였다. 그들은 커피를 즐겨 마시고, 마트에서 쇼핑을 하고, 영화나 공연을 보며 문화생활을 영위한다. 어떻게 보면 우리나라 사람들과 크게 다른 것 같지도 않다. 전쟁이 끝난 지 40년 만에 베트남은 우리나라가 했던 것처럼 많은 발전을 이루고 소비 수준을 높여 왔던 것이다.

장진범

베트남에서는 오토바이가 주요 교통수단이기 때문에 발생한 장점이 여럿 있다. 그러나 오토바이로 인해 생기는 문제점 또한 아직은 많다. 가장 심각한 문제는 교통체제이다. 아직 베트남의 교통체제는 잘 정비된 편이 아니어서 역주행이나 과속, 신호 위반이 꽤 자주 일어난다. 이에 대해 베트남 정부는 자주 발생하는 오토바이 사고를 막기 위해서 헬멧을 강제하고 있다. 그러나 일부 사람들은 아직도 헬멧을 쓰지 않거나 충격을 전혀 완화해 주지 못하는 헬멧을 쓰는 경우가 많다. 그래서 나는 오토바이에 첨단 운전자보조시스템(ADAS)을 달면 각종 오토바이 사고나 교통법규 위반이 덜 일어날 것이라고 판단했다. ADAS란, 자동차나 오토바이가 앞차 혹은 뒤차와의 간격이 너무 좁을 때, 그리고 속도제한에 비해 지나치게 속도를 많이 낼 때 울리는 경보장치이다. 오토바이는 자동차에 비해 크기가 작기 때문에 보다 정교한 ADAS를 만들면 베트남 사람들의 교통안전에 도움이 많이 될 것이라고 생각한다.

고경욱

짱안과 하롱베이를 답사하면서 베트남이 아직 천혜의 자연환경을 간직한 몇 안 되는 국가라는 것을 확인할 수 있었다. 땅덩이가 넓은 나라들은 예외적인 경우가 있지만, 우리나라와 베트남과 같이 인구에 비해 땅덩이가 좁은 나라들(베트남의 인구밀도는 세계 상위 20% 정도이다)의 경우에는 개발단계에서 '국토의 효율적인 이용'이라는 명목 아래 자연환경에 대해서는 소홀해지는 경향이 많다. 베트남보다 발전단계가 앞선다고 평가할 수 있는 우리나라의 경우 이제 와서야 '생태도시', '자연보호구역' 등의 개념을 확대하고 중시하면서 개발로 파괴되었던 환경을 재생시키려 애쓰고 있다. 그리고 여기에 천문학적인 예산이 투입되고 있다.

이러한 파괴 후 재생의 과정이 매우 비효율적이긴 해도 베트남에게 있어서 사실 '개발'과 '발전'의 문제는 현재 국가 생존과 관련된 문제다. 사실 개발도상국의 입장에서 개발을 포기하고 환경을 생각하라는 말은 정말 개발도상국의 상황을 아무것도 모르고 하는 소리다. 하지만 전 지구적인 입장에서 이러한 개발도상국의 환경이 개발로 인해 파괴되는 상황은 분명 달갑지 않다. 선진국과 개발도상국의 갈등을 해결하여 개발도상국의 자연환경을 되도록 유지하는 것이 전 지구적인 관점에서 '지리공간의 효율적 활용'에 매우 중요하다는 것을, 아직까지는 잘 유지되고 있는 베트남의 자연환경을 보면서 많이 느꼈다.

안은지

개인적으로 이번 학기 수업에서 베트남전쟁에 대해 배우고 있기 때문에, 이와 관련해서 관심이 있었다. 막상 조는 자연지리 주제였기 때문에 전쟁과 관련된 장소를 가 보지는 못해서 아쉬웠지만, 베트남전쟁에 관해서 혼자 생각을 꽤 해 볼 수 있었다. 전쟁의 거대한 폭력 속에서 인간은 과연 인간으로 존재할 수 있는 것일까? 전쟁과 죽음이라는 주제에 몰두하다 보면 지금 내가 살아 있는 것이 감사하면서도, 인간이라는 존재가 너무나 작고 보잘것없어 보인다. 물론 우리가 답사를 하면서 현재의 베트남 사람들의 모습에 전쟁의 흔적을 곧바로 찾을 수 있었던 것은 아니었다. 하지만, 그렇기 때문에라도 나는 베트남전쟁을 기억하고 싶었다.

세 번째 방문이라고는 해도, 4박 5일은 베트남에 대해 많은 것을 알기에는 짧은 시간이다. 그래서 한국으로 돌아가는 것이 많이 아쉬웠다. 짱안 답사도 매우 좋았지만, 그 대신에 하노이라는 도시에 대해 많은 것을 보지 못한 것 같다. 네 번째로 베트남을 갈 기회가 언제 다시 생길지는 잘 모르겠지만, 다음번에 기회가 된다면 다시 한 번 더 베트남을 만나고 싶다.

김주연

이번 답사에서 가장 기억에 남는 한 순간을 꼽으라면 조별 자율답사로 짱안에 다녀온 것이라고 말할 것이다. 짱안은 육지의 하롱베이라고 불리는 곳으로, 하롱베이의 절경을 그대로 육지에 옮겨 놨다고 생각하면 된다. 우리는 베트남의 전통 나룻배인 삼판배를 타고 강을 따라 2시간 남짓 짱안의 카르스트 지형을 둘러보았다. 처음에 우리가 탄다는 배를 봤을 때는 '저렇게 작은 배를 어떻게 타고 가지?'라는 걱정이 들었다. 조금만 움직여도 뒤집힐 것처럼 배가 작았는데 실제로 몸을 많이 움직이지 못하고 2시간 내내 거의 같은 자세로 앉아 있어야 했다. 하지만 조금 움직인다 해서 배가 뒤집힐 정도는 아니었고, 배는 생각했던 것보다 안정적이었다. 2시간 동안 꼼짝할 수 없었기 때문에 몸이 경직되고 곳곳이 쑤셔왔지만, 그보다도 배를 타고 짱안을 볼 수 있다는 사실 자체가 이 모든 아픔을 잊을 수 있을 만큼 행복했다. 동굴 안을 지나갈 때는 고개를 조금만 들면 바로 동굴 천장에 닿을 수 있을 정도로, 또 강가로 배가 다닐 때는 손만 뻗으면 옆의 나무들이 닿을 정도로 우리는 짱안을 표현 그대로 '가까이'서 볼 수 있었다. 마치 내가 짱안의 풍경 속의 일부가 된 듯하였고, 실제로 짱안의 자연과 호흡하고 있는 것 같은 기분이었다.

허권

베트남 답사 내내 만족스럽지 않았던 일정은 없었지만, 가장 좋았던 일정은 마지막 날 하롱베이를 갔을 때이다. 답사 보고서 주제이기도 해서 선행 연구가 조금 된 상태로 하롱베이를 보니 더 감명 깊었다. 한편으로 이렇게 좋은 관광지가 관광객들에 의해 조금씩 파괴되고 있다는 소식을 듣고 안타까웠다. 섬에 내려서는 관광객들이 쓰레기를 아무 데나 버리는 모습, 심지어 바다에 던지는 모습도 직접 확인할 수 있었다. 소중한 세계유산을 보호하기 위해서는 먼저 관광객의 인식부터 바뀌어야겠다는 생각이 들었다.

답사를 마치고 드는 소감은 베트남이 한국이랑 닮은 점이 참 많다는 것이다. 음식도 입에 맞는 편이었고, 같은 동아시아 문명이라는 점 등 여러 가지 방면에서 한국의 익숙한 풍경을 느꼈다. 사람들도 우리나라 사람이랑 피부색만 빼면 비슷해서, 나는 편의점에서 베트남 사람으로 오해를 받기도 했다. 우리나라는 후진국에서 눈부신 경제 발전을 통해 선진국의 반열에 오른 사례이다. 베트남은 우리와 성격도 비슷하고, 더 뛰어난 인적자원 등을 장점으로 경제 발전을 지속하고 있다. 답사하면서 베트남이 강대국으로 성장할 것이라는 생각을 했다.

김찬일

겨우 스무 살이고 많은 여행을 하진 못했지만 여행을 다녀오면 항상 느끼는 점이 있다. 여행, 특히나 해외여행은 내가 속한 곳에 있던 모든 고민과 자잘한 문제들은 잊게 해 주고, 잊어버렸던 어릴 적 패기, 자존감, 긍정을 되찾아 준다는 것이다. 나를 전혀 모르고 신경 쓰지 않는 사람들 사이에서 나는 스스로에게 집중할 수 있고 완전히 새로운 경험을 하기 때문이다. 이런 점에서 베트남 해외답사는 조금 아쉬웠다. 아는 사람들과 대규모로 함께 다녔고 조별 답사를 해야 한다는 약간의 부담감도 안고 있었다. 이전에 개인적으로 다녔던 여행들처럼 답사를 편하게 생각한 내 잘못일 것이다.

그러나 베트남 해외답사를 통해 몰랐던 사람들을 알아 가고 동기들과 더 돈독한 사이를 갖게 된 것에 감사하다. 초, 중, 고등학교 때 친한 짝과 함께 버스를 타고 소풍 가던 기분을 대학에서도 느꼈고, 해가 뜰 때까지 선배, 친구들과 가족처럼 여러 이야기를 했다. 개인의 성격과 여행 일정에 따라 정도의 차이는 있겠지만 여행은 자신을 환기시키며 새로운 경험을 하게 해 준다고 생각한다. 학기 중에 소중한 동기, 선배들과 즐거운 추억도 쌓고, 그동안 배웠던 지리적인 정보들을 접목해 보는 답사활동을 하게 되어 행복했다.

김진아

나는 이번 학기에 '지형학과 실험' 과목을 수강했다. 지형학 수업은 내가 지리학과에 입학하면서 가장 듣고 싶었던 강의였는데, 우리는 상상조차 할 수 없는 오랜 시간이 흐르는 동안 이 땅 위에 온갖 신기한 지형들이 생겨나고 변화한다는 것이 경외심을 불러일으켰기 때문이다. 이번 답사에서도 나는 다행히 지형학 조에 배정되었고, 가장 듣고 싶었던 수업을 수강하면서 답사를 통해 배운 내용을 직접 확인할 수 있었으니 그 어떤 때보다도 유익한 시간이었다. 특히 자연지리 조끼리 다녀온 짱안 지역이 가장 기억에 남는다. 버스 창 너머로 울퉁불퉁 솟은 탑카르스트가 보일 때부터 두 눈이 휘둥그레졌고, 2시간 동안 나룻배를 타고 경관을 감상할 땐 마치 보물찾기라도 하는 기분이었다. 기대했던 것보다 더 멋진 시간이었다. 공부하고 싶은 것을 생생하게 배우고 익히는 지리학도가 될 수 있어 행복하다.

배지용

어느 답사일 저녁, 하노이의 수많은 호수 가운데 하나에서 별을 보았다. 스윙스의 노래 'Raw'에는 다음과 같은 가사가 있다. '난 베트남 국기의 별, 사방이 적!' 베트남의 금성홍기를 잘 나타내는 가사이자, 베트남의 역사도 잘 드러낸 부분이라고 생각한다. 베트남은 중국, 몽골, 프랑스, 일본, 미국, 캄보디아 등 수많은 국가의 외침을 받아 왔다. 그럼에도 베트남은 이를 모두 물리치고 이제는 적들 한가운데서 밝게 빛나고 있다. 대단히 매력적인 나라일 수밖에 없다. 그 가운데 단연 빛나는 것은 호찌민이라는 인물인 것 같다. 호찌민 시대의 베트남은 기껏 독립했더니 나라가 분단된, 산 넘어 산의 상황이었다. 힘이 빠질 법도 했다. 하지만 호찌민은 결코 포기하지 않았다. 무엇보다 지도자가 검소함과 애민정신까지 갖추었으니, 괜히 나라의 모든 지폐에 호찌민이 그려져 있는 게 아니다. 비록 그가 꿈꾸었던 공산주의는 불가능하다는 게 증명되었지만, 2016년 대한민국처럼 정부의 부패와 비리가 만연한 상황에서 그의 일생이 우리에게 전달하는 메시지는 큰 것 같다.

신재섭

성웅 이순신 장군은 광화문 광장에서 우리를 내려다보고 있다. 오랜 질곡의 역사 속에서도 하염없이 우뚝 서 있다. 현재의 혼란한 시국에서 많은 국민들은 그를 향해 찾아간다. 이순신 장군은 그의 목숨을 바쳐서 조선을 망국에서 구해 냈다. 답사를 위해 찾아갔던 베트남에도 전 국민적 사랑을 받는 위인이 있었다. 바로 쩐흥다오(Tran Hung Dao) 장군이다. 그는 세 차례에 걸친 원나라의 공격에 맞서 몽골군을 대파했고, 결국 베트남을 승리로 이끌었다. 특히, 수도가 함락되고 왕이 항복을 고려했던 2차 침입에선 격문을 써서 장졸들의 사기를 크게 진작시키고 몽골군을 이길 수 있었다. 그 후, 그는 대왕으로 신격화되어 그의 기일에는 대대적으로 제사가 행해지고 있다.

둘을 비교한 것은 우리의 역사와 베트남의 역사가 닮았음을 보이기 위함이다. 조국을 망국에서 구해 낸 두 영웅부터 시작해 닮은 점이 참으로 많다. 단군의 고조선과 묘하게 닮은 베트남 최초의 국가 반랑(Van Lang), 대륙의 왕조들과 무수한 전쟁을 치렀던 역사, 그럼에도 대륙의 문물을 받아들여 한자를 사용하고 유학을 발달시킨 예, 제국주의의 피해를 이겨 내고 얻어 낸 독립, 하지만 이념의 갈등으로 인해 나라가 갈라지는 아픔을 맛본 것, 그리고 결국엔 통일을 이뤄 낼 것까지 말이다.

이해사랑

베트남 답사를 준비하면서부터 한국에 돌아오기까지 많은 순간이 설렜고 행복했지만, 두 가지가 가장 기억에 남는다. 하나는 조별 자유일정 때 하롱베이 조와 함께 간 짱안에서의 추억이다. 짱안의 나룻배에 네 명씩 나누어 타고 배 뒤에선 현지 사공이 노를 저어 주셨다. 한낮에, 두 시간가량, 그것도 열대 지방에서, 천천히 물 위를 떠다니는 것을 상상해 보라. 찐 감자가 될 것을 각오했지만 올해 한국의 어마어마한 더위에 익숙해진 탓인지 그다지 덥게 느껴지지 않았다. 사실 더위고 뭐고 카르스트 지형을 직접 본다는 생각에 온통 들떠 있었다. 꽤 오래전부터 중국의 계림 등지에서 볼 수 있는 카르스트 지형을 보고 싶었기 때문이다. 짱안을 봤을 때 다른 감정보다는 행복감과 신비로움에 젖었다. 지구 어느 곳에도 짱안과 똑같은 얼굴을 가진 곳은 없을 거라는 생각에 짱안의 모습 자체를 최대한 오래 눈에 담으려 했다.

다른 하나는 셋째 날 저녁 카메라만 들고 호텔에서 나와 발길 닿는 대로 돌아다닌 기억이다. 화려한 조명과 수많은 사람들의 환한 표정을 보고 이 도시는 '아주 밝다'고 느꼈다. 고개를 뒤로 빼고 하노이 시내를 눈에 가득 담으려 했고, 또 가까이 다가가 사람들의 명랑한 표정을 바라보기도 했다. 이 밝음 덕분에 냄새에 굉장히 민감한 내 코에게 도시를 가득 메운 오토바이 매연 따위는 없는 것이나 마찬가지였다. 신선했던 건 거리에서 서로 모르는 사람들끼리 모여 줄다리기를 하고, 단체 줄넘기를 넘는 모습이었다. 카메라만 없었다면 끼어들어 줄넘기를 같이 넘고 싶었다. 서울 도심 한복판에서 같은 모습을 바라기는 어렵단 생각에 씁쓸해지기도 했다.

이연주

하노이에서 한국 과일을 팔게 되면 이윤이 생길 것 같다고 생각한다. 예를 들어, 한국 포도와 딸기는 인기가 많을 것이다. 일단, 한국 포도는 특이하기 때문이다. 한국 포도는 껍질을 (대부분) 먹지 않고, 씨가 있다. 반면에, 호찌민에서 많이 팔리는 미국 혹은 호주 포도는 씨 없는 포도이며, 초록색과 보라색 포도가 모두 있다. 심지어 속에 있는 과육이 딱딱하다. 이와 달리 한국 포도는 달다. 베트남 디저트 쩨(Che)를 먹어 보면 알 수 있듯이, 베트남 사람들은 부드럽고 단 것을 좋아한다. 따라서 한국 포도는 인기가 많을 것이다. 딸기 또한 비슷하다. 베트남에 있는 딸기는 작고 단단하고 쓰며, 달기보다는 시다. 하지만 한국 딸기는 크고 부드러우며, 가장 중요하게 달다. 따라서 포도나 딸기 같은 한국 과일들을 싸게 직수입해서 베트남에서 팔면, 인기가 많을 거라고 예상한다. 게다가 베트남 사람들은 한류로 인해 한국 드라마도 많이 시청하는데, 한국 드라마에서는 항상 거실에서 과일을 먹는 장면이 나온다. 따라서 드라마를 보고 궁금해하는 사람들도 있을 것이다.

김성훈

전체 답사와 별개로 하노이 내 이주 한인에 관련된 자율 답사는 매우 인상적이었다. 자율 답사 주제와 유사한 연구를 올 8월에 진행해 본 적이 있었기에 해당 주제에 관련된 활동을 조원들과 함께 하면서 다양한 의견을 들어 볼 수 있었다. 같은 지리학을 전공하는 친구들과 동일한 주제로 자율 답사를 준비하고 인터뷰를 진행하고, 현지 학생들과 교류하는 과정에서 개인을 뛰어넘어 우리라는 소속감과 공동체의 느낌을 받을 수 있었기에 너무나도 보람찬 답사였다. 특히 베트남 학생들과 함께하며 베트남에 대한 이야기를 현지인의 관점에서 들어 보는 것은 이번 답사를 더욱 다채롭게 만들었다고 생각한다.
사실 동일한 해외 도시를 여러 번 방문하는 것은 일반적으로 흔치 않은 일이다 보니, 처음 도시의 느낌을 평생 가져갈 확률이 높다. 개인적으로 하노이를 여러 번 방문한 것은 해당 도시에 대한 이미지가 풍족해지는 계기가 되었다고 생각한다. 여기에 교수님, 대학원 선배, 그리고 다양한 학우들과 함께하면서 하노이라는 도시의 이미지가 '너, 나 그리고 우리'로 넉넉해진 것 같아 기억에 많이 남는다.

이지예

사실 답사에서 가장 기억에 남는 것은 마지막 날 갔던 하롱베이이다. 막연하게 하노이에 가면 꼭 가 봐야 하는 유명한 관광지라고만 알고 갔는데, 역시 어떠한 인공적인 경관도 자연이 만들어 놓은 아름다운 경관을 따라갈 수 없다는 생각이 들었다. 특히 경사가 매우 급한 계단을 오르고 올라 힘들게 도착한 전망대에서 본 하롱베이는 한 폭의 동양화 같아서 올라오는 데 흘렸던 땀을 보상받는 느낌이었다. 평소에 바다를 정말 좋아하는데 석회암지대이기 때문에 에메랄드빛을 띠는 바다와 석회암으로 된 작은 섬들이 어우러져서 더 아름다운 절경을 낳은 것 같다.

김예진

이번 답사는 나의 첫 해외답사이자 첫 베트남 방문이었다. 동남아 국가로는 태국밖에 가 본 적이 없어 베트남의 모습을 상상하기 어려우면서도 어렴풋이 태국과 비슷할 것이라고만 생각했었다. 3박 5일이라는 짧은 기간에도 하노이는 베트남의 독특한 문화를 보여 주기에 충분했다. 개미 같은 오토바이 떼와 신호등 없이 그 속을 횡단하는 일, 거리에 늘어선 가늘고 긴 건물들, 내가 제일 좋아하는 베트남 음식으로 자리 잡은 (고수를 뺀!) 분짜는 베트남 특유의 매력으로 다가왔다. 이러한 외관만이 매력적이었던 것은 결코 아니다. 해외답사의 좋은 점은 답사지를 단지 관광객 한 명의 시선에서 겉핥기식으로 둘러보는 것이 아니라, 현지 사람들과 직접 소통하고 다른 문화 속으로 뛰어들어 깊이 있게 관찰하고 이해할 수 있다는 것이다. 이를 통해 베트남 사람들이 작은 체구를 가지고 있다고 해서 결코 약한 사람들이 아님을 느꼈고, 한창 눈부신 경제 발전을 이룩하고 있는 베트남 속의 그늘 또한 엿볼 수 있었다. 소소하고 무계획적인 여행을 중독처럼 즐기는 나에게 해외답사는 확실히 여행과는 다른 차원의, 더 심오한 무언가였다. 맛있는 음식과 새로운 문화, 무엇보다 너무나 좋은 사람들과 함께해서 즐거운 답사였다. 역시 지리학과에 오길 잘했다는 생각이 많이 드는 요즘이다.

이민재

우선 많은 것을 새로 배웠다는 점에서 정말 유익한 시간이었다. 사전 조사와 조별 자율답사를 통해 하노이의 경제에 대해 폭넓게 배웠고, 특히 삼성전자에서의 강연과 베트남 KOTRA에서의 인터뷰를 통해 한국에서는 알기 어려운 현지 경제의 정확한 사정에 대해 알 수 있어서 좋았다. 또한 베트남 학생들의 도움으로 하노이 구석구석을 돌아다니면서 하노이 시민들의 삶을 좀 더 가까이서 관찰할 수 있었던 것도 정말 소중한 경험이었다.

하지만 무엇보다 학과 사람들과 여행에서 즐거운 시간을 보내 기쁘다. 올드 쿼터의 거리들을 헤매던 시간, 호안끼엠 호수의 야경 구경, 하롱베이, 밤에 모여서 마피아 게임을 하던 시간 모두 잊지 못할 소중한 추억이 된 것 같다. 그리고 남는 게 사진이라는 내 지론에 충실하게 답사에서 사진을 많이 찍었는데, 내가 찍은 사진들을 좋아하는 사람들이 많아 뿌듯했다. 기회가 있다면 다음엔 카메라를 가져가서 더 화질 좋은 사진을 찍어야겠다. 이번 기회에 학과에서 잘 모르는 사람들과 친해지고자 했는데 안타깝게도 동기들이랑 신나게 노느라 후배들과는 별로 가까워지지 못해서 아쉽다.

이건학

아는 만큼 보인다. 나는 여행에 대한 말 중 이 말만큼 가슴에 와닿는 말이 없다. 배드민턴을 치는 사람이 배드민턴 경기를 보면 스매시와 헤어핀밖에 모르는 일반인들이 보는 것보다 더 많은 것을 보듯이, 어떤 장소에 대한 사전 지식이 있는 경우 그 장소에 대해 느끼는 감정이 더 풍부해진다. 이번 베트남 답사를 가서도 '역시 아는 만큼 보이는구나'라는 생각을 했다.

외국에 나가면 그 나라의 말을 유창하게 할 필요는 없지만 어느 정도는 알고 가는 것이 좋다고 생각한다. 왜냐하면 대학입시를 준비하는 과정에서 베트남어를 잠깐 공부한 나는 덕분에 더 많은 것들을 볼 수 있었기 때문이다. 도로변에 세워져 있는 간판에는 우리나라에서는 보기 힘든 '고양이 고기'가 적혀 있었고, 짱안에서는 현지 뱃사공과의 짧은 대화를 통해 베트남인들의 순수함을 느낄 수 있었다. 그리고 무엇보다도 내가 할 줄 아는 언어를 쓰는 나라라는 인식은 내가 그 나라에 더욱 관심을 가지게 되는 계기가 되었고, 이는 곧 더 많은 관찰, 더 많은 생각으로 이어졌다.

권민주

나는 답사 때 가장 인상 깊었던 한 일화를 얘기해 보려고 한다. 내가 속했던 6조는 이민·이주자를 대상으로 인터뷰를 진행했다. 두 번째로 인터뷰했던 분이 하노이 소재 더샘 에듀센터의 곽은주 원장님이었다. 왜 이곳에서 터를 잡고 일을 시작하게 되었느냐는 우리의 질문에 원장님은 남편의 회사가 운영하던 곳에서 시작된 일이고, 남편이 여기서 이전부터 일을 하고 있었기 때문에 별다른 이유 없이 선택하게 되었다고 하셨다. 또한 그분은 건축 전공자였고 관련 일을 하고 싶었으나, 베트남에서 여자들은 자기가 하던 일을 할 수 없고 대부분 가정주부로 생활한다고 하셨다. 에듀센터를 여시게 된 계기도 집에서 아이를 키우면서 느낀 부족한 점을 메우기 위함이었다.

본국에서 건축 자재 전시장을 하던 본인의 생활이 있었음에도 불구하고, 왜 남편을 따라 모든 것을 내려놓고 터를 옮기신 건지 강한 의문이 들었다. 왜 베트남 여자들은 결혼을 하게 되면 본인이 하는 일을 계속 하지 못 하고 남편을 따라 가정주부가 되어야 하는 걸까? 이를 이렇게나 자연스럽게 여기는 사회 풍토에 변화의 움직임은 없는 걸까? 내가 베트남에 답사를 가서 들렀던 하노이 베트남국립대학교에는 분명 여학생들이 굉장히 많았다. 그 여학생들은 본인이 스스로 원해서 고등교육을 받고 있었고, 그 자신에 대해 자부심도 충분히 가지고 있어 그들과 교류할 때 굉장히 멋지다고 생각한 적도 많았다. 그럼에도 그들은 결혼을 하고 나면 그들의 꿈을 계속 좇지 못하게 되는 걸까? 그렇다면 언제쯤 베트남에서 변화의 움직임이 시작될까? 이를 보고 우리나라의 모습도 같이 떠올랐다. 한국도 최근 불거지는 여혐·남혐 논쟁을 보면 아직 보완되어야 할 부분이 많음이 여실히 보인다. 나는 페미니즘에 깊은 식견이 있는 것은 아니기에 여기서 더 깊게 들어갈 수는 없지만, 이번 답사를 통해서 베트남 사회의 문제점을 들여다보고 다시 한 번 우리 사회 속 변화를 비판적으로 되돌아볼 수 있었다.

양재석

이번 베트남 답사에서 제일 크게 감명을 받았던 점은, 매우 급격히 도시화가 진행되었음에도 불구하고, 지역 공동체가 살아 있어 보인다는 것이었다. 특히 하노이에서 지내는 마지막 날 밤, 하노이 구시가지 앞에서 있었던 축제에서 그런 느낌을 많이 받았다. 구시가지의 한 도로를 차가 못 지나가게끔 막아 놓고서, 같은 동네에 사는 사람들끼리 줄다리기를 하거나 함께 춤을 추고 게임을 하는 모습은 여지없이 살아 숨 쉬는 지역 공동체의 모습이었다. 이러한 모습은 사회주의 사회에서 개인보다 사회를 더 강조하는 것에서 비롯되었는지는 모르겠지만, 사회주의 혹은 공산주의 이념의 논쟁과는 별개로 한국 사회에서 배워야 할 점이라고 느꼈다. 도시 곳곳에 마을 공동체를 세우고, 각 마을 공동체에서 추진하는 그들만의 축제와 모임을 정부에서 지원해 주는 것은 좋은 방안이라고 생각한다. 미래에는 이 아파트 공화국에도 '공존할 때의 즐거움', '공동체 안에서의 행복'이 풍성해지기를 기도한다.

박채연

정현종 시인의 「섬」은 내가 가장 좋아하는 시 중 하나이다. 정말 짧지만, 그 짧은 두 줄 안에 강렬함이 담겨 있다. 내용은 다음과 같다. "사람들 사이에 섬이 있다. / 그 섬에 가고 싶다." 이번 베트남 답사를 통해 나는 이 시의 의미를 더욱 잘 이해하게 되었고, 마음속에 작은 다짐을 되뇌게 되었다. "너와 나, 그 사이 어딘가에 섬이 있다면, 나는 그 섬이 어떤 곳인지 알고 싶어질 것 같다. 그리고 그 섬에 가게 된다면, 너라는 사람을 나에게 하나의 공간으로, 내가 가 보고 느끼고 기억할 수 있는 하나의 장소로 만들 것 같다." 2016년 9월 나는 베트남으로 갔다. 그리고 2016년 10월 나는 한국에 돌아왔다. 사랑에 빠질 것 같은 계절에 나는 일상을 뒤로하고 따뜻한 나라로 떠났고, 공간과 장소에 대한 기억은 사람과 함께 물든다는 것을 다시 한 번 느끼게 되었다. 기억은 장소라는 공간뿐 아니라 사람이라는 공간에도 남는 것이었다.

깨달음은 가장 사소한 것에서 시작하였다. 답사를 떠나기 전 학과에서 학생들에게 가 보고 싶은 곳에 대한 설문조사를 했을 때 나는 가장 먼저 '호수에 가고 싶다'는 생각을 하였다. 안 그래도 호수라는 공간을 참 좋아하는데, 마침 베트남의 수도 하노이는 호수가 많기로 유명하여 호수를 꼭 한 번은 방문하기를 바랐다. 당시 나는 지도를 들여다보며 눈에 띈 호안끼엠 호수를 그 설문지에 바로 적어 냈던 것으로 기억한다. 그리고 기적처럼, 나는 호안끼엠 호수에서 도보 10분 정도의 거리에 있는 숙소에 묵게 되었다.

물은 묘한 속성을 가지고 있는데, 그것은 기억을 잘 담아낸다는 것이다. 물은 언제나 나에게 잔상을 남겨 준다. 그것이 바다든 강이든, 비가 되었든 눈이 되었든 물의 결정들은 나의 기억을 매우 잘 담아내는 것 같다. 물은 본디 단절의 역할을 하지마는 동시에 연결의 역할을 하기 때문은 아닐까? 사람들 사이에 있는 섬이 더욱 아름답게만 느껴지는 것도, 물로 인하여 사람과 사람이 단절되기도 하지만, 그러한 단절을 통해서만 상대에게 닿기 위한 배를 띄울 수 있기 때문은 아닐까.

호수는 낭만을 품었고, 밤마다 나는 호수로 산책을 나갔다. 혼자 갈 때도 있고, 사람들과 같이 갈 때도 있었다. 그리고 문득 소심한 깨달음에 이르게 되었다. 혼자 호수를 산책하며 나의 머릿속에 새기는 장면들도 기억이 되겠지만, 그 호수를 누군가와 함께 혹은 누군가를 떠올리면서 산책한다면 호수뿐 아니라 그 사람 역시도 하나의 공간이 되어 나의 생각들을 담게 된다는 것이다. 한국에 돌아와서 답사에 대한 기억을 곱씹어 보며, 나는 그 소심한 깨달음에 대해 조금 더 당당하게 말할 수 있게 되었다. 사람과 함께라면 공간에 대한 기억이 더욱 선명하게 남는다는 것, 그리고 그 사람 자체가 하나의 공간이 된다는 것. 어떤 곳을 혼자 구경하는 것도 좋지만, 크게 볼 것이 없는 곳이라도 사람과 함께라면 그 기억이 하나의 층을 이루며 그 장소 위에, 그리고 그 사람 위에 남게 된다.

나에게는 사람도 결국은 하나의 공간이다. 그리고 그 사이에 있는 섬에 갈 수 있기를 나는 여전히 갈망한다.

 **범원석**

이번 자유 일정에는 하노이 베트남국립대학교에 다니는 현지인 친구들이 함께였고 시내버스를 타는 것이 가능했다. 처음에는 버스표를 사람이 직접 끊어 주는 것을 제외하면 우리나라와 비슷하다는 생각을 했다. 그런데 버스 안에 사람들이 들어서는 모습이 우리나라와는 달랐다. 우리나라의 경우 지하철이나 시내버스에서 사람들이 서 있을 때, 창가를 보고 선다. 반면에 베트남은 사람들이 앞을 보고 선다. 즉 대중교통 이용에 있어서 우리나라와는 다른 문화를 갖고 있는 것 같았다. 그리고 베트남의 대중교통 문화가 대중교통을 이용하는 데 있어서 더 유리해 보였다. 옆을 바라보고 버스를 타는 경우에는 뒤를 보지 못하기 때문에 사람들이 통행을 하는 데 불편함을 겪는다. 또, 각각 차지하는 공간이 더 많아져서 사람들이 많이 타기가 쉽지 않다. 이는 학교 셔틀버스를 타는 경우를 생각하면 더 쉽게 이해할 수 있을 것 같다. 한편 앞을 보고 타면 사람들이 이동 시에 비켜 주기가 용이하고, 공간 활용도 보다 좋다. 서울은 사람들이 많은 만큼 대중교통 이용에 있어서 많은 어려움이 있다. 그래서 위와 같은 베트남의 대중교통 문화는 특히 더 배울 가치가 있어 보인다.

Episodes · ❷

Album

1 스플랜도라 전경 (촬영: 김진석)
2 스플랜도라를 탐방하기 전 카트에서 (촬영: 김진석)
3 스플랜도라에서 마주친 현지인 (촬영: 김진석)
4 스플랜도라의 고층 아파트에서 바라본 모습 (촬영: 김진석)

1 티톱섬을 향해 가는 유람선 (촬영: 김진석)
2 하노이 호안끼엠 야시장 (촬영: 김진석)
3 금요일 저녁 호안끼엠 호수 근처에는 한바탕 축제가 벌어진다. (촬영: 홍명한)
4 탕롱 성채 '공주의 사원' 안에 있던 사당
5 녹슬어 버린 포들 (촬영: 홍명한)

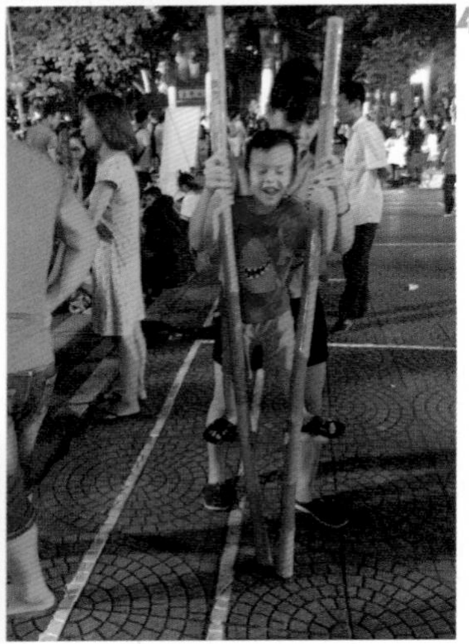

1 베트남 사람들의 존경이 느껴지는 호찌민의 이미지 (촬영: 홍명한)

2 전쟁 당시 사용됐던 전시품들이 박물관 바깥에 식물들과 나란히 놓여 있다. (촬영: 홍명한)

3 승전을 기념하듯 우뚝 솟은 깃발탑 (촬영: 홍명한)

4 하노이 차 없는 거리를 누비는 죽마 소년 (촬영: 홍명한)

1 호아로 수용소 앞에서 조원들과 함께 (촬영: 홍명한)
2 호아로 수용소의 비좁은 독방 (촬영: 홍명한)
3 높이 솟은 롯데센터 하노이는 하노이에서 제일가는 전망대로 유명하다. (촬영: 이바로한)
4 문묘 앞에서 한 컷. 문묘는 하노이 대학생들이 졸업 사진을 찍는 곳으로 유명하다. (촬영: 이바로한)
5 닌빈에 위치한 바이딘 사원. 사진 속 건물은 바이딘 사원의 가장 높은 곳에 있는 삼세불전(三世佛殿)이다. (촬영: 고경욱)
6 바이딘 사원의 오백나한상. 사원의 길을 따라 500개의 나한상이 제각기의 모습을 하고 있고, 방문객들이 복을 빌며 만지고 간 나한상의 무릎과 손 등은 이미 매끈매끈하다. (촬영: 고경욱)

1 삼성 로고가 큼지막하게 쓰여 있는 박닌성 공장. 내부에는 최첨단 장비들이 즐비했다. (촬영: 고경욱)
2 문묘에 들어서며. 하노이에 위치한 유교 사원. (촬영: 이해사랑)
3 호안끼엠 호수 근처의 야시장 (촬영: 이해사랑)
4 위태로운 나룻배 타기. 나룻배를 타고 짱안의 동굴을 지나갈 땐 머리를 조심해야 한다. (촬영: 이해사랑)
5 조금만 더. 이제 동굴 밖으로 나가면 시원해진다. (촬영: 이해사랑)
6 한적한 거리. 주말마다 차도에서 걸을 수 있게 해 줄 때. 다른 거리들에 비해 비교적 한적했다. (촬영: 이해사랑)

1 해 질 녘 하노이. 하노이 베트남국립대학교 계단에서 촬영하였다. (촬영: 이해사랑)
2 힙합부처. 특이한 제스처를 취하는 부처상이 신선했다. (촬영: 이해사랑)
3 하노이의 성균관이었다는 문묘의 풍경 (촬영: 이지예)
4 분짜 정식. 첫날 도착하자마자 먹었던, 조금은 낯설었던 분짜 그리고 친숙했던 짜조와 고기 (촬영: 이지예)
5 하노이 야시장의 모습 (촬영: 이지예)
6 하롱베이 전망대에서. 가파른 경사를 오르고 올라 볼 수 있었던 아름다운 하롱베이 전경 (촬영: 이지예)

1 바이딘 사원의 대웅보전. 본래 짱안 근처의 작은 사원이었지만, 2010년에 베트남 최대 규모의 불교 사원으로 확장되었다. (촬영: 배지용)

2 하노이 베트남국립대학교 학생들과의 첫 만남 (촬영: 박소현)

3 길 한구석에서 옹기종기 구워 먹은 고기 (촬영: 박소현)

4 롯데센터 하노이에서 내려다본 하노이 전경 (촬영: 박소현)

5 서울로 돌아가기 전 한식당에서의 삼겹살 (촬영: 박소현)

6 호안끼엠 호수 근처에서 수묵화를 판매하시는 할아버지 (촬영: 박소현)

1 콩 카페 앞에서 커피를 즐기는 하노이 사람들 (촬영: 박소현)
2 꽝가인(Quang Ganh)을 들고 먹거리를 판매하러 가는 행상 (촬영: 박소현)
3 하롱베이 (촬영: 박소현)
4 삼성전자 박닌성 공장에 방문하여 임원진의 설명을 듣는 중 (촬영: 박소현)
5 돈이 생길 때마다 한 층씩 새로 쌓아 올린 주택 (촬영: 박소현)
6 작은 의자에 앉아 즐기는 베트남 고유의 커피 문화 (촬영: 박소현)

1 인터콘티넨털 호텔 앞에서 웨딩 사진을 촬영하는 커플 (촬영: 박소현)
2 서울대학교의 선물을 하노이 베트남국립대학교에 전달하는 손정렬 학과장님 (촬영: 박소현)
3 밧짱 도자기공장의 여성 근로자들1 (촬영: 진예린)
4 밧짱 도자기공장의 여성 근로자들2 (촬영: 진예린)
5 밧짱 도자기시장에 진열되어 있던 도자기 (촬영: 진예린)
6 밧짱 도자기 마을에서 도자기 만들기 체험을 하고 있는 학생들 (촬영: 양재석)

1

2

3

5

4

6

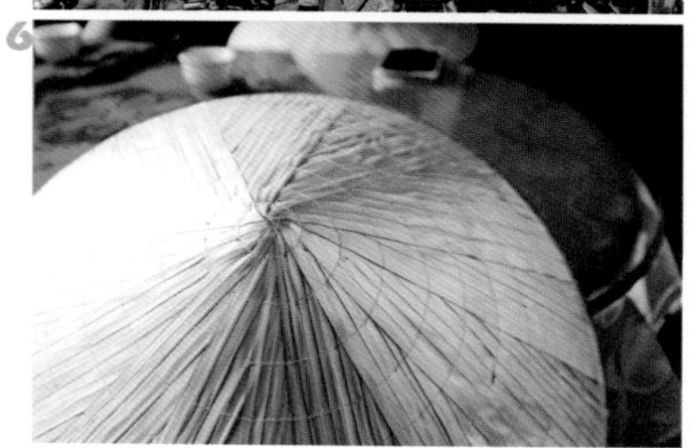

1 하노이 중심거리에서 만난 퇴근길 오토바이 행렬 (촬영: 진예린)

2 베트남 도로의 모습. 오토바이의 나라라고 할 만큼 도로 교통에서 오토바이가 차지하는 비중이 높다는 것을 보여주는 사진이다. (촬영: 구본혁)

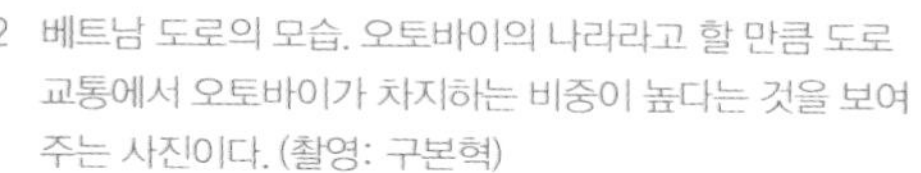

3 하노이 베트남국립대학교에서 답사 주제 발표 (촬영: 양재석)

4 베트남 재래시장. 호안끼엠 호수 인근에 위치한 베트남 재래시장의 모습이다. (촬영: 구본혁)

5 쩐꾸옥 사원의 탑. 하노이 떠이호 위에 자리 잡고 있는 쩐꾸옥 사원. 그 안에 위치한 선홍빛이 인상적인 돌탑이다. (촬영: 구본혁)

6 대나무를 이용하여 만드는 베트남의 전통 모자인 '농'. 넓은 챙은 베트남의 기후를 반영한 것이다. (촬영: 구본혁)

1

2

3

4

5

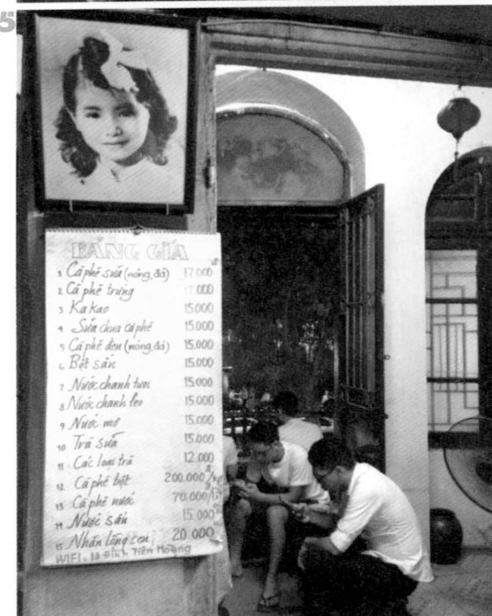

1 포스코건설 방문 사진. 4조 조원들은 하노이 경전철과 관련한 인터뷰를 위해 하노이에 위치한 포스코건설을 방문하였다. (촬영: 구본혁)

2 하노이의 골목시장. 1층은 상업적 용도로, 2층 이상은 주거용으로 건물을 사용하는 생활 양식을 발견할 수 있다. 1층의 상점에서는 식품, 화훼 등 다양한 상품이 판매되고 있다. (촬영: 구본혁)

3 하노이의 길거리 식당. 하노이 시내 곳곳에서 길거리에 위치한 식당을 발견할 수 있었다. 식사, 간식, 주류 등 다양한 식품을 야외에서 함께 먹는 모습이 인상적이다. (촬영: 구본혁)

4 하롱베이의 선착장. 베트남의 자연유산이자 매년 수많은 관광객이 찾는 하롱베이. 그중에서 풍경이 뛰어나기로 유명한 티톱섬에 위치한 선착장이다. (촬영: 구본혁)

5 베트남 친구들이 소개해 주어 함께 간 베트남 카페. 현지인들의 카페 문화를 볼 수 있었고 그들이 즐기는 에그 커피를 마셔 볼 수 있었다. (촬영: 박규원)

1 한국 자체 브랜드를 판매하고 있다는 롯데마트 하노이 지점장님의 설명. 고급화 전략 중 하나라고 하셨다! (촬영: 박규원)
2 베트남의 주요한 주거 문화 중의 하나인 집 안 사당의 모습. 사당보다 위층에는 생활공간이 없다. (촬영: 여현모)
3 주거지 인근에 있는 사찰에 향을 피우고 소원을 비는 학생의 모습 (촬영: 여현모)
4 주거지 주변에 흔히 존재하는 사당의 한 모습 (촬영: 여현모)
5 즐거운 한때. 신개발 지역 플라자의 게임센터에서 게임을 하는 학생들 (촬영: 여현모)
6 시민들이 한데 어우러지는 주말의 호안끼엠 호수 (촬영: 손정렬)

1 응옥썬 사원의 상징인 붉은 다리 (촬영: 손정렬)
2 하노이 성 요셉 성당 (촬영: 손정렬)
3 수상 관광1. 배를 타고 짱안의 카르스트를 구경하다 마주친 나름대로 큰 동굴이다. (촬영: 이건학)
4 수상 관광2. 짱안의 카르스트에 둘러싸여 수면이 잔잔한 게 예뻤다. (촬영: 이건학)
5 하롱베이의 빛 내림. 보정을 통해 분위기를 조금 살려 봤다. (촬영: 이건학)

1 어떤 꿈을 꾸고 있을까? 버스 안에서 찍은 사진이다. 오토바이를 타고 가는 베트남 사람들과 그 뒤 벽화가 묘하게 조화를 이룬다. (촬영: 정진영)

2 하노이 야시장의 한글 간판 (촬영: 이준희)

3 서울식당. 하노이에서 만난 한국의 정취. (촬영: 고나영)

4 하노이의 유명한 현지 마켓 중 하나인 동쑤언시장. 옷감부터 신발, 음식까지 다양한 품목을 판매하고 있었다!

5 하롱베이 모래사장. 줄지어 서 있는 나무들이 마치 배 갑판에 나와 있는 우리 지리학도들 같다. (촬영: 고나영)

서울대학교 지리학과 이야기

Geographers Exploring the World

학과 소개

서울대학교 지리학과는 1957년 창설되었다. 현재 사회과학대학에 속해 있으며, 중점 연구와 교육 목표는 공간의 구조와 발전에 관한 일반 원리의 추구, 국내외 각 지역에 대한 인문·자연적 특성의 이해와 정보화, 시공간적인 맥락에서 인간과 환경의 상호관계 파악, 다양한 지리정보에 대한 효과적이고 체계적인 처리기법 발전, 지리학의 지식을 통한 지역 경제·사회·환경 정책의 계획과 관리 및 평가 등이다. 지리학과의 인재상 및 양성 목표는 통합적이고 시공간적인 시각을 견지하여 과거와 현재 및 미래의 생활공간을 규명해 낼 수 있는 전문가, 종합적인 공간 계획 능력과 지리정보에 대한 체계적인 분석을 바탕으로 균형적인 국토 이용을 제시할 수 있는 환경활동가를 배출하는 것이다.

이를 바탕으로 2019년 현재까지 60년에 달하는 세월 동안 1,000명 이상의 졸업생을 배출해, 이들이 사회 각계에서 자신의 역량을 마음껏 발휘할 수 있는 발판이 되어 주었다. 설립 초창기 졸업생의 다수는 학계와 교육계로 진출하여 지리학의 학문적 개척을 이루어 내는 데 이바지하였다. 최근의 졸업생은 대학원에 진학하여 전문지식을 습득하려는 이들이 많으며, 또한 지리학의 응용 분야로 각광을 받고 있는 계획부문의 전문가로 각종 연구기관과 공공기관의 연구소, 행정 각 부처의 계획 및 연구직으로도 많이 진출하고 있다. 그리고 언론, 금융, 기업 등에서의 전문화, 국제화 추세에 따른 지역환경 및 해외 담당 기획전문가 등 폭넓은 분야에서 활동하고 있다. 앞으로 전개되는 지식정보화, 지방화, 세계화 그리고 환경위기와 국토통일의 시대에는 지역환경의 잠재력과 문제를 논리적으로 파악하고, 특성에 입각하여 지역관리의 대안을 제시할 수 있는 지리학적 전문지식에 대한 수요가 급증할 것으로 전망된다.

현재 총 12명의 교수가 서울대학교 지리학과를 이끌고 있다. 경제지리학 전공의 구양미 교수, 생물지형학–생물지리학–공간분석–토양·경관분석 전공으로 김대현 교수, 토지주택론–도시지역정책론–법제지리학–경영지리학 전공으로 김용창 교수, 지리정보과학–머신러닝과 빅데이터 분석–시공간모델링–보건지리학 전공으로 박기호 교수, 토양지리학–개발도상국발전문제–지표시스템분석–자연재해 전공으로 박수진 교수, 생물지리학–고생태학–고기후학 전공으로 박정재 교수, 도시지리학–교통지리학–도시분석기법–수도권문제 전공으로 손정렬 교수, 정치지리–이민자연구 전공으로 신혜란 교수, 개발지리학–개발도상국발전문제–아시아자본주의–동남아시아 전공으로 에도 안드리에스Edo Han Siu Andriesse 교수, 중국–역사지리학–지정학–정치생태학 전공의 이강원 교수, GIS 및 지도학–공간최적화–입지모델링–정보통신네트워크모델링 전공으로 이건학 교수, 문화지리학 전공으로 이정만 교수가 재직 중이다.

지리학과 모듈

지리학과의 대학원은 '글로벌 경제공간과 도시지역정책', '공간의 문화, 정치와 도시역사', '자연환경 변화와 지속가능한 발전', '지리정보과학GIS과 공간모델링' 4개의 모듈module로 구성되어 있다. 2016년 2학기부터는 4개의 모듈을 학부 차원까지 확장하여 운영하고 있다.

'글로벌 경제공간과 도시지역정책' 프로그램은 세계화와 세계경제환경의 변화에서 경제공간의 역동성이 어떤 방식으로 발현되는지, 그리고 이 과정에서 경제활동의 글로벌 입지결정과 투자, 경제활동 주체의 범지구적 공간조직 편성, 세계도시와 같은 공간단위들의 기능 및 역할, 지구적 경제경관에 어떤 변화가 나타나고 있는지에 대한 탐구를 목적으로 한다. 연구 분야로는 경제활동 입지 분석, 기업활동과 공간 경영, 경제공간의 생산과 변화 등이 있다.

'공간의 문화, 정치와 도시역사' 프로그램은 문화경관·스펙터클·문화지역 등의 생성과 변화, 다양한 공간적 스케일 구성의 정치, 공간의 영토화와 탈영토화 및 재영토화, 국제 정치와 지정학적 관계, 환경자원의 지정학적 갈등 등과 공간정치의 역동성에 대한 문화·정치적 이해를 추구한다. 그리고 이러한 역동적 변화들이 관습, 정체성, 담론, 정치, 법제 등을 통해 어떻게 제도화되고 해체되는가를 법제지리학적 관점에서 연구하며, 보다 나은 삶을 위한 토지-주택정책, 도시지역정책, 공간계획 수단 및 대안을 연구한다. 연구 분야로는 사회문화지리, 공간정치와 지정학, 도시지역정책, 부동산과 법제지리학이 있다.

'자연환경 변화와 지속가능한 발전' 프로그램은 전형적인 자연과학과 사회과학의 통섭 연구 프로그램이다. 자연과학적 분석을 통해 범지구적, 국지적 환경 변화와 재해 및 인간 생활 사이의 인과관계를 명확하게 파악하며, 이를 토대로 사회과학적 분석을 통해 친환경적이고 지속가능한 발전 양식을 탐구한다. 연구 분야로는 자연지리와 자연환경 변화, 지구차원의 환경 변화, 과거 기후 및 환경 변화가 있다.

'지리정보과학GIS과 공간모델링' 프로그램은 GIS, 위성영상정보, 공간통계, 공간최적화 등을 포함한 공간정보 처리 및 관리, 공간 현상에 대한 과학적 인식과 분석, 합리적 의사 결정을 지원하기 위한 중요한 기술과 계량분석 방법론들을 연구한다. 이 프로그램은 사회경제활동 입지 분석 및 모델링, 교통모델링, 범죄 및 질병 매핑 등과 같은 모델링기법을 포함하여 국토 및 도시계획, 환경 및 자원관리 등 자연, 도시, 경제, 사회 공간의 제반 현상에 대한 공간정보 처리와 공간통계 분석을 주요 연구 대상으로 하고 있다.

답사

서울대학교 지리학과는 입학 후 졸업할 때까지 매 학기 정기적으로 주제와 지역을 선정하여 현지답사를 실시하고 있다. 졸업할 무렵에는 대략적이나마 전국을 두루 답사할 수 있도록 하는 것을 원칙으로 한다. 이러한 정기답사는 강의실에서 익힌 이론을 실제 답사와 현지 관찰을 통해 확인하고 새로운 연구 과제를 발견함으로써 지역의 성격과 문제를 분석하며 해석하는 능력을 함양하는 데 목적을 두고 있다.

정기 학술답사는 한 학기에 한 번씩 1년에 총 두 번, 각각 국내와 해외로 다녀옴을 원칙으로 운영하고 있다. 최근 5년간 해외답사로 2015년 중국 둥베이와 백두산, 2016년 베트남 하노이와 하롱베이, 2017년 일본 홋카이도, 2018년 중국 시안, 2019년 태국을 다녀왔으며, 국내답사로는 2015년 강원도 태백, 2016년 충청남도 태안, 2017년 제주도, 2018년 인천광역시 덕적도, 2019년 전라북도 군산시와 전라남도 목포시 및 영광군 일대를 답사했다.

이 책을 함께 쓴 서울대학교 지리학과 학생들

chapter 01 INTRODUCTION

1. 하노이를 지리학의 눈으로 바라보기 위해

❶ 2010학번 양재석
❷ 대학원 2013학번 박소현
❸ 2012학번 홍명한

▷❶ ▷❷ ▷❸

2. 베트남과 하노이는 어떤 곳인가?

❶ 2010학번 박준범
❷ 2008학번 채상원
❸ 2016학번 김예진
❹ 2016학번 송정우
❺ 2012학번 이민재
❻ 2014학번 진예린

▷❶ ▷❷ ▷❸
▷❹ ▷❺ ▷❻

chapter 02 GEO-INSIGHT ON HUMANITAS

1. 하노이와 도시지리

❶ 2011학번 송하진
❷ 2013학번 우지은
❸ 2015학번 정진우
❹ 2016학번 여현모
❺ 2016학번 전지민
❻ 2016학번 정진영

▷❶ ▷❷ ▷❸
▷❹ ▷❺ ▷❻

2. 하노이와 관광지리

❶ 2012학번 홍명한
❷ 2010학번 이기호
❸ 2012학번 김승연
❹ 2013학번 강경빈
❺ 2016학번 강효정
❻ 2016학번 송지한

▷❶ ▷❷ ▷❸
▷❹ ▷❺ ▷❻

3. 하노이와 식문화지리

❶ 2013학번 김동오
❷ 2013학번 박태현
❸ 2015학번 유수란
❹ 2015학번 이지예
❺ 2016학번 박건우

▷❶ ▷❷ ▷❸
▷❹ ▷❺

4. 하노이와 이주지리

❶ 2012학번 이바로한
❷ 2016학번 권민주
❸ 2010학번 김성훈
❹ 2012학번 이연주
❺ 2013학번 이준희
❻ 2015학번 하지연

▷❶ ▷❷ ▷❸
▷❹ ▷❺ ▷❻

chapter 03 GEO-INSIGHT ON ECONOMIC ACTIVITIES

1. 하노이와 경제지리

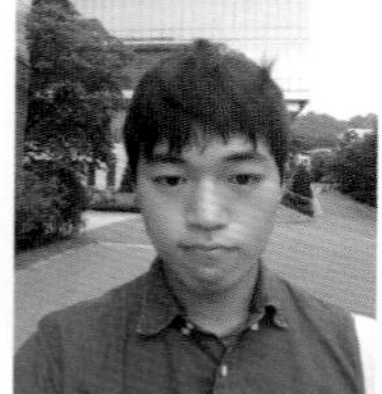

❶ 2012학번 이민재
❷ 2010학번 양재석
❸ 2014학번 진예린
❹ 2016학번 김예진
❺ 2016학번 송정우

▷❶ ▷❷ ▷❸ ▷❹ ▷❺

2. 하노이와 교통지리

❶ 2011학번 김대환
❷ 2011학번 범원석
❸ 2011학번 염인수
❹ 2015학번 구본혁
❺ 2016학번 백승재
❻ 2016학번 정혜인

▷❶ ▷❷ ▷❸ ▷❹ ▷❺ ▷❻

3. 하노이와 유통지리

❶ 2014학번 박채연
❷ 2011학번 박재진
❸ 2012학번 양규현
❹ 2013학번 박규원
❺ 2015학번 고관음
❻ 2016학번 장진범

4. 하노이와 도시계획

❶ 2010학번 김진석
❷ 2012학번 장광희
❸ 2012학번 조성아
❹ 2015학번 강수영
❺ 2016학번 고나영
❻ 2016학번 이명연

chapter 04 GEO-INSIGHT ON NATURE

1. 하롱베이와 지속가능성

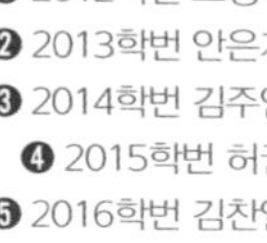
❶ 2012학번 고경욱
❷ 2013학번 안은지
❸ 2014학번 김주연
❹ 2015학번 허권
❺ 2016학번 김찬일

2. 짱안과 지형학

❶ 2013학번 배지용
❷ 2011학번 신재섭
❸ 2014학번 김진아
❹ 2016학번 이건학
❺ 2016학번 이해사랑

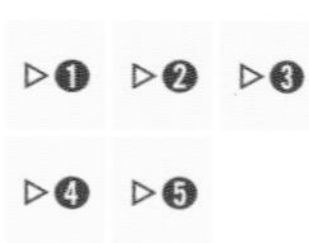

대학원생

❶ 김주락(서울대학교 지리학과 박사수료)
❷ 박준범(서울대학교 지리학과 박사과정)
❸ 채상원(서울대학교 지리학과 석사)
❹ 홍정우(서울대학교 지리학과 석사)

▷❶ ▷❷
▷❸ ▷❹

이 책을 쓰는 데 도움을 준 베트남 학생들

chapter 02 GEO-INSIGHT ON HUMANITAS

1. 하노이와 도시지리

❶ Vuong Hong Ngoc
❷ Nguyen Thu Trang

▷❶ ▷❷

2. 하노이와 관광지리

❶ Pham My Linh
❷ Luu Thi Quynh

▷❶ ▷❷

3. 하노이와 식문화지리

❶ Hoang Myy
❷ Pham Doan Thu Trang

▷❶ ▷❷

4. 하노이와 이주지리

❶ Tran Minh Hang
❷ Nguyen Nhu Ngoc

▷❶ ▷❷

chapter 03 GEO-INSIGHT ON ECONOMIC ACTIVITIES

1. 하노이와 경제지리

❶ Bui Thi Thu Trang
❷ Vu To Quynh

2. 하노이와 교통지리

❶ Ngo Phuong Thao(Amy)
❷ Ho Huyen Trang

▷❶ ▷❷

3. 하노이와 유통지리

❶ Bui Thi Ngoc Hanh
❷ Nguyen Thi Tam Oanh

▷❶ ▷❷

4. 하노이와 도시계획

❶ Luong Vu Mai
❷ Hao Nguyen

▷❶ ▷❷